彩图 1　交配的小龙虾

彩图 2　抱卵虾

彩图 3　小龙虾受精卵

彩图 4　小龙虾苗种

彩图 5　人工洞穴组块

彩图 6　抱仔虾

彩图 7　工厂化繁育设施

彩图 8　小龙虾繁育池

彩图 9　防逃网设置

彩图 10　亲虾运输

彩图 11　亲虾放养

彩图 12　繁育土池

彩图 13　防止小龙虾打洞的防逃网

彩图 14　池塘微孔增氧

彩图 15　微孔增氧盘

彩图 16　水下的伊乐藻

彩图 17　伊乐藻移栽

彩图 18　轮叶黑藻

彩图 19　苦草

彩图 20　抄网捕捞

彩图 21　虾苗放养

彩图 22　虾苗放养

彩图 23　排水口网布过滤

彩图 24　捕虾放蟹地笼袋头

彩图 25　抱仔虾放养

彩图 26　藕田养虾

彩图 27　芡实田养虾

彩图 28　冬季稻虾田

彩图 29　稻虾田堤埂平台

彩图 30　稻田子埂

彩图 31　苗箱底部铺垫水草

彩图 32　亲虾挑选

彩图 33　坡面覆盖黑色塑料薄膜

彩图 34　秧苗返青稻虾共作田

彩图 35　烤田的稻虾共生田

彩图 36　稻虾鳖

彩图 37　网箱中投放水葫芦

彩图 38　软式地笼

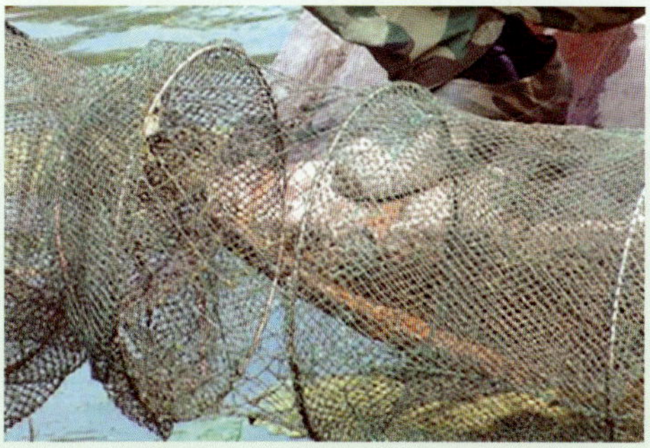

彩图 39　捕大留小的地笼

彩图 40　抱仔虾运输

小龙虾高效养殖技术与典型案例

周凤建　主编

中国农业大学出版社
·北京·

内 容 简 介

我国小龙虾养殖产业快速发展，已经成为水资源丰富地区农民致富和乡村振兴战略实施的重要抓手。本书详细介绍了小龙虾生物学特性、苗种规模化生产、生态高效养殖、捕捞运输及病害防治技术，其中重点总结和介绍了小龙虾苗种规模化生产和稻虾综合种养模式下稻虾连作、共作及与其他水产养殖品种连作、共作配合的最新做法。本书立足生产，注重实用，内容翔实，文字简练。书中总结了江苏省小龙虾产业集群地区小龙虾养殖成功案例和创新做法，通用技术和典型案例相结合，帮助新老养殖户更好地掌握小龙虾最新养殖技术，促进广大农民朋友产业致富。本书既可用作职业农民培训教材，又可用作小龙虾养殖户较为理想的生产指导书。

图书在版编目(CIP)数据

小龙虾高效养殖技术与典型案例 / 周风建主编．--北京：中国农业大学出版社，2024.5

ISBN 978-7-5655-3216-0

Ⅰ.①小…　Ⅱ.①周…　Ⅲ.①龙虾科－淡水养殖－案例　Ⅳ.①S966.12

中国国家版本馆 CIP 数据核字(2024)第 106435 号

书　　名　小龙虾高效养殖技术与典型案例
Xiaolongxia Gaoxiao Yangzhi Jishu yu Dianxing Anli

作　　者　周风建　主编

策划编辑　刘　聪　　**责任编辑**　石　华

封面设计　中通世奥图文设计中心

出版发行　中国农业大学出版社

社　　址　北京市海淀区圆明园西路 2 号　　**邮政编码**　100193

电　　话　发行部 010-62733489，1190　　读者服务部 010-62732336
编辑部 010-62732617，2618　　出　版　部 010-62733440

网　　址　http://www.caupress.cn　　**E-mail**　cbsszs@cau.edu.cn

经　　销　新华书店

印　　刷　北京溢漾印刷有限公司

版　　次　2024 年 5 月第 1 版　　2024 年 5 月第 1 次印刷

规　　格　170 mm×228 mm　　16 开本　　14 印张　　274 千字　　彩插 4

定　　价　35.00 元

编写人员名单

主　　编　周凤建

执行副主编　强晓刚

副 主 编　徐　敏

丁　娜

蒋秀梅

邢国文

参　　编　常国亮

汪　沐

余祥胜

王晓鹏

杨士兵

马洪青

王　锐

李洪进

韩　梅

尹梦伊

前言

克氏原螯虾，俗称淡水小龙虾、小龙虾、淡水龙虾，原产于北美洲，20世纪初进入我国南京周边地区，经自然增殖和人为扩展，现广泛分布于我国长江中下游各类水域，目前已归化为我国的一个水产物种，成为我国淡水虾类中重要的养殖对象之一。随着人们生活水平的提高和各地龙虾节庆活动的举办，小龙虾已成为饭店、宾馆、超市和普通家庭普遍喜爱的美味佳肴，小龙虾餐饮越来越火爆。江苏省盱眙县自2000年起已连续举办二十三届“中国盱眙国际龙虾节”，以虾为媒，地方经济在小龙虾的助力下，获得了快速发展，各地竞相效仿，全国的小龙虾产业经济规模越做越大。《中国小龙虾产业发展报告(2023)》数据显示，2022年，全国小龙虾经济总产值突破4 580亿元。小龙虾已成为主产区实施乡村振兴战略和农民致富的主要帮手。

为了助力小龙虾产业发展，2009年起，作者开始进行小龙虾繁殖、养殖技术的研究与推广，2014年结合承担的多个省、市项目的研究成果，对江苏地区小龙虾繁殖规律、规模化繁育与高效养殖技术进行了较为细致的总结。近年来，随着小龙虾产业的不断壮大和稻虾综合种养的进一步规范，特别是江苏的洪泽湖、里下河地区又探索和形成了更加先进和成熟的小龙虾繁殖、养殖技术。自2023年9月开始，作者组织技术人员深入总结和剖析江苏地区养殖户成功案例，并结合这些典型案例进一步梳理和完善了以前的小龙虾繁殖、养殖技术。

《小龙虾高效养殖技术与典型案例》仍然立足生产，注重实用性。“稻田无环沟养虾”“抱仔虾精准放养”等最新技术和典型案例的呈现使读者除能了解最新小龙虾高效养殖技术外，还能通过具体种养户的生产实践学习不同的做法，有迹可循，有样可学。本书中的大多数案例来源于江苏省淮安市，内容真实、可操作性强，且都是首次公开，期待本书的出版能为各地小龙虾养殖产业的高质量发展发挥应有的推动作用。

本书在编撰过程中得到各地行业专家、各级政府领导的指导和支持，也参考了同行的文献、著作，典型案例的梳理更是得到相关种养户和所在地技术推广人员的全力配合，在此，一并表示感谢。由于水平和时间有限，书中难免有错漏及不妥之处，敬请同行专家和其他广大读者批评指正。

编　者

2024年2月

目 录

第一章　小龙虾概述

第一节　小龙虾的分类与自然分布

克氏原螯虾，隶属节肢动物门甲壳纲十足目螯虾科原螯虾属，俗称小龙虾、淡水龙虾、淡水小龙虾（本书简称小龙虾）。小龙虾原产于北美洲，广泛分布于美国中南部和墨西哥北部，其中路易斯安那州是美国的小龙虾最主要产区。该区已将小龙虾养殖作为农业生产的主要组成部分，小龙虾虾仁等加工制品销往世界其他各地。目前，经人为引种或自然扩散，小龙虾已广泛分布于世界五大洲近40个国家和地区，主要分布在美国、中国、墨西哥、澳大利亚、新几内亚、津巴布韦、南非、土耳其、叙利亚、匈牙利、波兰、保加利亚和西班牙等国家和地区。

中国的小龙虾于20世纪30年代从日本传入，最早出现在江苏地区。由于其适应性广，且繁殖力强，江河、湖泊、池塘、水田、沟渠均能生活，甚至在一些鱼类难以生存的水体中也能生存，经长时间扩散，小龙虾种群数量获得快速增长，已归化为一个重要的水产经济物种，成为中国虾类养殖的重要对象。目前，全国各个地区都有分布，长江中下游的湖北、江苏、安徽、江西、浙江、湖南等地区还将小龙虾养殖扩展到稻田，成为稻渔综合种养的主要对象。随着农业供给侧结构改革和乡村振兴战略的实施，越来越多的地区将小龙虾作为带动地方经济发展的新引擎，加大力度发展小龙虾养殖、加工、餐饮及休闲观光等产业，小龙虾在农业、农村经济发展中发挥着越来越重要的作用。

《中国小龙虾产业发展报告（2023）》数据显示，2022年，中国小龙虾养殖面积达2 800万亩，产量突破289万吨，一产产值达960亿元，全产业链经济总产值达4 580亿元。小龙虾养殖已成为生态循环农业发展的主要模式之一，是新时期渔业绿色发展最具活力、潜力和特色的朝阳产业，已成为主产区实施乡村振兴战略和农业产业精准扶贫的有效抓手。

第二节　小龙虾的生物学特性

一、形态特征

1. 外部形态

小龙虾的体表具有坚硬的甲壳，俗称虾壳，身体由头胸部和腹部共 20 节组成，其中头部 5 节、胸部 8 节、腹部 7 节（图 1-1、图 1-2）。

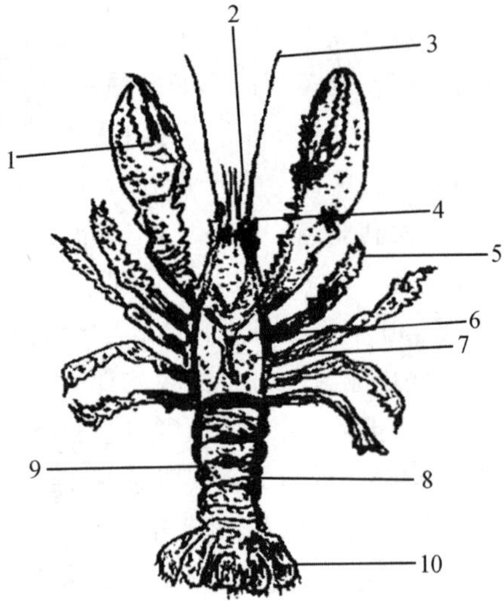

1—大螯；2—小触角；3—大触角；4—额剑；
5—胸足；6—肝胰脏；7—头胸甲；8—腹足；
9—腹部；10—尾扇。

图 1-1　小龙虾外部特征（背面观）

头胸部呈圆筒形，由头部 5 节、胸部 8 节愈合而成，外被几丁质甲壳，头胸甲坚硬且发达，几乎占全身长度的 1/2，背侧向前伸出一个三角形额剑，额剑表面中部凹陷，两侧隆脊尖端锐刺状。一对带眼柄的复眼生于额剑的基部，头端有一对大触角（图 1-3）。头胸甲背面与胸壁相连，两侧游离形成鳃腔。在头胸甲背部有一条弧形颈沟，是头部与颈部的分界线。

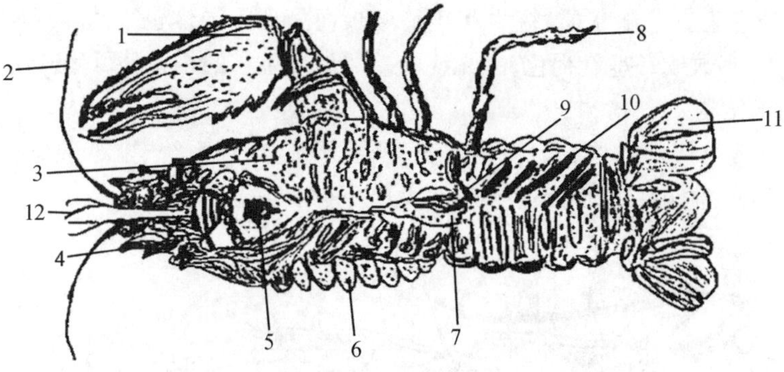

1—大螯；2—大触角；3—头胸甲；4—额剑；5—口；6—鳃；7—输精管；
8—胸足；9—交接棒；10—腹足；11—尾扇；12—小触角。

图 1-2　小龙虾(♂)外部特征(腹面观)

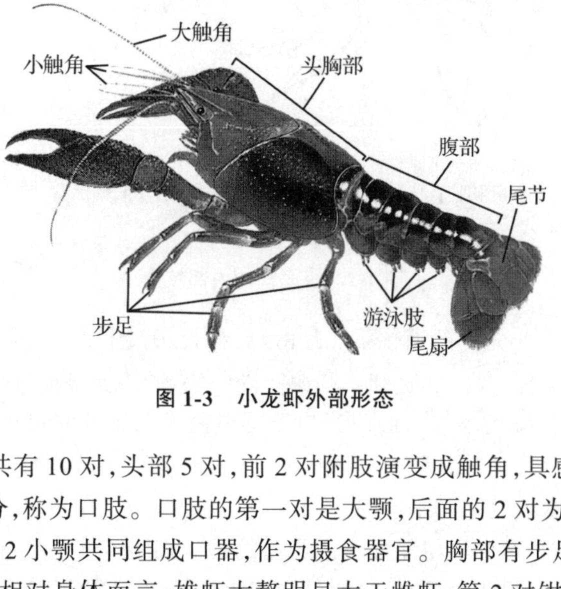

图 1-3　小龙虾外部形态

头胸部附肢共有 10 对，头部 5 对，前 2 对附肢演变成触角，具感觉功能；后 3 对是口器的主要部分，称为口肢。口肢的第一对是大颚，后面的 2 对为小颚。前 1 对大颚、第 1 小颚及第 2 小颚共同组成口器，作为摄食器官。胸部有步足 5 对，第 1 对特化呈螯状，粗大。相对身体而言，雄虾大螯明显大于雌虾；第 2 对钳状、第 3 对钳状；后 2 对爪状。螯足是摄食和防御的工具，后 4 对步足司运动功能，用于爬行。雄性的生殖孔位于第 5 步足基部内侧，雌性生殖孔位于第 3 步足基部内侧。

腹部有腹足 6 对，双肢型，称为腹肢，又称为游泳肢。雌性第 1 对腹足退化，雄性前 2 对腹足演变成钙质交接器。尾肢与尾柄一起合称尾扇，尾扇有使身体升降和向后弹跳的功能。在抱卵期和孵化期，雌虾的尾扇均向内弯曲，在爬行或受敌时，以保护受精卵或稚虾免受伤害。

小龙虾外表颜色随水质、蜕壳和年龄增长而呈现不同体色。幼体或刚蜕壳的虾体色呈青色，多数成虾呈红褐色，在光线较差的地方生长的小龙虾可呈蓝色。

2. 内部结构

小龙虾整个体内结构分为消化系统、呼吸系统、循环系统、排泄系统、生殖系统、肌肉运动系统、神经系统、内分泌系统八大部分（图 1-4）。

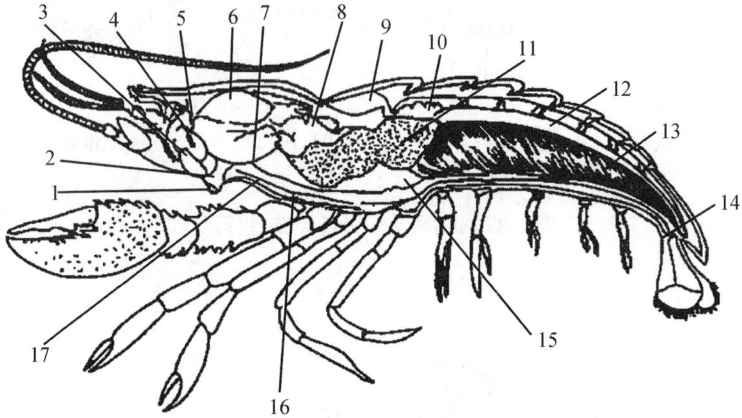

1—口；2—食管；3—排泄管；4—膀胱；5—绿腺；6—胃；7—神经；8—幽门胃；9—心脏；10—肝胰脏；11—性腺；12—肠；13—肌肉；14—肛门；15—输精管；16—副神经；17—神经节。

图 1-4　小龙虾的内部结构

(1)消化系统　小龙虾的消化系统是由口、食管、胃、中肠、后肠、肛门构成的管道，贯穿于头胸部和腹部。胃、食管和后肠源于外胚层，肠内壁被有几丁质壳，中肠较短，具有分泌多种消化酶的功能。肛门开口于尾节腹面与第 6 腹节相邻和尾部交接处。在中肠处具有一个大的消化腺——肝胰脏，肝胰脏是虾类最大的消化酶分泌器官，可分泌与食物消化有关的多种水解酶。同时，它是重要的贮存器官，在肝胰脏内有贮藏蛋白质颗粒、脂肪颗粒和无机物的不同类型的贮藏细胞。其中贮藏钙、磷颗粒的细胞最多，在小龙虾蜕壳周期中具有充当无机元素的转运库和贮藏库的作用。

(2)呼吸系统　小龙虾具有 8 对鳃，包在头胸甲的两侧，通过鳃丝的摆动形成水流与外界进行气体交换。每个鳃丝上分布着许多鳃小片，上面密布血管网，外界的氧穿透血管壁与铜蓝蛋白结合，同时释放二氧化碳。鳃可以吸收水中的金属离子和调节渗透压。小龙虾的呼吸系统较为特殊，离水后能保持体表一定的湿润性，可成活数天。

(3)循环系统　虾类属开放性循环系统，由位于肝胰脏后侧的心脏、血管和血窦组成。心脏将血液泵向身体各处的血窦,再送至各组织器官。血液是无色的,由血浆和变形虫状的血细胞组成,直接携带氧的是铜蓝蛋白。血液凝血功能强,由心脏抽出的血液在 30 秒内便凝成淡蓝色的血块。

(4)排泄系统 小龙虾头部大触角基部内有一对扁圆形腺体,为触角腺,生活状态下呈绿色,在其后各有一个膀胱,由排泄管通向大触角基部,开口于体外。

(5)生殖系统 小龙虾是雌雄异体,雌虾有一个卵巢,呈"Y"形,位于胃的后方、心脏之前、肝胰脏之上,后部分成相连的两叶,中部两侧各引出一条输卵管,分别汇集开口于第 3 步足基部内侧,开口处为生殖孔。雄虾有一个精巢,呈白色线状,所在部位同卵巢,但输精管只有左侧一根,开口于第 5 步足基部内侧,开口处为生殖孔。精巢的大小和颜色随着繁殖季节的到来而变化:未成熟的精巢呈白色细条状,成熟的精巢呈淡黄色的纺锤形,后者的体积比前者的体积大数倍到数十倍。生殖系统的作用是雌雄交配、产卵、繁衍后代。

(6)肌肉运动系统 小龙虾的肌肉运动系统由肌肉和甲壳组成,甲壳又被称为外骨骼,起着支撑的作用,在肌肉的牵动下起着运动的功能。

(7)神经系统 小龙虾神经系统是由位于头部的脑神经节、食管神经环和纵行于腹部的神经索组成。腹神经索在每个体节中各有一对膨大的神经节。

(8)内分泌系统 小龙虾眼柄基部触角腺是重要的内分泌器官,可分泌不同的激素,对生殖、蜕壳和水盐代谢起着调节作用(表 1-1)。

表 1-1 小龙虾的内分泌腺及其功能

名称	位置	类型	功能
X-器官和窦腺(XO-SG)	眼柄	神经组织型	分泌多种神经肽类激素,调节生殖、蜕壳、颜色改变、行为、发育等
后联合器官(PCO)	食管后神经系统	神经组织型	增强红色素、白色素细胞的分泌
围心腔器官(PEO)	围心腔壁	神经组织型	调节心脏搏动
大颚器(MO)	大颚基部	上皮组织型	分泌甲基法尼酯,调节生殖、蜕壳、发育、行为、渗透压等
Y-器官(YO)	第二小颚基部	上皮组织型	分泌蜕壳酮,调节蜕壳、生长、发育
促雄腺素	输精管末端	上皮组织型	控制精巢发育和维持雄性第二特征

二、生活习性

小龙虾对环境的适应能力很强,各种水体都能生存,在湖泊、河流、池塘、河沟、水田均能生存。

小龙虾为穴居性动物，喜栖息于水草、树枝、石隙等隐蔽物中。小龙虾昼伏夜出，不喜强光。在正常条件下，白天多隐藏在水中较深处或隐蔽物中，很少活动，傍晚太阳下山后开始活动，多聚集在浅水边爬行，觅食或寻偶。若受惊吓，迅速逃回深水。小龙虾多喜爬行，不喜游泳，觅食和活动时向前爬行，受惊或遇敌时迅速向后，弹跳躲避。

小龙虾栖息的地点常呈季节性移动特点：春天水温上升，小龙虾多在浅水处活动；盛夏水温较高就向深水处移动；冬季在洞穴中越冬。

1. 趋水性

小龙虾有很强的趋水流性，喜新水、活水，逆水上溯，且喜集群生活。在养殖池中常成群聚集在进水口周围。在大雨天气，小龙虾可逆水流爬上岸，短暂停留或逃逸；如果水中环境不适，小龙虾也会爬上岸栖息，因此养殖场要有防逃的围栏设施。

2. 掘洞性

小龙虾喜欢掘洞，并且善于掘洞。小龙虾掘洞多在夜间，可持续掘洞 6～8 小时，成虾一夜掘洞深度可达 40 厘米，幼虾一夜掘洞深度可达 25 厘米。小龙虾一般在水边的近岸掘洞，成虾的大多数洞穴的深度为 50～80 厘米，部分洞穴的深度超过 1 米。通常横向平面的小龙虾洞穴才有超过 1 米以上深度的可能，而垂直纵深向下的洞穴一般都比较浅。幼虾洞穴的深度为 10～25 厘米，体长 1.2 厘米的稚虾已经具备掘洞的能力，其洞穴深度为 10～20 厘米。小龙虾成虾的掘洞速度很快，放入一个新的生活环境中尤为明显。10 月初，将小龙虾放入试验池中，经一夜后观察，在沙质土壤条件下，大部分小龙虾所掘新洞的深度超过 30 厘米。小龙虾在繁殖季节掘洞强度增大，在寒冷的冬季及初春，掘洞强度减弱。在 7—10 月的繁殖期间，小龙虾的掘洞数量不断增加，显示了小龙虾繁殖季节强烈的掘洞能力（图 1-5）。小龙虾掘洞的洞口位置通常选择在水平面处，但这种选择常因水位的变化而使洞口高出或低于水平面，故而一般在水面上下 20 厘米处，小龙虾洞口最多，较集中于水草茂盛处。多数小龙虾在挖好洞穴后都要用泥土等物堵住入口。养殖池的土质条件对小龙虾掘洞的影响较为明显；在有机质缺乏的沙质土壤中，小龙虾打洞现象较多；在硬质土壤中，小龙虾打洞现象较少；在水质较肥、底层淤泥较多、有机质丰富的条件下，小龙虾洞穴明显减少。无论在何种生存环境，繁殖季节的小龙虾打洞的数量都明显增多。

3. 争斗性

小龙虾的攻击性很强，在争夺领地、抢占食物、竞争配偶时表现得尤为突出。小龙虾在严重饥饿时会恃强凌弱，相互格斗，弱肉强食。试验表明，在缺少食物时，大虾一天可以吃掉 20 多只幼虾；在食物充足或比较充足时，它们又能和睦相处。小龙虾的游泳本领不高，在水体中只能作挣扎性或逃遁性的短时间、短距离的游泳。一旦受惊或遭遇敌害，便快速倒退性逃遁或不逃遁，摆开格斗架势，用其一双大螯与敌害决斗。若某物被其大螯夹住，它绝不会轻易放开，只有搔其腹部或将其放置水中方可解围。

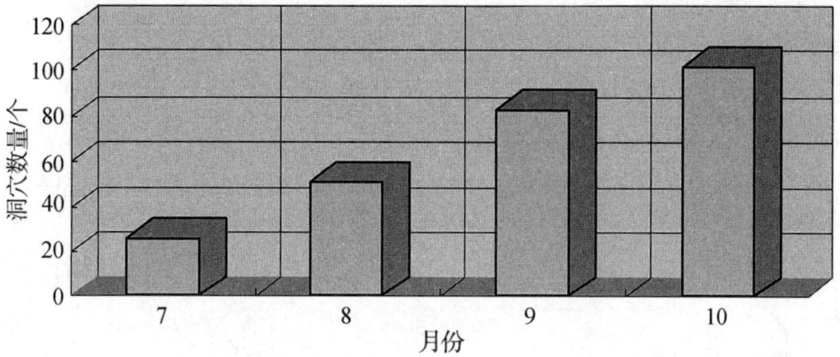

图 1-5 小龙虾繁殖季节掘洞数量的月变化

4. 出水性

小龙虾是介于水栖动物和两栖动物之间的一种动物。它对自然水域或人工养殖水域的大小、深浅和肥瘦要求不高。它利用空气中的氧气的本领很高，离开水体之后，只要保持湿润，可以安然存活 2～3 天。

5. 适应性

与其他淡水鱼一样，小龙虾属变温动物，喜温暖、怕炎热、畏寒冷，适宜的水温为 18～26 ℃。成虾耐高温和低温的能力比较强，能适应 40 ℃以上的高温和 –15 ℃的低温。当水体温度上升到 30 ℃以上时，小龙虾处于半摄食的越夏状态；当水温下降到 15 ℃以下、10 ℃以上时，小龙虾进入不摄食或半摄食的打洞状态；当水温下降到 10 ℃以下时，小龙虾进入越冬状态。

小龙虾喜清新的水质，水体中的溶解氧含量越高，小龙虾的摄食就越旺、生长就越快、病害就越少。当水体中的溶解氧含量低于 2.5 毫克/升时，小龙虾的摄食量就减少。当水体的 pH 为 5.8～9，溶解氧含量低于 1.5 毫克/升时，小龙虾仍能正常生存。当溶解氧含量为 1 毫克/升时，小龙虾就会停食或将身体露出水面觅食。

小龙虾喜欢中性和偏碱性的水体，pH 为 7～8.5 时最适合其生长和繁殖。

6. 雌雄同穴性

在越夏或越冬时，雌雄虾同居在一个洞穴之中。在繁殖期，大部分洞穴的雌雄比例为 1∶1。在同一个洞穴中，雄虾数量总是小于或等于雌虾数量。调查发现，一个洞穴最多的时候可达 15 只虾，雌雄比例为 9∶6。

7. 领地性

小龙虾与河蟹一样具有强烈的领地行为,一旦同类进入它的领地,就会发生打斗行为。领地的表现形式是自然状态下小龙虾在池底分布均匀。领地的大小及位置会随时间和生态环境不同而变化。

8. 自切和再生性

小龙虾螯足或步足受外界环境刺激(如药物、电、温度)或被外敌抓住,经常会迅速自断其受害步足,得以逃生,该现象称为自切。小龙虾自切时,折断点总是在附肢的基节与坐节之间的关节处。步足一旦断开后,小龙虾自身即分泌液体以封闭和保护伤口。幼虾的再生能力强,损失部分在第 2 次蜕壳时再生一部分,几次蜕壳后就会恢复,不过新生的部分比原先的要短小。这种自切与再生行为是一种保护性的适应能力。

9. 迁徙性

小龙虾有较强的攀缘能力和迁徙能力。在水体缺氧、缺饵、水体被污染或其他生化因子发生剧烈变化而不适应的情况下,小龙虾常常会爬出水体,从一个水体迁徙到另一个水体。

三、食性

小龙虾是偏动物性的杂食性动物,但食性在不同的发育阶段稍有差异。刚孵出的幼体以其自身存留的卵黄为营养,之后不久便摄食轮虫等小型浮游动物,随着个体的不断增大,摄食较大的浮游动物、底栖动物和植物碎屑;成虾主食植物碎屑、动物尸体,兼食动植物,也摄食水蚯蚓、摇蚊幼虫、小型甲壳类及一些水生昆虫。在人工养殖情况下,幼体可投喂丰年虫无节幼体、螺旋藻粉等;成虾可投喂人工配合饲料或以人工配合饲料为主,辅以动物、植物碎屑,也可直接投喂豆类、谷类、粮食加工余渣类、蔬菜类、无毒草类、螺肉、蚯蚓、蚌肉、蚬肉、死鱼、动物内脏、蚕蛹等饲料,这些都是小龙虾酷爱的食物。

在养殖生产中,种植水草可以大大节约养殖成本。水草是小龙虾不可缺少的营养源。已知水草的茎叶往往富含维生素 C、维生素 E、维生素 D 等,这些可以弥补由投喂谷物和劣质配合饲料导致的多种维生素的不足。此外,水草还含有丰富的钙、磷和多种微量元素,其中钙的含量尤其突出。水草通常含有 1% 左右的粗纤维,有助于小龙虾对多种食物的消化和吸收。在水温为 20～25 ℃时,小龙虾摄食眼子菜可达自身体重的 3.2%,摄食竹叶菜可达自身体重的 2.6%,水花生可达自身体重的 1.1%,豆饼可达自身体重的 1.2%,人工配合饲料可达自身体重的 2.8%,摄食鱼肉可达自身体重的 4.9%,而摄食水蚯蚓高达自身体重的 14.8%(表 1-2)。

表 1-2 小龙虾对各种食物的摄食率 %

食物种类	名称	摄食率
植物	眼子菜	3.2
	竹叶菜	2.6
	水花生	1.1
	苏丹草	0.7
动物	水蚯蚓	14.8
	鱼肉	4.9
饲料	配合饲料	2.8
	豆饼	1.2

引自舒新亚，龚珞军，2006。

小龙虾的摄食具有明显的节律性。在低于100勒克斯的弱光条件下，雌雄小龙虾具有明显的摄食节律，并且不受性别的影响。小龙虾在18:00～19:00的摄食量最大；其次为19:00～20:00和14 :00～15:00；小龙虾在其他时段摄食较少。但小龙虾摄食无明显的昼夜节律。

小龙虾的摄食种类(表1-3)没有表现出明显的季节变化，但是摄食强度的季节性特征明显。摄食强度以春季、夏季为最高，摄食率均达到100%，食物充塞度在3级(含)以上的胃的比例分别达到了83.4%和76.7%；秋季次之，摄食率为93%，3级(含)以上的胃占62%；冬季最低，摄食率仅为38%，3级(含)以上的胃占10%(表1-4)。

表 1-3 小龙虾的各种食物在不同季节的出现频率 %

食物种类	春	夏	秋	冬
大型水生植物	100	100	100	100
有机碎屑	100	100	100	100
藻类	71.1	53.3	42.2	55.6
浮游动物	6.7	0	11.1	4.4
轮虫	4.4	0	0	0
水生昆虫	20	8.9	5.6	0
寡毛类	0	0	6.7	4.4
虾类	0	8.9	2.2	0

表 1-4 小龙虾胃充塞度的季节变化 %

季节	各级充塞度的胃所占比例				
	0 级	1 级	2 级	3 级	4 级
春季	0.0	3.3	13.3	31.7	51.7
夏季	0.0	3.3	20.0	48.4	28.3
秋季	1.0	25.0	12.0	32.0	30.0
冬季	60	20.0	10.0	7.0	3.0

小龙虾具有较强的耐饥饿能力，一般能耐饿 3～5 天；秋冬季节一般 20～30 天不进食也不会饿死。摄食的最适水度为 18～26 ℃；水温低于 15 ℃活动减弱；水温低于 10 ℃或超过 35 ℃，摄食量明显减少。很多专家认为水温在 8 ℃以下时，小龙虾进入越冬期，停止摄食。在生产中发现，小龙虾幼虾在冬季仍然摄食生长。2007 年 10 月 30 日至 2008 年 4 月 24 日，淮安市水产科学研究所进行了小龙虾苗种冬季培育试验，共计放养 52.8 万只，培育了 3 厘米以上幼虾 32.5 万只，成活率达 61.6%。该试验表明，在最寒冷的 12 月、1 月、2 月，小龙虾仍能缓慢生长（表 1-5）。

表 1-5 小龙虾稚虾冬季放养及生长测定结果

池塘类别	放养			生长测定（平均体长）/ 厘米					存塘量测算 / 万只
	时间	数量 / 万只	规格 / 厘米	12 月 13 日	1 月 5 日	2 月 10 日	3 月 24 日	4 月 24 日	
14#	10 月 30 日	21.2	0.78	1.62	1.69	2.24	2.55	3.51	14.2
15#	11 月 1 日	31.6	0.88	1.2	1.53	2.22	2.45	3.16	18.3
合计		52.8							32.5

四、蜕壳与生长

蜕壳是小龙虾生长、发育、增重和繁殖的重要标志。每一次蜕壳，身体的生长就产生一次飞跃。因此，小龙虾的个体增长在外形上并不连续，呈阶梯形，每蜕一次壳，就上一个台阶。蜕壳周期可分为蜕壳期、蜕壳后期、蜕壳间期和蜕壳前期。国外也有学者将蜕壳后期分为软壳期和薄壳期，将其蜕壳周期分为蜕壳间期、蜕壳前期、蜕壳期、软壳期和薄壳期 5 个阶段。在自然水体中，幼虾经过 2～3 个月的生长能达到 50 克左右，长度可达 12 厘米左右。幼虾脱离母体后，很快进入第 1 次蜕壳期，换上柔软多皱的新壳，并迅速吸水增长，这就是生长蜕壳，由幼虾到成虾共蜕壳 11 次。与某些甲壳类动物不同的是，小龙虾无生殖蜕壳现象。

小龙虾的蜕壳与水温、营养及个体发育密切相关。幼体一般 4～6 天蜕壳一次，离开母体进入开放水域的幼虾每 5～8 天蜕壳一次，后期幼虾的蜕壳间隔一般为 8～20 天。水温高，食物充足，发育阶段早，则蜕壳间隔短，反之则长。

大多蜕壳时间在夜晚，在人工养殖情况下，有时白天也见其蜕壳。虾要蜕壳时，先是体液浓度增加，接着虾体侧卧，腹肢间歇性地缓缓滑动，随后虾体急剧屈伸，头胸甲与第一腹节背面交接处的关节膜裂开，再经几次突然性的连续跳动，新体就从裂缝中爬出，整个蜕壳过程完成。这个阶段会持续几分钟到几十分钟。体格健壮的小龙虾蜕壳时间相对较短，新体壳于 12～24 小时后硬化。小龙虾雄虾寿命为 3～4 年，雌虾寿命为 4～5 年。

五、繁殖习性

1. 性成熟年龄

小龙虾雄虾性成熟年龄为 0.7 年，小龙虾雌虾性成熟年龄为 0.8 年。

2. 自然性比

在自然界，小龙虾的雌雄比例是不同的，舒新亚等的研究表明，在全长为 3.0～8.0 厘米的个体中，雌性多于雄性，其中雌性占比 51.5%，雄性占比 48.5%，雌雄比例为 1.06 : 1；在全长为 8.1～13.5 厘米的个体中，雌性多于雄性，其中雌性占比 55.9%，雄性占比 44.1%，雌雄比例为 1.27 : 1；在其他个体中，则雄性占大多数。

3. 雌雄鉴别

小龙虾雌雄异体，两性在外形上各有自己的特征，具体鉴别方法见表 1-6。

表 1-6　小龙虾雌雄特征比较

特性	雄虾	雌虾
个体	大	小
螯足（大螯）	较大	较小
疣点	有	一部分有
疣点颜色	红色	淡红色
腹肢	第 1 对腹肢、第 2 对腹肢演变成钙质交接器	第 1 对腹肢退化，第 2 对腹肢羽状
生殖孔	生于第 5 对步足基部	生于第 3 对步足基部
抱卵腔	无	有

4. **性腺发育**

(1)雄性生殖系统　1对雄虾精巢位于头胸部胃的后方、心脏之前、肝胰脏之上。输精管开口于第5对步足基部内侧。在输精管的远端,许多精子在输精管内并不相互分离,而攒集成簇,外包薄膜,形成精荚,呈管状。精荚在雌雄交配时通过交接器输送到雌虾的纳精囊内。小龙虾的精子为无鞭毛精子。

(2)精巢的大小和颜色　小龙虾精巢的大小和颜色随着繁殖季节的到来而变化:未成熟精巢呈白色细线状,成熟的精巢呈淡黄色纺锤形,后者体积比前者体积大数倍到数十倍。

(3)精巢的组织学分期　龚世园、何绪刚(2011)将小龙虾的精巢发育分为5期(表1-7)。

表1-7　小龙虾的精巢发育分期

精巢发育时期	精巢外观
Ⅰ期	白色,细长条形,精巢前端为小球形
Ⅱ期	精巢大部分呈白色,精巢呈前粗后细的细棒状
Ⅲ期	精巢呈淡青色、圆棒状。精小管中存在少量精子
Ⅳ期	精巢体积最大,呈淡黄色,形状呈圆棒形或圆锥形,精小管中充满大量成熟的精子
Ⅴ期	精巢体积明显比Ⅳ期小,精巢内存有少量精子

(4)精巢的周年发育变化　小龙虾精巢的发育具有明显的季节变化。12月至翌年2月,精巢体积较小,颜色呈白色,靠近胃部的输精管末端的精巢为细条形,输精管也十分细小,管内以精原细胞为主。3—6月,精巢体积逐渐增大,此时的精巢大部分为白色,形状为前粗后细的细棒状,输精管内以次级精母细胞为主,有的管内形成了精子。7—8月,少数精巢的颜色变为成熟精巢特有的浅黄色,此时一小部分虾开始抱对。8—9月,精巢的体积最大,此时的精巢颜色变成了淡黄色或灰黄色,形状则变成了非常饱满的圆锥形,输精管变得粗大,里面充满了大量成熟的精子,此时大量的虾开始抱对、交配。

(5)繁殖期精巢发育与体长、体重的关系　小龙虾繁殖期精巢发育与体长、体重之间存在一定的线性关系(表1-8、表1-9)。

从表1-8中可以看出:在繁殖季节(7—10月),随机挑选的170只雄性小龙虾,精巢发育处于Ⅰ期的虾的体长分布范围为5.1～9.0厘米,其中体长为5.1～6.0厘米和体长为6.1～7.0厘米的虾所占比例一样多,均为8.57%。该阶段内,最短的体长为5.4厘米,最长的体长为8.2厘米。精巢发育处于Ⅱ期的虾的体长分布范围比Ⅰ期发生了较大的变化，以 6.1～7.0 厘米的虾居多，其次为 7.1～8.0 厘米，该阶段内，最短的体长为 5.4 厘米，最长的体长为 8.1 厘米。精巢发育处于Ⅲ期的虾的体长分布范围以 7.1～8.0 厘米的虾居多，其次为 6.1～7.0 厘米，该阶段内，最短的体长为 5.7 厘米，最长的体长为 8.5 厘米。在精巢发育处于Ⅳ期的虾群中，体长为 6.1～7.0 厘米和体长为 8.1～9.0 厘米的虾所占的比例一样，均为 1.43%，而体长为 7.1～8.0 厘米的虾居多，未见到体长小于 6.0 厘米的虾，其中最短的体长为 7.0 厘米，最长的体长为 8.2 厘米。在精巢发育处于Ⅴ期的虾群中，以体长为 7.1～8.0 厘米的虾居多，达到 5.71%，其次为体长 8.1～9.0 厘米，达到 1.43%。

表 1-8　小龙虾精巢发育与体长之间的关系

体长/厘米	精巢分期发育占比 /%				
	Ⅰ期	Ⅱ期	Ⅲ期	Ⅳ期	Ⅴ期
5.1～6.0	8.57	4.29	2.86	0	0
6.1～7.0	8.57	21.43	5.71	1.43	0
7.1～8.0	2.86	15.71	10	5.71	5.71
8.1～9.0	1.43	1.43	1.43	1.43	1.43

表 1-9　小龙虾精巢发育与体重之间的关系

体重/克	精巢分期发育占比 /%				
	Ⅰ期	Ⅱ期	Ⅲ期	Ⅳ期	Ⅴ期
≤10.00	4.29	8.57	1.43	0	0
10.01～20.00	10	18.55	10	0	0
20.01～30.00	4.29	8.57	2.86	4.29	2.86
30.01～40.00	2.86	5.71	5.71	2.86	2.86
≥40.01	0	1.43	0	1.43	1.43

从表 1-9 中可以看出：在繁殖季节（7—10 月），随机挑选的 170 只雄性小龙虾，精巢处于Ⅳ期、Ⅴ期的虾主要集中在体重 20.01～30.00 克，其次是体重 30.01～40.00 克；在成熟精巢的虾中未见到体重小于 20.00 克的虾。在精巢处于Ⅰ期、Ⅱ期的虾中，其主要集中在体重 10.01～20.00 克。综合表 1-8 和表 1-9 得出，在繁殖季节，体长为 7.1～8.0 厘米和体重为 20.01～30.00 克的雄性小龙虾精巢发育最好。

（6）雌性生殖系统　雌虾卵巢 1 对，位置同精巢。卵巢前部左右愈合，后部分成两叶，中部两侧各引出一条输卵管，分别汇集开口于第 5 对步足基部内侧。雌虾性成熟年龄为 0.8 年。每年卵巢发育成熟 1 次，产卵 1 次。根据卵巢颜色变化、外观特征、性腺成熟系数和组织特征，赵维信等（1999）将小龙虾卵巢发育分成 7 个时期，即未发育期、发育早期、卵黄发生前期、卵黄发生期、成熟期、产卵后期和恢复期。其中，卵黄发生期又分为初级卵黄发生期和次级卵黄发生期，产卵后期分为抱卵虾期和抱仔虾期（表 1-10）。

表 1-10　小龙虾的卵巢发育分期

发育分期	卵巢外观
卵巢发育时期	
未发育期	白色透明，尚未见卵粒
发育早期	白色半透明的细小卵粒
卵黄发生前期	均匀的灰黄色至黄色卵粒，卵径 10～300 微米
卵黄发生期	
初级卵黄发生期	黄色至深黄色卵粒，卵径 250～500 微米
次级卵黄发生期	黄褐色至深褐色卵粒，卵径 450 微米至 1.6 毫米
成熟期	深褐色卵粒，卵径 1.5 毫米以上
产卵后期	
抱卵虾期	产卵后卵巢内残存粉红色至黄褐色的卵粒
抱仔虾期	白色透明，不见卵粒
恢复期	白色半透明的细小卵粒

吕建林(2006)认为小龙虾卵巢的成熟系数在繁殖季节(7—10 月)明显增大，7 月，小龙虾的卵巢成熟系数 为(1.17 ± 0.83)%，8 月为(2.04 ± 1.30)%，9 月，成熟系数更是增大到(5.32 ± 2.30)%；在这段时期内，卵巢的颜色也由浅黄色转变为红褐色。在小龙虾繁殖期间(7—10 月)，其卵巢发育程度与体长、体重之间存在着一定的关系(表 1-11、表 1-12)。

表 1-11　小龙虾卵巢发育与体长之间的关系

体长/厘米	卵巢分期发育占比 /%				
	Ⅰ期	Ⅱ期	Ⅲ期	Ⅳ期	Ⅴ期
≤ 5.0	0.56	0.56	0	0	0
5.1～6.0	6.67	2.78	1.67	0	0
6.1～7.0	8.88	7.78	5.56	3.33	9.44

续表 1-11

体长/厘米	卵巢分期发育占比 /%				
	Ⅰ期	Ⅱ期	Ⅲ期	Ⅳ期	Ⅴ期
7.1～8.0	4.44	5.56	1.11	3.33	13.33
8.1～9.0	1.11	1.11	0.56	0	17.22
≥ 9.1	0	0	0	0.56	4.44

表 1-12 小龙虾卵巢发育与体重之间的关系

体重/克	卵巢分期发育占比 /%				
	Ⅰ期	Ⅱ期	Ⅲ期	Ⅳ期	Ⅴ期
≤ 10.00	7.81	4.69	1.56	0	0
10.01～20.00	20.31	14.06	12.50	1.56	1.56
20.01～30.00	1.56	4.69	3.13	9.38	4.69
30.01～40.00	0	1.56	1.56	3.13	4.69
≥ 40.1	0	0	1.56	0	0

在繁殖期间(7—10 月),随机挑选的 180 只雌性小龙虾中,卵巢发育处于Ⅰ期的虾的体长分布范围主要为 5.0～9.0 厘米,其中以体长为 6.1～7.0 厘米的虾居多,其次为体长 5.1～6.0 厘米,未见体长超过 9.1 厘米的虾;其相应的体重以 10.01～20.00 克的虾居多,其次为体重 10.00 克以下和体重 20.01～30.00 克的虾,未见体重超过 30.01 克的虾。在卵巢发育处于Ⅱ期的虾中,以体长为 6.1～7.0 厘米的虾居多;其次为体长 7.1～8.0 厘米,未见体长超过 9.1 厘米的虾;其相应的体重以 10.01～20.00 克的虾居多,其次为体重 10.00 克以下和体重 20.01～30.00 克的虾。在卵巢处于Ⅲ期的虾中,以体长为 6.1～7.0 厘米的虾居多,未见体长小于 5.0 厘米和体长超过 9.1 厘米的虾;其相应的体重以 10.01～20.00 克的虾居多,其次为体重 20.01～30.00 克和体重 10.00 克以下的虾,1.56% 的虾的体重大于 40.01 克。在卵巢发育处于Ⅳ期的虾中,体长为 6.1～7.0 厘米和体长为 7.1～8.0 厘米的虾所占的比例一样,未见体长小于 6.0 厘米和体长为 8.1～9.0 厘米的虾;其相应的体重以 20.01～30.00 克的虾居多,其次为体重 30.01～40.00 克的虾,未见体重小于 10.00 克的虾和体重超过 40.01 克的虾。在卵巢处于Ⅴ期的虾中,以体长为 8.1～9.0 厘米的虾居多,其次为体重 7.1～8.0 厘米,未见体长小于 6.0 厘米的虾;其相应的体重以 20.01～30.00 克和 30.01～40.00 克的虾较多,其次为体重 10.01～20.00 克的虾,未见体重小于 10.00 克和体重超过 40.01 克的虾。综合表 1-11、表 1-12 可知,在繁殖季节,体长为 8.1～9.0

厘米、体重为20.01～30.00克的雌性小龙虾的卵巢发育最好。

小龙虾卵巢发育与体色之间也存在关系，表1-13显示：大多数卵巢发育处于Ⅰ期的虾的体色为青色，这些虾生长不到1年，体长主要集中在5.0～7.0厘米，最长的体长和最短的体长分别为6.9厘米、5.0厘米。大多数卵巢发育较好的虾的体色为黑红色，其中1年虾和2年虾的体长主要集中在8.1～9.0厘米。在具有成熟卵巢的黑红色虾中，最长体长和最短的体长分别为10.1厘米、6.1厘米；卵巢成熟的青色虾的最短体长为6.4厘米。

表1-13　小龙虾卵巢发育程度与体色之间的关系 %

卵巢分期程度	青色	黑红色	卵巢分期程度	青色	黑红色
Ⅰ期	9.33	4	Ⅳ期	0	12
Ⅱ期	5.33	13.33	Ⅴ期	1.33	42.68
Ⅲ期	1.33	10.67			

(7)小龙虾的绝对繁殖力和相对繁殖力　小龙虾的绝对繁殖力是指单位个体卵巢发育处于沉积卵黄的第Ⅲ期和第Ⅳ期的卵粒数量。小龙虾的相对繁殖力以卵巢发育处于沉积卵黄的第Ⅲ期和第Ⅳ期的卵粒数量与体重(湿重)或体长的比值来表示，即

RF=卵粒数量/体重(F/W)或RF=卵粒数量/体长(F/L)

式中：F为繁殖能力；W为体重；L为体长。

龚世园、吕建林等(2008)认为：小龙虾的繁殖季节为7—10月，高峰时期为8—9月，在此期间，绝大部分成年虾的卵巢处于Ⅳ期～Ⅴ期。小龙虾个体的绝对繁殖力的变动范围为172～1 158粒，平均为517粒。个体相对繁殖力(F/W)的变动范围为2～41粒/克，平均为21粒/克，个体相对繁殖力(F/L)的变动范围为47～80粒/厘米，平均为63粒/厘米。在一般情况下，个体长的虾的绝对繁殖力比个体短的虾要高；小龙虾的相对繁殖力(F/L)有随体长的增加而增加的趋势，而相对繁殖力(F/W)随着体重的增加反而减少。相对繁殖力(F/W)的变动幅度比相对繁殖力(F/L)要小些，小龙虾的体长对繁殖力的影响明显大于体重对繁殖力的影响(表1-14)。

表1-14　小龙虾的绝对繁殖力与相对繁殖力

标本数/只	体长/厘米	体重/克	F/粒		F/W/(粒/克)		F/L/(粒/厘米)	
			变幅	平均	变幅	平均	变幅	平均
2	5.5～5.9	9.6～11.3	254～392	323	27～37	32	46～66	56
23	6.0～6.9	7.2～24.1	200～495	376	15～34	25	27～113	58

续表 1-14

标本数/只	体长/厘米	体重/克	F/ 粒		F/W/(粒 / 克)		F/L/(粒 / 厘米)	
			变幅	平均	变幅	平均	变幅	平均
56	7.0～7.9	13.3～31.5	181～829	469	11～36	20	23～105	63
14	8.1～8.8	14.9～40.0	244～1 055	609	11～39	21	29～129	73
5	9.0～9.9	40.0～71.1	172～793	453	2～14	9	17～81	47
2	10.1～10.3	50.0～51.3	586～1 158	872	12～23	18	58～112	80

引自龚世园，吕建林等，2008。

(8) 小龙虾周年卵巢颜色及卵径变化　在繁殖季节(7—10 月)到来之前，小龙虾的卵粒数量先增后减。随着繁殖高峰期的过去，卵巢中的卵粒数量直线下降；翌年 1 月，卵粒数量降至最低。与此同时，3—9 月，卵径则逐渐增大，9 月产卵时，卵径最大，随后卵径又逐渐减小。卵巢颜色也随着月份、卵径的变化而变化，其颜色的变化依次为白色、浅黄色、橘红色、褐色和红色。其卵巢颜色的变化依次代表卵巢发育的Ⅰ期到Ⅴ期，或者与卵巢发育分期所对应的卵巢成熟度。小龙虾卵巢的成熟度随着卵巢的发育而增大，3 月，成熟度仅为(0.271 4 ± 0.015 7)%，到了繁殖季节的初期，即 7 月，卵巢的成熟度变为(1.171 8 ± 0.828 9)%，到了繁殖季节的高峰期，即 9 月，卵巢成熟度变为最大(5.324 1 ± 2.293 3)%，随着繁殖期的过去，其成熟度降至翌年 1 月的(0.392 4 ± 0.016 8)%(表 1-15)。

表 1-15　小龙虾周年卵径、卵粒数量、卵巢颜色和平均成熟度的变化

时间	卵径/毫米	平均卵粒数量/粒	卵巢颜色	平均成熟度/%
3 月	0.21～0.39	<300	多为白色	0.271 4 ± 0.015 7
4 月	0.28～0.50	628	多为白色，少数浅黄色	0.159 0 ± 0.024 2
5 月	0.30～0.50	605	多为白色，少数浅黄色	0.246 9 ± 0.042 7
6 月	0.29～0.68	509	多为白色，少数浅黄色	0.627 9 ± 0.262 4
7 月	0.27～0.79	349	浅黄色，少数橘红色	1.171 8 ± 0.828 9
8 月	0.51～0.88	351	浅黄色，少数橘红色	2.044 3 ± 1.296 1
9 月	1.15～1.80	485	多数为橘红色或褐色	5.324 1 ± 2.293 3
10 月	0.46～0.99	632	黄色中带褐色，少量为红色	1.263 3 ± 0.269 2
11 月	0.34～0.77	478	白色中带黄色	0.414 5 ± 0.075 5
12 月	0.38～0.91	401	白色中带黄色	0.371 8 ± 0.015 8

续表 1-15

时间	卵径/毫米	平均卵粒数量/粒	卵巢颜色	平均成熟度/%
翌年 1 月	0.02～0.13	＜100	多为白色	0.392 4 ± 0.016 8
翌年 2 月	0.28～0.55	＜200	多为白色	0.397 4 ± 0.015 7
翌年 3 月	0.21～0.49	＜300	多为白色	0.423 4 ± 0.016 4

5. 交配

小龙虾性成熟为 6—8 月，交配季节一般在 7—11 月，群体交配高峰期在 8—9 月。在实验中发现，水温低于 15 ℃，则停止交配。交配时，雄虾用螯足钳住雌虾的螯足，用步足抱住雌虾(彩图 1)，将雌虾翻转侧卧。雄虾的钙质交接器与雌虾的储精囊连接，雄虾的精荚顺着交接器，进入雌虾的储精囊。1 只雄虾可与 1 只以上的雌虾交配，同样一对螯虾可以多次交配，交配时间短则 10 多分钟，长则可达 3.5 小时。当雌虾不顺从时，则逃逸。在实践中发现，10 月挑选的成熟雌虾大多交配过，因此，在实际生产过程中，若 10 月以后选亲虾，雌雄比例可增大到 3 : 1。

6. 产卵

小龙虾属一年产卵一次的类型。与其他虾类相比，小龙虾怀卵量较小，一般 100～1 200 粒。小龙虾雌虾的产卵量随个体长度的增长而增大。有关资料显示：体长 5.5～5.9 厘米虾的平均产卵量为 323 粒，体长 6.0～6.9 厘米虾的平均产卵量为 376 粒，体长 7.0～7.9 厘米虾的平均产卵量为 469 粒，体长 8.1～8.8 厘米虾的平均产卵量为 609 粒，体长 10.1～10.3 厘米虾的平均产卵量为 872 粒。

7. 受精卵孵化

雌虾刚产出的卵为暗褐色，卵径约为 1.6 毫米。受精卵被胶质状物质包裹，像葡萄一样黏附在雌虾的游泳肢上(彩图 2、彩图 3)。雌虾游泳肢不停地摆动以保证受精卵孵化所需的溶解氧，同时保持卵处于湿润状态。受精卵的孵化一方面依赖母体，另一方面环境因子对它也有很大的影响，特别是温度。李庭古研究发现，小龙虾受精卵孵化时间跟温度密切相关。在 17～30 ℃水温条件下，温度越高，受精卵孵化的时间越短；在高于 30 ℃水温条件下，虽然胚胎发育快，但太高的水温对亲虾的生理机制有伤害；在低于 20 ℃水温条件下，胚胎发育时间长，孵化率低；在 24～30 ℃水温条件下，受精卵孵化快，孵化率也高。李庭古研究还发现，即使同一水温组的亲虾，受精卵的孵化情况也不尽相同。个体大的亲虾的受精卵在孵化过程中的死亡率也低。其原因是个体大且壮实的亲虾适应力和免疫力都比个体小的亲虾强。

日本学者 Tetsuya Suko 对小龙虾受精卵的孵化进行了研究，提出在 7 ℃水温的条件下,受精卵的孵化约需150天;在15 ℃水温条件下,受精卵的孵化约需46天;在22 ℃水温条件下,受精卵的孵化约需19天。

朱玉芳、崔勇华进行了小龙虾抱卵与非抱卵孵化的比较研究。研究表明,从卵、幼虾在两种情况下呈现的孵化、生长差异来看,抱卵虾的孵化率远高于非抱卵虾,抱卵虾的生长快于非抱卵虾。

小龙虾的胚胎发育共分为12期:受精期、卵裂期、囊胚期、原肠前期、半圆形内胚层沟期、圆形内胚层沟期、原肠后期、无节幼体前期、无节幼体后期、前溞状幼体期、溞状幼体期和后溞状幼体期。

小龙虾受精卵的颜色随胚胎发育的进程而变化,从刚受精时的棕色到发育过程中的棕色夹杂着黄色,黄色夹杂着黑色,最后完全变成黑色,孵化时一部分为黑色,一部分为无色透明。

8. 幼体发育

小龙虾的全部体节在卵内发育时已经形成,孵化后不再新增体节。幼体在孵化时具备了终末体形,与成体无多大区别,仅缺少一些附肢而已。刚出膜的幼体为末期幼体,也称为一龄幼体,以后每蜕一次壳为一个龄期。第一次蜕壳后的幼体称为二龄幼体,第二次蜕壳后的幼体称为三龄幼体,依此类推。从幼体到成体共需蜕壳11次。郭晓鸣认为三龄幼体已基本完成了外部结构的发育,卵黄完全被吸收,开始自由活动和摄食。因此,前三龄为幼体发育阶段,从四龄起划分为幼虾发育阶段。

(1) 一龄幼体　全长约为5毫米,体重为4.68毫克。幼体头胸甲占整个身体的1/2,复眼1对,无眼柄,不能转动;胸肢透明,与成体一样均为5对;腹肢4对,较成体少1对;尾部具有成体形态。一龄幼体经过4天发育开始蜕壳,整个蜕壳时间约为10小时。

(2) 二龄幼体　全长约为7毫米,体重为6毫克。经过第一次蜕壳和发育后,二龄幼体可以爬行。头胸甲由透明转为青绿色,卵黄囊呈"U"形,复眼开始长出部分眼柄,具有摄食能力。二龄幼体经过5天开始蜕壳,整个蜕壳时间约为1小时。

(3) 三龄幼体　全长约为10毫米,体重为14.2毫克。头胸甲的形态已经成型,眼柄继续发育,且内外侧不对等,第一胸甲——螯钳能自由张合,捕食和抵御小型生物,仍可见消化肠道,腹肢可以在水中自由摆动。三龄幼体经过4～5天开始蜕壳,整个蜕壳时间约为2分钟。

(4) 四龄幼体　全长约为11.5毫米,体重为19.5毫克。眼柄发育已基本成型。第一胸足变得粗大,看不到消化道。四龄幼体已经可以捕食比它小的一龄幼体、二龄幼体了,此时的幼体开始进入幼虾发育阶段。

第三节　国内外小龙虾养殖研究概况

一、国外研究进展

苏联对小龙虾的养殖研究比较早，在20世纪初就开始了小龙虾的养殖试验，20世纪30年代对大湖泊实施虾苗人工放流，20世纪60年代工厂化育苗试验成功，为小龙虾的示范推广提供了充足的苗种来源。美国是小龙虾养殖最早的国家，虾稻连作是美国的主要养殖模式，但虾苗均来源于天然亲虾的自繁。澳大利亚是近20年来小龙虾养殖发展最快的国家。利用本地产的小龙虾资源，澳大利亚的养殖方式主要有三种模式：一是湖泊、水库、沼泽地的粗放养殖，不需要人工投喂，进行简单粗放管理即可，平均单产为每亩约25千克；二是池塘精养，需要投入较高的资金，需要人为投喂和科学的管理，经济效益显著，平均每亩单产达200～250千克；三是采用封闭系统超强化人工养殖，主要是控温养殖和水泥池流水养殖，产量较高。

二、国内研究进展

我国的小龙虾养殖始于20世纪90年代，养殖较早的地区是江苏省盱眙县和湖北省潜江市(主要利用低洼稻田进行连作式养殖)，养殖产量通常在100～200千克/亩。江苏省的养殖模式较多，主要有池塘主养，虾蟹混养，稻田养殖和芡实、藕、水芹菜等水生经济作物田(池)轮作(共生)养殖等方式，这些养殖方式操作简便、成本较低，易推广和应用。

我国小龙虾苗种的人工研究始于2000年，江苏、安徽、湖北、上海的水产科技工作者先后开展了室外土池及工厂化苗种繁育技术研究。2005年，湖北省水产科学研究所取得室外规模化人工繁殖的突破，繁殖小龙虾苗近100万只；2007年，淮安市水产科学研究所在工厂化苗种繁育方面取得突破：在人为控制条件下，700米^{2}的小龙虾产卵池共生产抱卵虾6 053只，抱卵率达81.3%；在控温条件下，对不离体的受精卵进行人工孵化，共生产稚虾71.52万只，体长为0.6～1.2厘米/只，平均孵化率达81.6%。

2009年，江苏省淡水水产研究所进一步优化了土池苗种繁育技术，生产小龙虾苗种达18万只/亩。2017年，在“产学研推”战略的推动下，江苏省通过熟化和完善池塘结构、亲虾选购、水质调控、水草设置、孵化方式优化等关键技术，有效提高了池塘小龙虾苗种繁育的质量和产量。湖北省在重点推广“小龙虾稻田生态繁育”“小龙虾土池繁殖养殖一体化”等技术模式的基础上又在稻田小龙虾亲本强化培育技术和小龙虾温棚规模化繁育技术研发中取得重大突破，小龙虾苗种年生产能力达到10万吨以上。

近年来，稻虾养殖模式发展迅速，已成为小龙虾养殖的主要模式之一，据不完全统计，2022年我国小龙虾养殖面积达2 800万亩，小龙虾稻田养殖面积为2 350万亩，占总养殖面积的83.93%，该模式可细分为稻虾连作、稻虾连作+共作等模式。其中稻虾连作：种一季水稻，养一季小龙虾，即每年8—9月水稻收割前投放亲虾或10—11月水稻收割后投放幼虾，翌年4—5月销售虾苗或成虾，6月整田插秧，种一季水稻，循环轮替。该模式一般亩产小龙虾100千克、水稻500千克，亩均产值达5 000元左右，亩均利润为2 000元左右。稻虾连作+共作：养一季小龙虾后，在种植水稻的同时再养殖一季小龙虾，即水稻栽种1周后投放幼虾，8—9月收获一部分成虾，其余作为亲虾进行培育，翌年3月收获成虾，4—5月收获虾苗，5—6月收获成虾，6月中下旬整田插秧，循环轮替。该模式一般亩产小龙虾150千克、水稻500千克，亩均产值达6 000元左右，亩均利润为3 000元左右。

第四节　发展小龙虾养殖产业的意义

一、利用价值

1. 食用价值

小龙虾鲜虾肉中的蛋白质占18.9%、脂肪占1.6%；干虾中的蛋白质占50%，其中氨基酸占77.2%、脂肪占0.29%。富含人体必需的8种氨基酸，尤其富含幼儿生长发育所必需的组氨酸，占体重5%的肝胰脏（即“虾黄”）更是营养佳品，它含有大量的不饱和脂肪酸、游离氨基酸和硒等以及维生素A、维生素C、维生素D等，是典型的健康食品。小龙虾的营养成分比例详见表1-16。

表1-16　小龙虾每100克鲜虾肉营养成分比例　%

营养成分	占比	营养成分	占比
蛋白质	18.9	灰分	16.8
脂肪	1.6	矿物质	6.6
几丁质	2.1		

小龙虾肉质鲜美，蛋白质高、脂肪低、营养丰富，是深受国内外消费者喜爱的一种水产品。近年来，小龙虾消费群体不断扩大，餐饮消费市场呈现暴发式增长态势，受到了广大消费者，特别是青年消费者的青睐。2022 年，全国以餐饮为主的第三产业产值已达 3 122 亿元。我国小龙虾消费方式主要有三种：一是传统的夜宵大排档；二是品牌餐饮企业的主打菜品；三是互联网餐饮，即线上与线下相结合的小龙虾外卖。由于小龙虾生产供应的季节性强，市场消费也呈现明显的季节性特征，消费旺季一般始于每年的 4 月，5—8 月达到最高峰，9 月开始淡出。从品牌建设来看，各地积极加大对小龙虾菜肴的开发，形成了一大批小龙虾知名菜肴和餐饮品牌，如江苏省盱眙的“十三香龙虾”、金湖的“蒜泥龙虾”、南京市的“金陵鲜韵”系列、湖南省南县的“冰镇汤料虾”、湖北省潜江的“油焖大虾”等，有效推动了小龙虾餐饮消费向深度发展。从消费渠道来看，80% 的小龙虾通过食堂渠道（包括夜宵摊）售卖，20% 的小龙虾通过互联网渠道售出。因小龙虾生意红火，除以上渠道外，一些著名品牌餐饮也开始兼营小龙虾，如必胜客、肯德基分别推出了小龙虾比萨、小龙虾帕尼尼等产品。

2. 药用价值

小龙虾含有丰富的镁。镁对心脏活动具有重要的调节作用，能很好地保护心血管系统，可减少血液中的胆固醇含量，防止动脉硬化，还能扩张冠状动脉，有利于预防高血压及心肌梗死。小龙虾的通乳作用较强，并且富含磷、钙，尤其对小儿、孕妇有补益功效。小龙虾体内的虾青素（3,3′- 二羟基 -4、4′- 二酮基 -β、β- 胡萝卜素）是目前发现抗氧化性最强的天然物质，其清除自由基的能力是维生素 C 的 6 000 倍，辅酶 Q10 的 800 倍，番茄红素的 10 倍，可有效清除细胞内的氧自由基，维持机体平衡和减少衰老细胞的堆积，有助于消除因时差反应而产生的“时差症”。小龙虾还有化痰止咳，促进术后的伤口生肌愈合作用。

日本大阪大学的科学家研究发现，小龙虾适宜肾虚阳痿、男性不育症、腰脚无力患者食用；适宜小儿正在出麻疹、水痘之时服食；适宜中老年人由缺钙所致的小腿抽筋者食用；宿疾者正值上火之时不宜食虾；患过敏性鼻炎、支气管炎、反复发作性过敏性皮炎的老年人不宜吃虾。虾为痛风发物，患有皮肤疥癣者忌食。

3. 饲料、肥料原料

小龙虾可食部分仅占体重的 30% 左右，餐饮消费或虾尾加工后的剩余部分可以作为食品、饲料、肥料及生物医药的原料。科研人员已利用生物技术开发出小龙虾壳高附加值利用的绿色新工艺，餐饮和加工下脚料经有机酸脱脂和酶降解后，可以生产复合氨基酸多肽液体肥、有机酸钙片、虾青素、几丁质、壳聚糖及生物吸附材料等系列产品，生产过程不使用强酸、强碱，没有“三废”排出。

此外，利用小龙虾自繁自育的特性，在其他水产动物养殖池塘套养小龙虾，自繁自育的中小规格的小龙虾为黄鳝、甲鱼、鳜等特色水产品种提供了鲜活饵料，管理恰当，综合种养效益更高。

4. 工业价值

小龙虾的加工产品主要为虾仁、虾球及整肢虾，特别是虾仁、虾球的加工，留下大量的废弃物，如虾头、虾壳等，可作为化学工业原料进行开发和利用。湖北等地的小龙虾加工厂已开发甲壳素及其衍生的高附加值产品近100项，部分产品已作为高级保健品销往世界各地。在虾头和虾壳里提炼出的甲壳素、虾青素及其衍生物都具有很高的医疗保健价值。甲壳素除具有降血脂、降血糖、降血压三项生物功能外，大量国外医学文献报告提出，甲壳素具有抑制癌、瘤细胞转移，提高人体免疫力及护肝解毒作用，尤其适用于糖尿病、肝肾病、高血压、肥胖症等患者，有利于预防癌细胞病变和辅助放疗、化疗治疗肿瘤疾病。天然虾青素（虾红素）是世界上最强的天然抗氧化剂，由内而外保护细胞和DNA的健康，从而保护皮肤健康，促进毛发生长，抗衰老，缓解运动疲劳，增强活力。

5. 社交价值

小龙虾的社交价值是在食用价值的基础上衍生一种价值。在我国传统文化里，家人、朋友、生意伙伴等坐在一起品尝美食本身就有社交属性。智能手机功能的日趋丰富吸引人们把更多的时间投入在手机上，往往一桌人围在一起吃饭，大部分人在看手机，人与人之间交流减少，而品尝小龙虾需把手机放下，才能使人更好地面对面交流，强化了美食的社交属性。

二、效益分析

小龙虾养殖的经济效益由于地区经济的差异，江苏、浙江、湖北、安徽等地各有不同，下面对2022年江苏省淮安市的小龙虾养殖的经济效益进行分析。

1. 池塘主养模式

（1）支出

① 池塘租金：1 000元/亩 ×200亩=20万元。

② 防逃网费用：150元/亩 ×200亩=3万元。

③ 种苗费用：5 000只/亩 ×200亩 ÷250只/千克 ×40元/千克=16万元。

④ 饲料费：150千克/亩 ×200亩 ×1.1（饵料系数）×5.6元/千克=18.48万元。

⑤ 水电费：150元/亩 ×200亩=3万元。

⑥ 人员工资：50 000元/人 ×4人=20万元。

⑦ 动保产品药物费用：150元/亩 ×200亩=3万元。

⑧ 花鲢、白鲢鱼种费用：12.5千克/亩 ×200亩 ×7元/千克=1.75万元。

⑨ 水草费用:0.5 万元。

⑩ 地笼网:50 元/×200 个 =1 万元。

合计支出:86.73 万元。

(2)收入

① 成虾收入:150 千克/亩 ×200 亩 ×50 元/千克 =150 万元。

② 成鱼收入:100 千克/亩 ×200 亩 ×6 元/千克 =12 万元。

合计收入:162 万元。

(3)利润 75.27 万元。

2. 虾、蟹混养模式

(1)支出

① 池塘租金:1 000 元/亩 ×200 亩 =20 万元。

② 防逃网费用:150 元/亩 ×200 亩 =3 万元。

③ 虾苗费用:3 000 只/亩 ×200 亩 ÷250 只/千克 ×40 元/千克 =9.6 万元。

④ 扣蟹费用:800 只/亩 ×200 亩 ×0.5 元/只 =8 万元。

⑤ 饲料费:75 千克/亩 ×200 亩 ×2.2(饵料系数)×6 元/千克 +75 千克/亩 ×200 亩 ×1.1(饵料系数)×6 元/千克 =29.7 万元。

⑥ 水电费:150 元/亩 ×200 亩 =3 万元。

⑦ 人员工资:50 000 元/人 ×4 人 =20 万元。

⑧ 药物费用:150 元/亩 ×200 亩 =3 万元。

⑨ 鲢、鳙鱼种费用:12.5 千克/亩 ×200 亩 ×7 元/千克 =1.75 万元。

⑩ 水草费用:0.5 万元。

⑪ 鳜鱼种费用:20 尾/亩 ×200 亩 ×1.5 元/尾 =0.6 万元。

⑫ 螺蛳费用:250 千克/亩 ×200 亩 ×3 元/千克 =15 万元。

⑬ 地笼网:50 元/×200 个 =1 万元。

合计支出:115.15 万元。

(2)收入

① 成虾收入:75 千克/亩 ×200 亩 ×50 元/千克 =75 万元。

② 成蟹收入:75 千克/亩 ×200 亩 ×80 元/千克 =120 万元。

③ 成鱼收入:100 千克/亩 ×200 亩 ×6 元/千克 +5.5 千克/亩 ×200 亩 ×50 元/千克 =17.5 万元。

合计收入:212.5 万元。

(3)利润 97.35 万元。

从以上两种小龙虾养殖模式来看,小龙虾养殖投入相对较低,而产出相对较高。

其原因是小龙虾价格一直呈上升趋势，特别是规格达到1两(1两=50克)以上的大规格虾一直处于高位。2022年，两虾最高时为240元/千克。因此，养大虾成为小龙虾养殖的利润增长点。而河蟹价格波动较大，在一定程度上影响了河蟹养殖效益。采用小龙虾与河蟹混养的模式有助于提高河蟹单位面积的产量，降低河蟹养殖的风险。

3. 稻虾连作模式

(1) 支出

① 田租：1 000元/亩 ×50亩=5万元。

② 整田费用：20元/亩 ×50亩=0.1万元。

③ 稻种费用：50元/亩 ×50亩=0.25万元。

④ 水草费用：25元/亩 ×50亩=0.125万元。

⑤ 机械插秧费用：150元/亩 ×50亩=0.75万元。

⑥ 肥料费用：100元/亩 ×50亩=0.5万元。

⑦ 机械收割费用：60元/亩 ×50亩=0.3万元。

⑧ 小龙虾苗种费用：4 000只/亩 ×50亩 ÷160只/千克 ×50元/千克=6.25万元。

⑨ 水电费：40元/亩 ×50亩=0.2万元。

⑩ 生物制剂费用：150元/亩 ×50亩=0.75万元。

⑪ 饲料费：120千克/亩 ×4.5元/千克 ×50亩=2.7万元。

合计支出：16.925万元。

(2) 收入

① 水稻收入：550千克/亩 ×2.2元/千克 ×50亩=6.05万元。

② 小龙虾收入：120千克/亩 ×46元/千克 ×50亩=27.6万元。

合计收入：33.65万元。

(3) 利润　16.725万元，亩均利润3 345元。

上述支出不包括稻田改造、防逃网等固定投入，一般50亩田由自己经营打理即可，故未考虑人工费用。

三、市场与展望

无论从小龙虾发展的市场空间，还是小龙虾现有的产量状况；无论是小龙虾的产品特点，还是广大消费者的消费趋势，经过综合分析，不难得出结论：小龙虾的发展前景较为乐观。其主要原因有以下几个方面。

1. 健康食品的属性决定了消费群体的广泛

随着人们消费水平的不断提高，消费观念也发生了前所未有的改变，已经由原来的“吃得饱”“吃得好”转变为现在的“吃得健康”“吃得安全”，营养全面、休闲有趣的食品越来越受到人们的欢迎，小龙虾正符合了人们的现代消费需求。从蛋白质成分来看，小龙虾的蛋白质含量为18.9%，高于大多数的淡水鱼虾和海水鱼虾，其氨基酸组成优于肉类，含有人体所必需的而体内又不能合成或合成量不足的8种必需氨基酸，不但包括异亮氨酸、色氨酸、赖氨酸、苯丙氨酸、缬氨酸和苏氨酸，而且含有脊椎动物体内含量很少的精氨酸。小龙虾含有幼儿必需的组氨酸，小龙虾的脂肪含量仅为1.6%，不但比畜禽肉低得多，比青虾、对虾还低许多，且其脂肪大多由人体所必需的不饱和脂肪酸组成，易被人体消化和吸收，具有防止胆固醇在体内蓄积的作用。与其他水产品一样，小龙虾含有人体所必需的矿物质，其中含量较多的有钙、钠、钾、镁、磷，含量次之的有铁、硫、铜等。小龙虾中的矿物质总量约为6.6%，其中钙、磷、钠及铁的含量比一般畜禽肉都高，也比对虾高。经常食用小龙虾肉可保持神经、肌肉的兴奋。此外，小龙虾个大肉少，不易吃饱，肢解有趣，吸吮有味，具备休闲食品的特征。由此可见，小龙虾受到人们的青睐也就不足为奇了。

为促进消费，提升地方产业发展水平，许多的地方政府、企业大力举办小龙虾节，这些形式多样的节庆活动持续加热了小龙虾在我国的消费。如盱眙、潜江、合肥等地方政府通过举办小龙虾节，在宣传小龙虾的同时，还与地方特色旅游、文化、民俗、体育活动等结合，不但促进了小龙虾消费，而且提升了地方知名度和当地产业发展水平。除政府大力举办小龙虾节外，也有不少企业通过举办小龙虾节来提高企业知名度，如重庆大渝网、江苏大苏网等媒体企业于2018年分别举办了小龙虾节，每个小龙虾节都邀请许多小龙虾餐饮企业参与，大大提高了小龙虾的知名度。据不完全统计，2017年参与小龙虾节庆活动的人次超过9 000万人次。这些形式多样的小龙虾节庆活动相继给小龙虾消费加温，大大促进了小龙虾消费，并对小龙虾节举办地起到了拉动消费、整合产业、促进增收等重要作用。

2. 美食文化与烹饪研究促进消费群体不断扩大

一直以来，由于受到传统饮食习惯的影响，自然界的不断进化，中国人的味觉器官似乎变得特别灵敏，加之中国地大物博，不同的民族和不同的区域形成了各自的饮食特点。小龙虾从当初的食之无味到江苏盱眙“十三香小龙虾”的声名鹊起，以麻辣为主题的小龙虾菜肴遍布大江南北，让好辣者大快朵颐，使喜清淡者望而却步，小龙虾的消费群体受到了限制。

聪明的小龙虾餐饮从业人员及时发现了这一问题，不断加强烹饪研究，结合不同消费人群的偏好，从口味、配料、加工方法与工艺等方面不断进行研究、挖掘和创新，相继推出了蒜泥小龙虾、清蒸小龙虾、油焖小龙虾、红烧小龙虾、冰镇汤料虾、熟醉小龙虾、冰醉小龙虾、黄豆酱小龙虾、鲜青椒小龙虾、芝士麦片小龙虾、榴莲小龙虾、烧烤小龙虾等数十种菜肴，并根据不同地区人们的饮食习惯对应开发了以小龙虾为原料的不同菜肴。这种方式不仅丰富了小龙虾的烹饪方式，满足了不同对象的多种消费需求，破解了众口难调的难题，还促进了小龙虾消费群体的快速扩大，提高了小龙虾消费市场的容量。

3. 电子商务助推小龙虾产业迅猛发展

电子商务的快速发展创新了小龙虾经营模式，以京东、阿里巴巴等为代表的“电商平台＋小龙虾”经营模式，全面布局小龙虾销售市场，推动了小龙虾产业迅猛发展。《中国小龙虾产业发展报告(2018)》显示，约20%的小龙虾通过互联网渠道售出。大众点评网的大数据显示，在互联网餐饮市场上最受喜爱菜品TOP10榜单中，小龙虾名列其中，约占销售总额的4%。2019年6月，美团发布的小龙虾消费大数据报告显示，2018年用户在美团消费了约4.5万吨小龙虾。值得注意的是，除跟亲朋好友相约餐饮店享受小龙虾饕餮盛宴外，越来越多的用户也喜欢点小龙虾外卖在家里吃，外卖销售额已经成为小龙虾门店的重要营业收入。外卖的兴起已悄然改变了国民生活方式，让人们多了一种选择。该报告的数据显示，2019年前5个月，小龙虾外卖交易额占总外卖交易额的60%，外卖订单量占总订单量的73%。

4. 国际市场的衔接降低了市场单一的风险

小龙虾既不同于受限于中国消费的青鱼、草鱼、鲢鱼、鳙鱼、鲤鱼、鲫鱼、鳊鱼，也不同于受限于东南亚等消费的河蟹、鳖等特色水产品，它是世界性食品，欧美市场更是供不应求。目前，中国市场需求尚显不足，更远远满足不了国际消费的需求。欧美国家是小龙虾的主要消费国，年消费量达12万～16万吨，而自给能力不足30%。国际市场的大量需求将有效化解国内市场单一的风险，为小龙虾产业的发展提供了广阔的市场空间。

5. 规模养殖和养殖技术的进步保障了市场有效供给

由于受到市场的强烈刺激，经过不断挖掘，小龙虾的天然资源量日趋枯竭，各地纷纷采取了一系列的限制和保护措施，小龙虾天然捕捞量逐年下降，对小龙虾的市场贡献率越来越低。小龙虾养殖发展速度较快，特别是近几年，农业主管部门大力推广稻虾综合种养技术，养殖规模逐年扩大，养殖产量逐年增加，2022年中国养殖面积已突破2 350万亩，产量已突破240万吨。

除养殖规模增加外，对小龙虾产业的技术支撑力度也在加大。2017年，“十三五”国家现代农业产业技术体系新增克氏原螯虾种质资源与品种改良、淡水虾营养需求与饲料、寄生虫病防控及虾生态系统养殖等岗位科学家；全国水产技术推广总站牵头组建了“中国稻田综合种养产业技术创新联盟”。从稻虾综合种养的基础理论、技术模式创新、配套技术研发、技术规程制定等方面开展攻关，目前已在小龙虾苗种规模化繁育、成虾生态养殖(养殖模式、水草种植与管理、水质调控等)、疫病生态防控上取得了一批实用的技术成果。另外,各小龙虾主产省(区、市)为促进小龙虾产业持续健康发展,相继发布小龙虾产业规划或指导意见,优化“产学研用”技术研发与推广体系,加大小龙虾配套项目的资金扶持力度,有效促进了小龙虾养殖技术水平的提高、推广和应用,提高了小龙虾养殖的产量,保证了市场供给。

6. 产品精深加工拉长了产业链条

季节性较强是水产养殖的显著特点,喜欢鲜活是中国人普遍的消费习惯,正是这两大特征限制了水产品的常年均衡供应。与其他蟹、虾类水产品不同,小龙虾的暂养成本较低,技术要求不高,可以有效缓解集中由上市带来的压力。其更大的优势在于小龙虾肉味鲜美,营养丰富,蛋白质含量达16%～20%,干虾的蛋白质含量高达50%以上,高于一般鱼类,超过鸡蛋的蛋白质含量。虾肉中的锌、碘、硒等微量元素的含量也高于其他食品,且肌肉纤维细嫩,易于被人体消化和吸收。小龙虾的加工技术十分成熟,无论是整只真空包装,还是分解后的即食食品,消费者都喜欢。数据显示,2022年,虾尾、清水虾、调味虾等面向中国市场的小龙虾加工产品生产量和销售量大幅度增加,小龙虾需求的增加促进了加工业的稳步发展,全国小龙虾规模加工企业近200家,比2021年增加近40家,加工能力大幅度提升,年加工量达121.68万吨,年加工总产值达498亿元。

小龙虾不仅可以作为美食享用,从其甲壳中还可提取甲壳素、几丁质和甲壳糖胺等工业原料。这些工业原料被广泛应用于农业、食品、医药、烟草、造纸、印染和日化等领域,加工增值潜力很大。近年来,小龙虾精深加工稳步推进,用虾头、虾壳等废弃料提取甲壳素的产业链进一步延伸,壳聚糖、氨基葡萄糖盐酸盐等甲壳素衍生物制品被拓展至医药产品领域,形成了甲壳素、壳聚糖、几丁聚糖胶囊、几丁聚糖、水溶性几丁聚糖、羧甲基几丁聚糖和甲壳低聚糖等系列产品,产品出口日本、欧美等国家和地区。据不完全统计,2022年仅湖北和江苏两省的甲壳素衍生产品的年产值就超过25亿元。

7. 市场营销的成熟保障了销售渠道的畅通

近十几年来,各地、各级政府纷纷瞄准小龙虾产业这一新的经济增长点,积极采取措施,本着“政府搭台、企业唱戏”“政府引导、企业主导”的原则,通过出台各种优惠政策、建立高起点宣传平台、举办各类节庆活动、兴办大型交易市场、开办特色连锁餐厅、打造冷链物流一体化、搭建经纪人队伍、培训电子商务人才等,积极推动小龙虾产业发展。经过近年来的规范运作,小龙虾的市场流通已经日趋成熟,建立了产前、产中、产后综合服务体系,基本形成了从塘口到市场到餐桌的畅通快捷的营销系统。可以说,小龙虾产业已经发展成为一、二、三产业最为衔接、市场体系最为健全的渔业产业之一。

当然,任何一个行业都有一个从不成熟到成熟的过程,小龙虾行业也不例外。随着小龙虾产业从苗种到养殖技术的不断完善,小龙虾养殖面临着竞争。从 2023 年开始,小龙虾平均价格下滑已露出竞争激烈的端倪,因此,未来小龙虾养殖必将以质优、大规格取胜。

尽管小龙虾产业取得了突飞猛进的发展,但在发展过程中依然存在着种苗供不应求、生产水平不平衡、养殖基础条件差、技术和服务滞后和精深加工能力不足等问题,制约着小龙虾产业的发展。为促进小龙虾产业健康、快速的发展,应着重抓好以下几方面的工作。

一是加强养殖基础设施建设,推进生产标准化。加强养殖池塘标准化建设,制定统一的生产规范和标准,建设标准较高、管理规范的繁养基地。大力推行标准化生产,普及生态健康养殖,尤其是做好小龙虾病害防控,实行全程质量监控,确保产品质量。加强稻虾综合种养田间工程标准化建设,推广无环沟养殖新技术,田埂高度、宽度要满足高低温等特殊生产阶段生产需要,稻田保水、进排水及防逃设施等要完善,特别是进水口要设置滤网,防止小杂鱼进入。

二是加强小龙虾种业体系建设,施行繁养分离。加强小龙虾种质资源调查,保护遗传育种基础研究,建立种质资源库。开展小龙虾新品种创制,科学布局和创建良种场、保种场,提升小龙虾良种繁育规模化、工厂化水平。构建专业化、商业化的育种体系和品质改良体系。施行小龙虾苗种繁养分离,实现苗种繁育、成虾养殖专业化。

三是加强小龙虾养殖模式研究,克服由稻虾综合种养面积迅速扩大带来的 5—6 月小龙虾集中上市的问题。根据不同小龙虾主产区养殖方式、养殖模式和温度等生产条件,通过设计小龙虾品种选育、池塘精养、稻虾连作、不同养殖方式衔接等技术途径,实现小龙虾均衡上市,规避由小龙虾上市时间集中带来的价格大幅度波动的风险。

四是促进养殖规模化,提高组织化和集约化程度,引导经营产业化。要统筹规划,通过加大政策扶持和资金投入力度,因地制宜地推广土地季节性流转和适度规模经营,培育行业协会、大型合作社和龙头企业等,并引导其发挥示范引领作用。积极培育“养、加、销”一体化经营主体,提高一、二、三产业的融合度。按照贸工渔、产学研相结合的思路,通过推进产业结构战略性调整,遵循市场规律,按照“壮一接二连三”的总体要求,不断整合资金、技术和管理资源,完善冷链物流的有效衔接,切实减少中间环节,重点搞好养殖基地与加工企业的对接,提高小龙虾的加工比例,拉长产业链条。大力培植小龙虾加工龙头企业,加快技术装备的升级改造,加快新产品的研发,进一步提高其辐射、示范、带动功能,以龙头企业为支撑,发展订单养殖生产。同时,最大限度地开发小龙虾潜在价值,开展小龙虾深度精细加工和综合利用,提高精深加工技术和工艺水平，力争实现产业化经营，把小龙虾产业做大做强。

五是实行销售品牌化。鼓励和扶持各类小龙虾生产、加工、销售等专业经济合作组织。通过规范运作、强化服务等手段提高小龙虾发展的组织化程度，按照市场化、产业化的要求和市场规律的要求，强化品牌意识，实施精品名牌战略，积极创建并重点打造小龙虾品牌。加大扶持、整合力度，扩大规模，不断拓展营销空间，提升产品附加值，将资金、技术等要素向品牌产品集聚，通过品牌建设工程，打造一批区域公共品牌和企业自主品牌，带动小龙虾产业上档次、上水平，提高市场占有率和竞争力。

六是加强营养品质调控研究。虽然小龙虾产业发展很快，产量迅速提高，但对小龙虾品质的研究还不多，目前市场上一般以规格大小来决定价格的高低。少数研究也调查了小龙虾的出肉率、脂肪含量、脂肪酸组成等营养品质，但在日常生活中，大多数消费者很难依据这些营养品质对小龙虾品质的优劣进行区分。对小龙虾市场而言，除出肉率外，运用肝胰腺（虾黄）丰满度、肝胰腺颜色、壳薄等宜直观识别的指标进行虾质量区分应该是今后的一个方向。养殖户可通过脂类等营养元素调控、环境营造等途径养成出肉率高、肝胰腺丰满且颜色鲜亮、壳薄方便食用的优质小龙虾来提高养殖效益。

第二章　小龙虾苗种生产技术

大多数水产品养殖有繁殖、苗种培育、成品养殖等较完整的产业链。只有各环节专业化、规模化生产，产业发展才能健康，其中苗种的生产与供应更是支撑一个品种养殖产业发展必不可少的环节。因此，我们应该充分认识小龙虾苗种生产与供应对小龙虾养殖产业发展的重要性。积极开发小龙虾苗种生产技术，建立稳定的小龙虾苗种供应体系。

目前，小龙虾苗种生产尚未受到养殖户的普遍重视。这是因为小龙虾具有特殊的繁殖习性。它既可以自然产卵、孵化，也可以在任何养殖设施中繁育后代，且具有短暂的护幼习性，个体繁殖成活率较高，所以江河湖泊、坑塘沟渠都可以见到小龙虾的踪影，从而造成了小龙虾繁殖能力强的假象。正因为这样，除首次养殖外购苗种外，养殖户主要依靠养殖池中成熟小龙虾的自繁自育来解决苗种供应问题。对于这种苗种解决方法而言，小龙虾繁殖活动的时间和空间分散度高，繁殖后代规格不齐、收集难度大，数量难以掌控。生产上，即使在小龙虾苗种出现的旺季，也会有一部分养殖户的小龙虾繁殖数量不足，无苗可养，另一部分养殖户在塘苗种数量过多，捕不出，卖不了。这种状况导致了小龙虾养殖的计划性较差，养殖效益不稳定。对小龙虾繁殖能力强的这种错误认识导致了养殖户对小龙虾苗种生产重视不够，小龙虾苗种生产与供应体系严重不健全。

因此，小龙虾苗种生产不是简单的繁殖，而是要针对小龙虾特殊的繁殖习性，采取针对性措施，实现苗种生产规模化。因为只有苗种生产实现了计划性、大批量，小龙虾成虾养殖才能做到有计划、规模化。小龙虾的苗种规模化生产具有以下意义。

1. 提高幼虾放养成活率

目前，首次养殖的养殖户采购的小龙虾苗种（彩图 4）主要有两个来源：一是老养殖户依靠在塘小龙虾成熟个体自繁自育产生的苗种；二是捕捞专业户抓捕的湖泊、河道野生的小规格小龙虾。这两个渠道的小龙虾苗种非常零散，一般都经过多个环节倒运，有的还经过长途运输，虾体损伤严重，放养成活率较低。运输 3 个小时以上的苗种放养成活率一般不超过 50%。规模化后的苗种的生产捕捞、运输更专业，倒运的环节也少，成活率自然大幅度提高。

2. 苗种规格整齐

规模化生产必然配有良好的专门繁育设施。优越的繁殖条件提高了亲虾性腺发育的同步性,促进了小龙虾苗种生产的批量化,并且可采取技术手段对亲虾、幼苗进行营养强化培育。这样生产出的苗种不但规格相对整齐,而且质量高。整齐的苗种可以使成虾养殖的相互残杀率降低,产量、效益更有保证。

3. 养殖模式多样化

小龙虾可与水稻、水芹、荷藕、芡实、茭白等植物配套养殖,实现“一田两用、一亩双收”,也可以与鱼种、河蟹、黄鳝等水产品种套养、轮养,还可以开展小龙虾多茬养殖,这些都需要小龙虾苗种的及时、足量供应。只有小龙虾苗种生产的规模化,才能满足多种配套模式的需要。如水稻栽插和鱼种培育都在每年的6月上旬、11月至翌年6月,稻田和池塘都可以开展小龙虾养殖。有针对性地开展苗种生产,可以保证这种养殖模式的苗种供应,做到水稻、鱼种和小龙虾生产两不误、双丰收。

4. 有利于养殖计划和销售计划的制订

依靠小龙虾自繁自养的传统养殖模式,小龙虾苗种密度难以把握。养殖密度低,则产量低,养殖密度过高,则养成的商品虾规格偏小。由于虾苗数量不易掌控,饲料投喂和产品的销售就难以制订准确的生产计划,精准的市场销售更是无从把握。

5. 养殖池生态环境容易控制

由于人为控制放苗时间和数量,苗种的规模化生产为成虾池塘有计划放养提供了可能。控制小龙虾苗种放养时间可以为虾池中移栽的水草提供更长的生长时间,有利于构建虾池立体的生态环境;按计划放养小龙虾苗种数量,可以根据小龙虾生长情况,制订精确的饲料投喂计划。如果小龙虾有充足的饵料,就可减少对虾池水草的摄食;水草受到的损害就少,就能茂盛生长。丰富的水草构建了虾池优越的生态环境,小龙虾在控制较好的生态条件下生长发育,生产成本低,养殖成活率、产量和规格都有了保障。在传统养殖池塘中,任何时间都有几代小龙虾同池,池中的水草嫩芽被大量摄食,甚至水草根茎都被夹断,虾池水草环境很容易被破坏;没有水草的虾池,池水混浊,生态环境容易恶化,小龙虾自相残杀率高,管理难度大,养殖成本增加,养成规格、产量和品质都难以提高。

同样是虾类养殖,罗氏沼虾、南美白对虾苗种已经实现工厂化、大规模生产,青虾苗种可以在土池条件下实现规模化供应,小龙虾养殖产业的发展也应该突破苗种规模化生产的瓶颈。小龙虾的繁殖习性特殊,抱卵量小,又有打洞、护幼的习性,要实现小龙虾苗种的规模化生产必须依靠大量小龙虾亲本和适宜的繁殖条件。因此,无论是工厂化设施,还是普通池塘,都应该针对小龙虾的繁殖习性,创造适合于开展小龙虾苗种规模化生产的条件,再采取有针对性的繁育措施,才能实现小龙虾苗种的规模化生产与供应。

第一节　小龙虾规模化繁育技术

小龙虾性腺发育成熟至Ⅴ期后，卵即从第3对步足基部的生殖孔排出，经第4对步足、第5对步足间纳精囊中的精子授精成为受精卵，受精卵黏附于腹部的游泳肢，经雌虾精心孵化直接破膜成为与成虾体形接近的幼体，这些幼体再经2～3次蜕壳后离开母体独立生活。小龙虾1年产卵1次。性成熟的雌虾、雄虾于每年的7—8月大量交配，交配时间可持续几分钟至几个小时。每年9—10月雌虾产卵，最初的受精卵颜色为暗褐色。在雌虾抱卵期间，第1对步足常伸入卵块之间清除杂质和坏死卵，游泳肢经常摆动以带动水流使卵获得充足的氧气。孵化时间与水温密切相关，在溶解氧含量、透明度等水质因素适宜时，水温越高，孵化期越短，一般需2～11周。在水温为32 ℃以上时，受精卵发育受阻。抱卵量随亲虾大小而异，个体大的亲虾抱卵量多，个体小的亲虾抱卵量就少，变幅为100～1 200粒，平均约为500粒，因此，小龙虾个体生产后代的数量较少。由于在自然条件下的环境不良，抱卵亲虾和抱幼亲虾可迁移至环境良好的水域，再加上雌亲虾对受精卵和刚孵化的仔虾的精心呵护，小龙虾胚胎和仔虾可以适应不良环境，广泛分布，这也正是小龙虾自引进后迅速扩散到中国绝大部分地区，甚至一度成为鱼类养殖水体公害的原因。

自然状态下的小龙虾分散繁殖行为有助于小龙虾的广泛扩散，但对规模化的成虾养殖起不到作用，甚至还会因为这种分散的、无法控制的繁殖行为给养殖生产造成麻烦。为了实现小龙虾养殖生产的可控性和有计划性，小龙虾苗种生产的规模化就必须解决。

小龙虾特殊的繁殖特性决定了小龙虾苗种规模化生产技术与罗氏沼虾、青虾等其他甲壳类繁殖技术不同。充分利用小龙虾雌亲虾呵护后代的天性，人为构建适宜小龙虾雌亲虾产卵、抱卵虾的生活环境和受精卵集中孵化的设施环境，创造优越的水质、溶解氧、光照等环境条件，就可以实现小龙虾苗种的规模化人工繁育。

一、抱卵虾生产

在自然界中，大部分小龙虾的产卵过程是在洞穴中完成的，但洞穴并不是小龙虾雌亲虾产卵的必要条件。在试验室的玻璃缸饲养试验表明，当小龙虾雌亲虾的卵巢发育到Ⅴ期后，即使没有安静的洞穴，也能正常排卵，卵也能正常受精和孵化，因此，在规模化的苗种生产中，小龙虾的抱卵虾生产方式可因繁育设施的不同分为以下两种。

1. **洞穴产卵**

利用自然界小龙虾正常的繁殖习性在专门的繁育池塘中人为地增加适宜小龙虾打洞的池埂条件，扩大亲虾的栖息面，以大幅度提高小龙虾亲虾的投放数量，为小龙虾苗种规模化生产提供必要的物质条件。其主要技术措施如下。

（1）人造洞穴　在繁育池中，沿池塘长边建垂直的短埂，以木棍在池塘四周堤埂和短埂的正常水位线上15厘米处，向下45°戳洞，洞口直径为5厘米，洞的深度为25～30厘米，洞与洞的距离不小于30厘米，也可以在繁育池中放置人造洞穴组块(彩图5)，这些人造洞穴可以节省小龙虾打洞的体力消耗，尤其适合于9月下旬后放养亲虾的小龙虾繁育池。

（2）亲虾选育与投放　由于小龙虾消费市场持续火爆，中国小龙虾的养殖规模迅速扩大。养殖苗种主要来自养虾池的自繁自育，虽有生产和研究单位开展小龙虾品种选育工作，但尚没有一个经全国水产原种和良种审定委员会审定的良种，亲本选择乱象丛生。目前在成虾销售市场上，大规格小龙虾的市场售价要比小规格小龙虾高出很多。为追求经济效益，养殖户通常将生长快、个体大的小龙虾先捕捞上市，小规格的小龙虾继续养殖，下次起捕时，依然将大规格的小龙虾选出上市，这样经过多次捕捞后，池中留存的绝大部分虾为生长慢、个体小的小龙虾，这些小龙虾到了8月繁殖季节后，性腺也已发育成熟，开始交配、产卵，繁育后代，这种“逆向”选择的做法致使小龙虾繁育后代种质相对退化，部分小龙虾生长蜕壳次数减少，增重缓慢。这类小龙虾在生产上表现为吃食正常，但个体小、壳硬，渐成“铁虾”。因此，在规模化育苗生产时，要认真做好亲虾选优。具体做法有两点：一是选择体重35克以上的成熟小龙虾作繁殖亲本，要求附肢齐全，体色鲜亮，活力好；二是雌雄亲本来自不同水域，可以在原池选留大规格成熟雌虾作亲本，但雄虾要尽可能选择其他水域的小龙虾作亲本，尽量避免近亲繁殖现象的出现。在亲本选择好后，还应进行营养强化培育，一般可以投喂32%以上蛋白质含量的优质虾蟹膨化饲料，必要时，还要适量添加剁碎的鱼肉、煮熟的黄豆、泡发的大麦等，以补充维生素、矿物质等。

中国幅员辽阔，各地气候差异很大，小龙虾的繁殖季节因气候的不同也有差异。苏、皖地区一般于每年的8月中旬开始发现小龙虾产卵。因此，亲虾投放时间可从8月初开始直至10月中旬，放养密度为2～5只/米^2，沿人造洞穴近水处均匀放养。

（3）水位管理　两种做法：一是保持水位。整个繁殖期的水位保持在初始高度，小龙虾在同层洞穴中栖息并完成产卵。由于环境优越且不受干扰，抱卵虾出现的时间较集中，受精卵孵化较快，一般能在入冬前完成小龙虾的产卵和孵化过程。因此，生产的苗种个体大，规格相对整齐。二是分层降低水位。亲虾按计划放入池塘后，成熟度较好的亲虾最先在正常水位线上打洞产卵，降低水位至正常水位线下40厘米左右，保持水位至气温下降至 15 ℃，后成熟的小龙虾再次打洞产卵。随着气温的降低，进一步缓慢降低水位，直至基本排干（低凹处存水）。逐步恶化的环境迫使小龙虾打洞穴居全部进入冬眠；在越冬期间，保持池底低凹处有积水，池坡虾洞集中区域用稻草等进行保温覆盖；在翌年开春水温上升至 12 ℃后，逐步进水至所有虾洞以上，迫使亲虾出洞；出洞的雌亲虾或带受精卵或携带仔虾，从而完成小龙虾抱卵虾的生产任务。这种水位控制方法导致抱卵虾出现的时间跨度较长，生产苗种的时间较晚，规格小而不齐，但苗种生产量较高。这种水位控制方法也有人为控制出苗时间的作用。

2. 非洞穴产卵

繁殖季节打洞，并于洞中产卵虽是小龙虾的自然繁殖习性，但当小龙虾在水泥池或网箱等设施中无法打洞时，成熟的雌虾也能顺利产卵，且水泥池更有利于抱卵虾的收集。因此，在人工繁殖时，将成熟的小龙虾亲虾放入水泥池、网箱等便于收集抱卵虾的设施中，构建优良的水质、溶解氧、光照环境条件和可栖息隐藏的附着物、组合洞穴等，可以规模化生产小龙虾抱卵虾。这种抱卵虾生产方式更适用于小龙虾卵黄苗的规模化生产，可以为广大寒冷地区推广小龙虾养殖提供优质苗种支持。

二、受精卵孵化管理

受精卵孵化工作决定着小龙虾苗种生产的结果。孵化率决定着苗种产出数量，孵化时间决定着苗种供应时间及规格，受精卵孵化是小龙虾苗种生产最重要的环节，必须高度重视。小龙虾受精卵黏附于雌亲虾的游泳肢。除和其他鱼、虾的受精卵一样受温度、溶解氧等环境因子控制外，其孵化进程与结果还受雌亲虾本身体质和成活率的影响。因此，做好小龙虾受精卵的孵化工作，既要创建受精卵所需要的环境条件，又要满足雌亲虾的生存和生长需要。

1. 自然孵化

自然孵化是指小龙虾在土池或日光大棚内的自然温度下，依靠天然护卵、护幼的习性，将受精卵孵化成仔虾的孵化行为（彩图 6）。在自然条件下，受精卵的孵化主要是由雌亲虾携带在洞穴中完成的。在孵化期间，除觅食活动外，雌亲虾大部分时间在不断地划动游泳肢，以带动受精卵在水中来回摆动，这样既解决了受精卵局部溶解氧不足的问题，又能及时清除坏死卵。只要雌亲虾身体健壮，活力良好，腹部的受精卵就能得到精心呵护，小龙虾受精卵孵化率就高。否则，亲虾体质虚弱，甚至死亡，胚胎孵化率就低，甚至全部死亡。因此，在进行规模化苗种生产时，我们要针对小龙虾繁育特性，为雌亲虾创造优越的生活条件。

（1）保持水位稳定　大部分小龙虾的洞穴分布在正常水位线上 30 厘米以内，洞口开于水位线以上，洞底通往水位线以下，洞穴始终处于半干半水状态，水位稳定，以保护洞穴安静稳定的孵化环境，满足抱卵虾良好的生存条件。

(2) 保持洞穴温度　冬季缺水季节，或者为了抑制受精卵孵化进程，有意识排干池水，小龙虾洞穴处于完全无水状态。在这样的越冬条件下，受精卵和亲虾有可能因寒冷的天气而死亡。因此，应该在洞穴集中区覆盖草帘或堆放 5 厘米以上稻草等保温性好的秸秆，以防止洞穴集中区的土壤表面结冰，引起抱卵虾死亡。

(3) 保持良好的水质条件　在抱卵虾集中暂养，或者因繁育池水位控制不好，抱卵虾出洞栖息于池塘时，应特别重视抱卵虾优良生活环境的营造，其中水质调节最为重要。水质好，亲虾的活力就有保证，其护卵、护幼的天性才能正常发挥，受精卵的孵化率才高。

2. 控温孵化

小龙虾受精卵的孵化进程受温度的影响最大。在适宜的温度范围内，温度越高，孵化时间越短；温度越低，孵化时间越长，最长的孵化时间可达数月，这也是翌年春季还会出现抱卵虾的主要原因。日本学者 Tetsuya Suko 专门就温度对小龙虾受精卵的孵化时间的影响做过研究，认为在适宜的温度范围内，受精卵孵化所经历的时间和温度升高，呈反向线性关系。因此，实现小龙虾受精卵的控温孵化，必须构建可以大规模暂养抱卵虾（或已离体的小龙虾受精卵）及人工调节温度的设备条件，这就是工厂化繁育设施（彩图 7）。人为提高孵化温度可以加快受精卵孵化速度，实现苗种繁育的计划性。小龙虾受精卵孵化进程与温度的关系见表 2-1。

表 2-1　小龙虾受精卵在不同温度下孵化所经历的时间

温度/℃	经历的时间/天	温度/℃	经历的时间/天
7	150	24	15
15	46	26	14
20	44	30	7
22	19	32	死亡

三、苗种培育

刚脱离母体的体长为 7～10 毫米的仔虾虽然可以独立觅食，但活动半径较小，对摄食的饵料大小、品种都有特殊的要求，此时最适口的饵料是枝角类等浮游动物，小型底栖的水生昆虫、水丝蚓等环节动物以及着生藻类和有机碎屑等。因仔虾个体小，易受小杂鱼、蝌蚪、蜻蜓幼体及同类大规格个体的捕食，直接放入池塘进行成虾养殖，成活率较低。为提高小龙虾苗种成活率，设立小龙虾幼虾强化培育池，创造优越的幼虾生长环境，精心培育，短时间内将幼虾标粗到3厘米以上，对提高小龙虾苗种放养成活率，缩短成虾养殖时间，促进成虾有计划放养，具有重要的生产意义。

1. 培育池准备

(1)培育池选择　培育池可以是土池，也可以是水泥池或密眼网箱等，大小视各地现有条件因地制宜地确定，一般土池要求为1～3亩，水泥池、网箱为20～50米^2。土池要求池底平坦，池埂坡比不小于1∶2，进水口比排水口降1%左右，池水深度为50～80厘米；池塘为长方形，呈东西向设置。使用钢架塑料大棚覆盖的早苗培育池，一般宽度不超过15米，长条形设置，面积为600米^{2}左右。

(2)彻底清塘　创造洁净的培育池环境是提高苗种培育成活率的关键环节。土池彻底清塘的方法是将水排至10厘米后，用药物将存塘的敌害生物（包含小龙虾）全部杀灭，再将水排干，将池底暴晒至开裂，同时，修整池埂，挖除已经进入洞穴的全部小龙虾。水泥池也应用高锰酸钾消毒，以备用。

2. 环境营造

(1)移植水草　水草是小龙虾栖息生长的基本条件，既可供幼虾隐蔽、栖息，又可供其摄食，还能净化水质，可提高幼虾成活率和生长速度。“虾多少，看水草”，丰富的水草可以营造培育池立体的养殖环境。幼虾培育时间主要集中在晚秋或早春时节，此时的水温较低，池塘移植水草的品种最好是适宜在低温生长的伊乐藻、菹草。移植水草应于幼虾下塘前完成，移栽面积为池塘面积的60%左右。水泥池或网箱培育池也要移植水草，适宜的品种有水花生和伊乐藻；当无法移植时，水平或垂直挂一些网片或用竹席平行搭设数个平台，以增加幼虾的栖息面积，有助于提高幼虾培育成活率。

(2)微孔增氧　幼虾对溶解氧含量要求较高，加上放养密度大，随着培育池水草的生长和剩余饲料的增多，各种消耗溶解氧的因素越来越多，培育池溶解氧缺乏程度将逐渐加大，尤其是夜晚和阳光不足的阴雨天气。因此，设置微孔增氧设施也是防止幼虾缺氧，保障培育成活率的关键。

(3)施肥　在土池培育池移栽水草的同时，按每亩施入发酵好的有机肥300～500千克，既可以促进水草生长，又可以培育幼虾适口的天然饵料，提高仔虾的放养成活率，节省饲料投入。施肥方法以分散堆放在池塘四周近水处为主，将有机肥分散堆埋于水草根部为最好，这样可使有机肥肥力缓慢释放，避免肥效释放过于集中，短时间内，池水过肥，透明度太小，影响水草吸收阳光而死亡。在整个培育期内，池水透明度应不低于40厘米。水泥培育池可以用无机肥适当肥水培育浮游生物或引入池塘水使池水透明度为30～40厘米。

3. 仔虾放养

在依靠自然温度孵化受精卵的土池培育池开展幼虾培育时，只需将产后亲虾捕出，对在塘仔虾数量进行估算，就可以在原塘对幼虾进行强化培育；仔虾数量一般为每亩30万只；在原池培育时，过多的仔虾须分出。通过控温来孵化受精卵的育苗工厂，应将孵化出的仔虾与培育池水一起降温至培育池自然水温，然后通过收集、包装、运输至已准备好的苗种培育池。放养要像放养其他虾苗一样，做好水温、水质适应处理工作。

(1) 放养时间　小龙虾受精卵孵化出苗时间主要集中在每年的9—11月或翌年的2—3月，此时的气温和水温都较低。因此，9月中旬前的仔虾可以选择早晨太阳出来之前放养，其他时间的仔虾选择在中午水温相对较高时放养。

(2) 仔虾放养及数量估测

① 仔虾放养数量。放养数量视培育池条件和培育规格而定，已移栽水草、配备了微孔增氧设施的土池，目标培养规格在4厘米以上的培育池，放养量为15万～30万只/亩，配备了增氧设施的钢架塑料棚的小池塘，起捕规格在3厘米左右的，放养量可增加到60万只/亩。水泥池生态环境条件不如土池，应适当降低放养密度，每平方米不超过200只。

② 仔虾数量估测。小龙虾的仔虾不像罗氏沼虾虾苗那样浮游于水体，而是均匀地分布在培育池池底和各种附着物上，捕捞的难度较大。因此，在进行专塘繁育时，常采取培育池原池幼虾培育。池中仔虾数量由抱卵虾数量和受精卵的孵化率决定，生产上应对在塘仔虾数量进行估算，做到有计划培育。估测的方法是在培育池不同部位选点，抽样检查单位面积内，培育池不同部位的池底及水草等附着物上仔虾数量，再根据培育池有效培育水体推算在塘仔虾数量。单位面积内（比如1米^2）的仔虾数量可以通过预埋定置专用网具获得。

4. 饲养管理

小龙虾幼虾生长速度较快。试验证实，在越冬期间，小龙虾的幼虾也能蜕壳生长，11月9日放养的小龙虾幼虾（平均规格在1.5厘米/只），翌年3月30日抽查时平均规格可达到3.1厘米/只；在适宜的温度下，小龙虾的幼虾生长更快，水温为18～26 ℃，大棚土池中的小龙虾幼虾（体长1厘米左右）经25天强化培育，其体长可达到12厘米。快速生长的基础是优良的生态环境和充足的营养。小龙虾苗种培育应做好以下工作。

(1) 饲料选择与投喂

① 饲料选择。杂食性动物的小龙虾在自然水体中以各种鲜嫩水草、底栖动物、大型浮游动物及各种鱼虾尸体为饵料。在开展小龙虾苗种规模化培育时，前期投喂黄豆浆、豆粕浆；1周后，将粉碎的饼粕和米糠、麸皮及剁碎的小杂鱼、螺蛳等混合使用，

以满足幼虾生长发育的需要。池中种植的伊乐藻、菹草、水浮莲、水葫芦、水花生嫩芽和根须是幼虾优质的植物性蛋白质和微量元素的重要来源;水草及池底的浮游动物和底栖动物是小龙虾幼虾优质的动物性蛋白质的补充;粗蛋白质含量在30%以上的专用配合饲料已逐渐成为养殖户普遍使用的小龙虾苗种培育饲料。

② 投喂方法。小龙虾具有领地习性,其游泳能力差,活动范围较小,幼虾的活动半径更小。因此,幼虾培育期的饲料投喂要特别遵循三个原则:一是遍撒,由于小龙虾幼虾在培育池中分布广泛,饲料投喂必须做到全池遍撒,满足每个区域幼虾的摄食需要;二是优质,优质的饲料可以促进幼虾快速生长,幼虾培育期适当搭配动物性饲料既可以满足幼虾对优质蛋白质的需求,又可以减少幼虾的相互残杀,粗蛋白质含量应不低于30%;三是足量,幼虾的活动半径小,摄食量又小。因此,前期的饲料投喂量应足够大,一般每亩每天投喂2～3千克饲料,后期随着幼虾觅食能力的增强,可按在塘幼虾质量的10%～15%投喂,具体投喂量视天气和日常观察情况及时调整。在培育前期,视培育池饵料生物多少而定,每天上午泼洒豆浆或豆饼浆1次;1周后,每天投喂配合饲料2～4次,傍晚的投喂量占每天投喂量的60%～70%。土池繁育时,如果是10月中下旬孵化出仔虾,冬前不能分养,越冬期间也要适量投喂,一般是1周投喂1次。

(2)水质调节　随着饲料的投喂,小龙虾的粪便和剩余饲料越积越多,水质将不可避免地恶化,必须重视水质的调节。在池塘条件下,除采取移植水草调节水质外,还要定期使用有益微生物制剂,保持培育水体"肥、活、嫩、爽"的基本养殖条件。在有外源清洁水源时,也可以每周换水1次,每次换水1/5左右。要定期监测水质指标(建议每周1～2次)。当pH低于7时,及时采用生石灰调节,保证养殖水体呈弱碱性。水泥培育池水质更容易恶化,换水是防止水质变坏的主要方法。有流水条件的地方在中后期可以保持微流水培育,但要避免水位和水质过大的变动,应保持相对稳定的环境。

(3)病害预防　在幼虾培育期间,水温较低,培育池环境又要重新营造,只要定期使用微生物制剂,一般疾病较少。由于要防止小杂鱼等敌害生物的侵害,进水或换水必须用40目筛绢布过滤,严防任何吃食性鱼类进入培育水体。在露天池塘,蝌蚪、蜻蜓幼体是小龙虾苗种培育失败的重要因素。在整个培育期间,要严防青蛙、蜻蜓入池产卵。

(4)日常管理　坚持每天巡塘,发现问题及时处理。幼虾培育方式不同,日常管理的方法也有所区别。在池塘条件下,主要防止缺氧和敌害生物的侵害;在工厂化条件下,主要防止水质恶化,保持氧气、水流设备的正常运行。应认真记录幼虾培育的管理日志。

第二节　土池苗种规模化生产技术

小龙虾土池规模化繁育是指对原有的池塘、稻田或藕田进行改造，构建小龙虾亲虾集中交配、产卵、受精卵自然孵化及大规格苗种就地培育的设施条件，采用施肥、种草、人工投喂及微生物制剂调节水质、底质等生态手段，以实现小龙虾苗种规模化生产与供应。有计划地进行不同规格的苗种生产与供应是唯一目的。

一、繁育池构建

1. 繁育池选择

小龙虾繁育池地点的选择应视繁育池用途而定。专业化的小龙虾繁育池要求交通便利，水源洁净、丰富，土质为壤土或黏土，繁育池与养成集中区相对分离，具有独立的进排水系统。养殖户为成虾养殖池设立的配套繁育池应该建设在养殖区靠近居住地处，可以是在养殖池一角围成的小池塘，面积约占养殖池面积的 1/10；也可以和成虾养殖池分列，面积也应达到成虾养殖池的 1/10。与养成池一样，繁育池必须设置防逃板或防逃网。

2. 池塘准备

小龙虾苗种繁育池塘(彩图 8)宜小不宜大，面积一般为 2～5 亩，水深为 0.8～1.2 米，集中连片的小龙虾繁殖池进水道、排水道应分别设置，池中淤泥厚度不大于 15 厘米，池底平坦，池埂坡比不小于 1∶1.5。为了使池塘具有更好的小龙虾苗种生产能力，池塘可以做以下改造。

(1) 增加亲虾栖息面　在自然界中，大多数小龙虾繁殖活动在洞穴中完成，而洞穴主要分布于池塘水位线上 30 厘米以内，因此，增加池塘圩埂长度可以提高小龙虾亲虾放养数量，从而增加普通池塘的苗种生产能力。其方法是在池塘长边上，每隔 20 米沿垂直方向筑土埂一条，新筑土埂比池塘短边短 3～5 米，土埂高为正常水位线上 40 厘米，土埂顶宽为 2～3 米，土埂两边坡度不小于 1∶1.5。同一池塘的相邻短埂应分别设置在两条长边上，以保证进水时水流呈“S”形流动；相邻池塘的短埂尽可能相连，便于后期的饲养管理。

(2) 铺设微孔增氧设施　池塘微孔增氧技术是近几年来围绕“底充式增氧”涌现出的一项新技术。其原理是通过铺设在池塘底部的管道或纳米曝气管上的微孔，以空气压缩机为动力，将洁净空气与养殖水体充分混合，达到对养殖水体增氧的目的。这种增氧方式改变了传统的增氧模式，变一点增氧为多点增氧，改上层增氧为底层增氧，对养殖对象扰动小，更好地改善池塘养殖环境，尤其是池底环境的溶解氧水平，优化了水产养殖池塘的生态环境。小龙虾苗种繁育池塘塘小、草多、水浅，不适合传统水面增氧机的使用。由于虾苗密度普遍较高，虾苗专门繁育池塘铺设微孔增氧设施作用更大。池塘底部微孔增氧设施主要由增氧机（空气压缩机）、主送气管、分送气管和曝氧管组成。管道的具体分布视池塘布局和计划繁苗密度等具体情况而定。如果繁育池采取了增加土埂的改造，曝气管就宜采用长条式设置；如果繁育池未做改造或池塘较大，曝气管就可采用“非”字形设置或采用圆形纳米增氧盘，以增加供氧效果。

(3) 构建防逃设施　土池繁育池四周必须建防逃设施，既是防止小龙虾亲本外逃的需要，也是防止青蛙等敌害生物进入繁育池产卵的必要措施。与小龙虾养成池不同的是，繁育池的防逃网应更高些，一般在 1 米以上（彩图 9）；网眼更密些，最好采用聚乙烯网片或没有洞的钙塑板等。有条件的池塘上口最好覆盖聚乙烯网片，以防止蜻蜓入池。严密的防护才能确保繁育池优良环境不被破坏。

二、生态环境营造

与其他水产苗种生产一样，小龙虾苗种的规模化生产需要优越的环境条件。除要求池塘大小、深浅适宜外，还要求有丰富的水生植物、大量的有机碎屑及良好的微生态环境。因此，亲虾放养前，繁育池应做好以下工作。

1. 清塘

小龙虾的繁殖盛期在每年的 9—11 月。为了不影响小龙虾亲虾的产卵，尽可能保证受精卵冬前孵化出苗，小龙虾繁育池清塘时间应选择在每年的 8 月初。先将池水排干，暴晒 1 周以上，再用生石灰、漂白粉、二氧化氯等消毒剂全池泼洒消毒，彻底杀灭小杂鱼、寄生虫等敌害生物，7～10 天后加水 20～30 厘米，进水时用 40 目筛绢网过滤，确保进水时不混入野杂鱼及其鱼卵。为保证繁育池原有小龙虾也被清除干净，降水清塘前，可先将池水加至正常水位线以上 30 厘米，可用速灭杀丁等菊酯类药物将池中和洞中原有小龙虾杀灭，再用上述方法清塘，清塘效果更好。需要注意的是，菊酯类药物使用后的药效持续时间较长，一般需 1 个月才能完全降解，因此，尽量不采用该方法，必须使用时，要保证在降水清塘前 20 天使用。

2. 栽草

水草既是小龙虾的主要饵料来源，也是其隐蔽、栖息的重要场所，还是保持虾池优越生态环境的主要生产者。虾苗繁育池单位水体的计划繁苗量较大，更需要高度重视水草栽培。适宜移栽的沉水植物有伊乐藻、轮叶黑藻、苦草；漂浮植物有水花生、水葫芦等，其中伊乐藻应用效果最好。伊乐藻原产于美洲，与黑藻、苦草同属水鳖科沉水植物，20世纪90年代经中国科学院南京地理与湖泊研究所从日本引进。该品种营养丰富，其茎叶和根须富含维生素C、维生素E和维生素B_{12}等，还含有丰富的钙、磷和多种微量元素，其中钙的含量尤为突出。伊乐藻具有鲜、嫩、脆的特点，是小龙虾优良的天然饵料。移栽伊乐藻的虾塘可节约精饲料30%左右。此外，伊乐藻不仅可以靠光合作用释放大量的氧气，还可大量吸收水中氨态氮等有害物质，对稳定pH、增加水体透明度、促进蜕壳、提高饲料利用率、改善品质等都具有重要意义。

伊乐藻适应力极强。只要水上无冰即可栽培，气温在5 ℃以上即可生长，在寒冷的冬季也能以营养体越冬，因此，该草最适宜小龙虾繁殖池移栽。在池塘消毒、进水后，将截成长为15～30厘米的伊乐藻营养体，5～8株为一簇，按每平方米1～3簇的密度栽插于池塘中，横竖成行，保证水草完全长成后，池水仍有一定的流动性。较大的池塘设宽为6米的栽草带，间隔2～3米无草带，方便管理船只通行。淤泥少的池塘或刚开挖的池塘在底泥肥力不足，栽插伊乐藻时，每簇基部预埋有机肥200～400克（草不能直接接触肥料），伊乐藻的生长效果会更好，伊乐藻移栽的时间最好不晚于10月上旬。

如果没有伊乐藻，也可选用轮叶黑藻，或者菹草。每年的12月到翌年3月是轮叶黑藻芽苞的播种期，应选择晴天播种。播种前，池中加注新水10厘米，每亩用种500～1 000克；播种时，应按行距、株距50厘米 ×50厘米将芽苞3～5粒插入泥中，或者拌泥土撒播。当水温升至15 ℃时，5～10天开始发芽，出苗率可达95%。菹草是秋季发芽、冬春生长的优质沉水植物，可以和小龙虾繁育、苗种生长期较好地契合，也是小龙虾繁育池适宜的栽培对象。

此外，水花生、水葫芦可以作为沉水植物不足时的替代水草，但这些漂浮植物不耐严寒。江苏、安徽以及长江以北地区的水葫芦在冬季要采用塑料大棚保温才能顺利越冬，水葫芦诱捕虾苗的作用较大，应提前做好保种准备。

总之，移栽水草，并根据不同季节，配套移栽不同的水草，使水草覆盖面始终保持为整个水面的2/3左右，是营造小龙虾苗种繁育池良好生态环境的关键措施，也是土池小龙虾苗种繁育成功的重要保障。

3. 施肥

小龙虾受精卵孵化出膜后，经2次以上蜕壳后即具备小龙虾成虾的外形和生活能力，这时就可以离开母体独立生活。因此，小龙虾繁育池在苗种孵化出来后应准备好充足的适口饵料。在自然界中，小龙虾苗种阶段的适口饵料主要有枝角类、桡足类等浮游动物和水蚯蚓等小型环节动物以及水生植物的嫩茎叶、有机碎屑等，其中有机碎屑是小龙虾苗种生长阶段的主要食物来源。因此，小龙虾繁育池应高度重视施肥工作。

小龙虾繁育池采用的肥料主要是各种有机肥，其中规模化畜禽养殖场的发酵粪料最好。这类粪肥施入水体后，除可以培育大量的浮游动物、水蚯蚓外，未被养殖动物消化和吸收的饲料原料可以直接被小龙虾苗种摄食和利用，进一步提高了饲料的利用率。

土池小龙虾繁育池施肥方法有两种：一种是将腐熟的有机肥分散，浅埋于水草根部，促进水草生长的同时，培育水质；另一种是将肥料分散堆放于池塘四周，通过肥水促进水草生长。后一种是要防止由水质过肥引起的水体透明度太小而影响水草的光合作用，导致水草不能良好生长，甚至死亡。肥料使用量为 300～500 千克/亩。将陆生饲料草、水花生等打成草浆全池泼洒，以部分代替肥料，其更大的作用是增加了小龙虾繁育池有机碎屑的含量，极大提高了小龙虾苗种培育的成活率。

4. 微生态制剂使用

在有机肥投放及虾苗孵化出来后，投喂的豆浆以及培育后期投喂的未被食用的饲料很容易造成繁育池底质和水质的恶化，定期使用有益微生态制剂，可以改善底质，优化水质。小龙虾繁育池常用的微生态制剂有芽孢杆菌、乳酸菌、光合细菌或多种菌种组成的复合菌。芽孢杆菌用于底质改良和水质调节；乳酸菌拌料投喂可以促进小龙虾肠道更加健康，提高饵料利用率；光合细菌的定期使用既可调节水质，也能为幼虾提供优质饵料。光合细菌使用的适宜水温为 15～40 ℃，水温高，阳光充足，使用效果更好，因而宜选择水温为 20 ℃以上，阳光充足的中午施用。生产上，上述各种细菌应根据水质情况或单独选择一种或多种复配使用。光合细菌使用时应注意以下几个方面。

（1）根据水质肥瘦情况使用　水肥时，施用光合细菌可促进有机污染物的转化，避免有害物质积累，改善水体环境和培育天然饵料，增加水体溶解氧；水瘦时，应先施肥，以满足小龙虾苗种对天然饵料的需求，再使用光合细菌防止水质恶化。此外，酸性水体不利于光合细菌的生长，应先施用生石灰，调节 pH 后，再使用光合细菌。

（2）酌量使用　光合细菌在水温达到 20 ℃以上时使用，调节水质的效果明显。使用时，先将光合细菌按 5～10 克/米^3 用量拌肥泥，均匀撒于虾池中，以后每隔 20 天用 2～10 克/米^3 光合细菌兑水全池泼洒；也可以将光合细菌按饲料投喂量的 1% 拌入饲料直接投喂；在进行疾病防治时，可定期连续使用，每次用光合细菌水剂 5～10 毫升/米^3 兑水全池泼洒。

（3）避免与消毒杀菌剂混施　光合细菌制剂是活体细菌，任何杀菌药物对它都有杀灭作用。因此，使用光合细菌的池塘不可使用任何消毒杀菌剂。如果必须使用水体消毒剂，须在消毒剂使用 3 天后再使用光合细菌。

三、亲虾选择与放养

1. 亲虾选择

(1) 雌雄鉴别　小龙虾的雌雄很好分辨,雄虾个体较大,螯足粗壮,螯足两端外侧各有一个明亮的红色软疣,腹部狭小,生殖孔开口于第5对步足基部,第1腹足、第2腹足钙化为硬质交接器;雌虾螯足较小,无软疣或软疣颜色较浅,生殖孔是一对明显的暗色圆孔,开口于第3对步足基部。

(2) 亲虾选择标准　用于人工繁育的亲虾应是性腺发育好、成熟度高的当年虾,因为这种虾生命力旺盛,每克体重平均产卵量高,相对繁殖力强。成熟的亲虾应具备以下标准。

① 个体大。雌虾体重应在35克以上,雄虾体重应在40克以上。

② 颜色深。成熟的亲虾颜色为暗红色或黑红色,体表无附着物,色泽鲜亮。

③ 附肢完整。用于繁殖的亲虾都要求附肢齐全、无损伤,体格健壮,活动敏捷。

(3) 亲虾来源　繁殖用的小龙虾以本场专池培育或就近采购为好,这样可避免长途运输。为防止近亲繁殖,生产上应有意识选择在不同水域养成的雌雄虾作为繁殖亲本。

(4) 雌雄配比　小龙虾发育成熟后即可交配繁殖,交配行为与环境变化有较大关联性,转换新环境后,雌雄交配频率更高,一只雌虾可与多只雄虾交配,一只雄虾也可与多只雌虾交配,雄虾从生殖孔将乳白色精荚射入雌虾纳精囊,精荚在纳精囊内可以保存较长时间,直到雌虾产卵,卵从生殖孔流出经过纳精囊时,纳精囊释放精子,完成受精过程。因此,在繁殖用的小龙虾亲虾中,雄虾数量可以适当减少,一般雌雄比例为(2～3)∶1。在9月下旬后投放成熟小龙虾亲虾时,雄虾放养比例可进一步降低,甚至可以不投放雄虾,雌虾产卵和卵的受精率几乎不受影响。

2. 亲虾运输与放养

小龙虾的血液即是体液(严格意义上讲应称为血淋巴,兼具血液和淋巴样组织液的特性),呈无色透明状,由血浆、血细胞、间质液组成,血液中的血蓝素成分含有铜元素,小龙虾血液与氧气结合后呈蓝色。小龙虾血液的特殊性和其相对坚硬的甲壳使小龙虾受伤后的外表症状不明显。目前大部分养殖户不重视小龙虾的运输和放养,从而造成小龙虾运输后放养成活率较低。虽然小龙虾亲虾甲壳比苗种更坚硬,但繁殖活动需要亲本具有更强的体力,因此,为了避免亲本受到损伤以及亲本活力受到影响,必须重视亲虾的运输与放养技术。

(1) 亲虾运输　小龙虾亲虾的运输一般采取干法运输,即将挑选好的小龙虾亲虾放入特制的虾篓或泡沫箱中离水运输(彩图10)。小龙虾亲虾的选择一般在每年的8—

9 月，此时，气温、水温都较高，运送亲虾应选择凉爽天气的清晨进行，从捕捞到亲虾放养的整个过程都应该轻拿轻放，避免相互碰撞和挤压。运输工具以方形的专用虾篓和泡沫箱为好，底部铺垫水草；亲虾最好单层摆放，多层放置的高度不超过 15 厘米，以免被压伤；运输途中应保持车厢内的空气湿润，尽量缩短离水时间，快装快运。

(2) 亲虾放养　亲虾运送至繁育池塘后，先将虾篓连同亲虾放入繁育池水体中反复浸泡 2～3 次，每次进水 1 分钟，出水搁置 3～5 分钟，保证亲虾完全适应繁育池的水质水温；然后将小龙虾亲虾放入浓度为 3% 的食盐水中浸泡 3～5 分钟，以收敛伤口和杀灭有害病菌和寄生虫。亲虾放养密度视繁育条件而定，土池一般放养 2～4 只/米^2。放养时，动作要轻，避免小龙虾受伤(彩图 11)。

四、亲虾强化培育

繁殖季节亲虾摄食量较小，但繁殖活动又使小龙虾体能消耗较大，加上或多或少的人为干扰，常常出现抱卵虾大量死亡的现象。因此，在亲本放养后，对亲本的强化培育至关重要。构建优良的小龙虾繁育环境，适当投饵是提高亲虾放养成活率，促进亲虾顺利交配、产卵和受精卵孵化的关键。亲虾放养后即可开始培育工作。

1. 繁育池环境的优化

为了促进放养的小龙虾尽快恢复体力，防止繁殖后期的小龙虾抱卵亲虾大量死亡，除应尽可能减少小龙虾亲虾捕捞、运输环节应激反应外，优越繁育环境的构建最为重要。一是要高度重视防范蝌蚪、蜻蜓入池繁育幼体；二是繁育池苗种培育的后期水质调节至关重要，溶解氧含量不低于 5 毫克/升，氨态氮含量不超过 0.1 毫克/升，亚硝态氮含量不超过 0.01 毫克/升。

2. 饲料及投喂

虽然小龙虾在繁殖期间的摄食量小，但要适量投饵。适宜的亲虾饵料有新鲜的螺蚌肉、剁碎的小杂鱼、煮熟的黄豆、大麦以及豆饼、麸皮等，其中以不易腐败的螺蚌肉等动物性饵料为好。投喂量根据水温和亲虾体重确定。当水温在 15 ℃以上时，投喂量为亲虾体重的 1% 左右，傍晚时分投喂 1 次即可。

3. 水质控制

小龙虾亲本在捕捞、运输过程中的损伤，繁殖活动的体能消耗导致繁育池部分亲虾死亡在所难免，加上苗种培育阶段的剩饵、粪便的不断积聚，繁育池后期水质很容易恶化。因此，必须高度重视小龙虾繁育池的水质管理工作。防止水质变化的措施包括：一通过换水或水循环设备，繁育池池水能流动起来，流动的水可以使繁育池整体环境更稳定；二加强水质监测，及时开动增氧设施；三定期使用有益微生物制剂，以人为干预的方法维持繁育土池有益微生物占据优势的种群，从而保证良好的繁育生态环境。

4. 日常管理

日常管理主要做好“三勤三防”工作。一是勤监测,并根据水质监测结果,常换水、勤用有益微生物制剂,以防止水质恶化;在苗种培育后期,繁育池塘每5～7天换水10%,微孔增氧设备正常使用;二是勤投饵,在小龙虾苗种培育阶段,投喂工作应遵循“少量多餐”的原则,尽量缩短饵料入水浸泡的时间,防止剩饵腐败引起病菌繁殖、传播,一般放养前期每天投喂1次,越冬期间每周1次;三是勤巡池,适时修补防逃设施,及时清除鼠、蛙等敌害生物,严防青蛙、蜻蜓等入池产卵,产后亲虾也要及时捕捞出售;勤巡池,及时发现问题,适时有针对性地采取预防措施,避免出现无法挽回的损失。

五、亲虾池的冬季管理

在专门开展苗种繁育的土池中,小龙虾亲虾随着气温的降低,陆续进入洞穴越冬。在冬季池塘中,既有洞穴中的抱卵虾或少量将要产卵的亲虾,也有已经孵化出膜并离开母体的幼虾,还有产后亲虾,因此,应该有针对性地做好管理工作,提高幼虾和抱卵虾的成活率。

1. 保持适度肥水,稳定透明度

冬季,提高土池中幼虾成活率的主要措施是保持池水适当的肥度,培养和维持土池应有的饵料生物数量。保持适当肥水应重视两个关键点。

(1)把握施肥时机　冬季水温低,各种细菌活动减缓,有机肥料分解成营养元素肥水的作用微弱或停止,大量投放有机肥不仅不能起到肥水的作用,还可能造成春季水质太肥,各种有害物质含量太高。因此,保持冬季土池有适宜的肥度,一是有机肥必须经过充分发酵,保证肥效可以适时释放;二是选择合适的施肥时间,苏、皖地区一般在9月下旬至10月上旬投放有机肥较为适宜。这个季节的水温一般在15 ℃以上,各种生物菌活动还比较旺盛,肥效在细菌的作用下尚能有效释放。

池塘施肥后,随着肥力释放,浮游动植物开始繁殖生长,水体透明度减小,一般冬前透明度达到30厘米较为适中;池中足量的浮游生物、底栖生物及有机碎屑是小龙虾幼虾良好的天然饵料,这也是使用有机肥的重要目的之一。

(2)肥料品种和数量　鸡粪、猪粪、牛粪或其他品种有机肥含有各种营养元素,都可以起到肥水作用。由于各种动物消化方式和能力的不同,这些动物排泄物所含的氮、磷、钾等营养元素的组成和含量各不相同,肥水效果差异较大。实践证明,肥效适中的规模化养猪场的猪粪在小龙虾繁育池塘使用效果较好。猪粪肥水,肥力温和、肥效相对持久;鸡粪的各种抗生素含量高,肥效释放猛烈,透明度快速下降,直接影响水草的光合作用；牛粪的氮、磷含量小，肥水速度慢，还容易滋生青苔。为保证水体透明度保持稳定，水质能始终处于“肥、活、爽”的状态，在施用基肥的基础上，10 月初视水色每亩追施 150～200 千克腐熟猪粪，采用兑水沿池边泼洒的方法，可以加快肥水速度。

市场上已有各种商业有机肥，好的产品肥水速度快，污染小。选用时，建议先小面积试用，在肥水速度和肥力持久的效果得到验证后，再大面积使用，避免被宣传误导，引起生产被动。

2. 维持洞穴温度，提高亲虾越冬成活率

土池繁育主要依靠堤埂洞穴为小龙虾提供繁殖活动场所。生产上，在水位变动较大、天气寒冷的情况下，越冬亲虾常常会大量死亡。正常育苗的池塘应该努力保持池塘水位的稳定。在水位稳定的池塘，小龙虾亲虾冬眠的洞穴始终处在 0 ℃以上，亲虾越冬成活率高。如果计划推迟小龙虾繁育时间，就要在越冬前将池塘水位人为降低，让大部分洞穴处于空气中，使受精卵因环境条件不适宜而延缓孵化进程。在这种情况下，应于气温降到 0 ℃前，在小龙虾洞穴上覆盖稻草帘等柔软的植物秸秆，增加小龙虾洞穴的保温性，防止小龙虾在 0 ℃以下时因裸露在空气中而被冻死。完全排干池水的繁殖池还要防止老鼠、黄鼠狼侵害洞穴中的小龙虾。

六、亲虾池的春季管理

1. 适时调整水位

春季，当水温回升到 10 ℃以上时，洞穴中的小龙虾逐渐苏醒，并陆续出洞觅食，尤其是栖息于水位线附近的小龙虾亲虾最先感觉到温度变化并率先出洞生活。因此，根据苗种生产计划，有意识地加高池塘水位，逼迫小龙虾全部出洞，加快受精卵孵化进程；也可以降低水位，推迟小龙虾出洞生活，减缓受精卵孵化速度。专门的苗种繁育池一般采用加高水位 30 厘米，并维持 5～7 天，这样育成的小龙虾苗种规格相对整齐；与荷藕池配套的繁育池一般应保持低水位，继续维持环境恶劣状态，延缓小龙虾受精卵孵化速度，直到荷叶出水前 20 天，再加水来促进小龙虾的繁育活动。

2. 提早投喂

越冬后期，水温逐渐上升，池中小龙虾幼虾活动增加，应根据池塘水色和幼虾密度，提早投喂人工配合饲料。当水温达到 9 ℃以上时，就可以少量投喂破碎的小龙虾幼虾饲料或白对虾幼虾饲料；一般 2～3 天投喂 1 次，每亩池塘投喂 1.5～2 千克。当水温稳定在 15 ℃以上时，就开始正常的苗种喂养。提早投喂人工饲料，可以驯化小龙虾幼虾摄食人工饲料，为春季的苗种强化培育打下基础，也可以为产后亲虾提供必要的饵料，防止产后亲虾捕食幼虾。

3. 及时捕捞产后亲虾

随着春天水温的逐渐回升，小龙虾亲虾陆续出洞觅食，已孵化并完成2次蜕壳的仔虾离开母体后自主生活，产后亲虾开始大量进食恢复体力。为防止产后亲虾对幼虾造成伤害，当产后亲虾占捕捞量的50%以上时，及时用地笼网捕捞产后亲虾，产后雌亲虾和雄虾一起上市销售，增加经济效益（此时，小龙虾价格一般为全年最高）。一起捕捞起来的尚未完成孵化的抱卵虾最好放入另外的池塘继续孵化。分批孵化可以提高繁育池苗种规格的整齐率。

七、幼虾培育

1. 制订生产计划

土池繁育小龙虾苗种的生产计划因市场需求和成虾养殖模式不同而不同。专门的小龙虾苗种繁育池以对外供应不同规格的苗种为目标，为了适应市场需求，一般采取高密度放养、分段培育或分批捕捞销售的生产模式，亩产虾苗一般在15万只以上，产量为200～300千克。与自身池塘主养成虾配套的小龙虾苗种繁育池一般亲本放养量小，并根据商品虾生产计划或提早繁育或推迟繁育，亩产苗种达150～200千克；与水稻、莲藕、水芹等植物兼作、轮作配套的繁育池根据不同要求，开展小龙虾苗种繁育计划的制订，有针对性的生产计划可以保证成虾养殖的计划性、稳定性。

2. 幼虾数量的估算

如果土池繁育小龙虾苗种，春季已经孵化出膜的小龙虾数量，就应该进行认真估算，为制定有针对性的幼虾培育方案提供必要的参考。其方法有两种：一是微光目视法估算。水草较少的池塘先在池塘近水岸放入1米^{2}的木框，木框沉入水底淤泥上，然后正常投饵，于傍晚小龙虾活动频繁时，用手电筒查看木框内的幼虾数量，将手电筒光线调弱，可以看到小龙虾幼虾，光线太强会影响小龙虾正常分布。为保证数量准确，可以利用木框在池塘同一部位反复估测，也可以在池塘中不同部位放置多个同样大小的木框估测。二是切块捕捞估算法。由于水草茂盛的池塘小龙虾幼虾立体分布，上述方法尚不能准确估算小龙虾幼虾数量。先在池塘中选择一块具有代表性的区域，快速插上网围，然后将网围内的水草捞出，清点水草中的幼虾数量，再用三角网反复抄捕网围内的幼虾，直至基本捕尽；将捕捞的幼虾数量与网围面积相比就可以得到单位面积小龙虾幼虾数量；也可以在培育池中提前设置网箱，平时网箱四周放平至池底，检查时快速将四周围网提离水面，然后详细检查网箱内的苗种数量。

3. 幼虾的科学投喂

土池繁育的幼虾投喂分成两个阶段：2厘米以内的幼虾主要摄食天然饵料及各种

有机碎屑。由于淤泥较肥或基肥施用多的池塘的饵料生物丰富，基本可以不投人工饲料；水质较瘦的池塘可以投喂黄豆浆或豆粕打浆全池泼洒，一般每亩用黄豆或豆粕1.5～2千克。由于2厘米以上的幼虾的摄食量逐渐增加，池塘中的天然饵料已不能满足需要，应该逐渐增加人工饲料的投喂，一般投喂小龙虾幼虾专用破碎料。投喂量以测算的小龙虾幼虾数量而定，一般按幼虾体重的15%左右投喂。随着小龙虾个体长大，投喂比例逐渐减小，具体投喂量还要视巡池检查情况，进行适当调整。

为保证小龙虾幼虾既有充足的人工饲料可供摄食，又要防止由饲料投喂过多，日积月累引起的底质变坏，一般采用“少量多次、傍晚为主”的投喂方法。培育前期以全池泼洒黄豆浆或豆粕浆培育浮游生物，一般每天1次即可；在幼虾达到2厘米后，开始投喂人工饲料，一般每天3～4次，3厘米以上的一般2～3次；多次投喂的，一般早、中、晚各1次，高密度的小池塘在午夜时分再加喂1次，其中，晚上（一般17:00～19:00）投喂量占每天投喂量的50%左右，其余各次投喂比例相同。

4. 水质管理

在苗种培育的后期，逐渐积累的剩饵和粪便不断腐败，底部环境和池塘水质会不同程度地发生恶化。为防止有害物质逐步累积，影响小龙虾幼虾生存和发育，培育池水质和底质都需要进行科学管理。其处理方法基本同亲虾强化培育的水质控制。不同的是，在苗种培育的后期，水温逐渐升高，有利于光合细菌、乳酸菌作用的发挥，建议每3天使用光合细菌1次，每天使用乳酸菌拌料投喂1次，坚持使用，一定可以提高幼虾健康状况，提升小龙虾苗种质量。

5. 幼虾适时捕捞

当温度适宜时，仔虾经25～30天的强化培育，体长将达到4厘米以上，就可以起捕分塘或集中供应市场。捕捞方法如下。

（1）密眼地笼捕捞　这是一种被动的诱捕工具，捕捞效果受水草、池底平整度的影响较大。捕捞时，先清除地笼放置位置的水草，再将地笼沿培育池边45°角放置，地笼底部与池底不留缝隙。必要时，用水泵使池水沿一个方向转动，以提高捕捞效率。

（2）拉网、手抄网捕捞　这两种工具是主动捕捞工具，都是依靠人力将栖息在池底或水草上的幼虾捕出。拉网适合面积较大、池底平坦、基本无水草或提前将池中的水草清除干净的池塘使用，这样捕捞速度较快，捕捞量较大。手抄网适合虾苗密度较高和水浮莲、水葫芦等漂浮植物较多的池塘使用，以满足小批量虾苗供应需求。

（3）干塘捕捞　池底平整、排水口设置在池塘底部最低处的小面积培育池可以采取干塘捕捞的方法，一次性完成苗种捕捞工作。首先，将池中水草及各种附着物全部移除；然后，将培育池水位从排水口缓慢降低，当苗种随水流集聚于排水口附近时，在排水口外端对接集苗网箱，放干池水，苗种随水进入网箱，完成苗种收集。大量苗种集聚在网箱极易缺氧，必须及时将苗种分散到流水池暂养或包装外运。

6. 幼虾运输

由于小龙虾在幼虾阶段的蜕壳速度快、甲壳较薄，如果用成虾的运输方式来运输幼虾，幼虾易受伤严重，放养成活率低。因此，幼虾分塘或销售主要是带水运输，体长小于 2 厘米的仔虾必须用氧气袋带水运输，40 厘米 ×40 厘米 ×60 厘米氧气袋可装虾苗 10 000 只左右；更大规格的幼虾可以使用长方体钢筋网格箱，叠放于充液氧的活鱼运输车中运输，15 厘米 ×40 厘米 ×60 厘米长方体钢筋网格箱可装幼虾 2～4 千克。

典型案例

（一）基本信息

江苏省淮安市洪泽区岔河镇东陈村陈某有 20 个养殖池塘，合计面积 200 亩。从 2018 年开始，一直利用其中的两个池塘繁育苗种，苗种除满足 18 个池塘成虾养殖需要外，大规格苗种还要对外销售。两个苗种繁育池的面积为 20 亩。

（二）养殖模式

土池小龙虾苗种规模化繁育。

（三）养殖成果

2022 年的苗种繁育情况：9 月投放亲虾，翌年 3 月 15 日开始捕捞放养或对外销售，共计捕获虾苗 6 410 千克，成虾 542 千克，平均亩产虾苗 320.5 千克，亩均收入为 10 628 元。亩均成本为 5 980 元，其中投入种虾 1 600 元、人员工资 960 元、租金 1 200 元、投入品 1 220 元、电费 200 元、塘口改造费用 800 元。亩均利润达 4 648 元。

（四）具体做法

1. 池塘准备

图 2-1　小龙虾苗种繁育池塘改造示意图

选择东 1 号、东 2 号两个塘口作为小龙虾苗种专用繁育池塘，塘口深度为 1～1.2 米，池塘面积均为 10 亩。9 月上旬，对苗种繁育池塘进行土方改造，在池塘的中间新增 5 道横向内埂，内埂间距为 8～10 米（布局具体见图 2-1 和彩图 12）。内埂高为 1.1 米，埂顶宽为 0.5 米，埂长为 80 米，埂坡度比为 1：(2～3)。内埂的一端留 8～10 米的缺口，以方便池塘内水体的流通。相邻的两条内埂进出水口按对角设置。池塘改造完成后，使用每亩 80 千克生石灰或每亩 20 千克漂白粉彻底清塘消毒。

2. **环境营造**

清塘7天后开始移栽水草，水草品种选择伊乐藻，采用插栽法移栽。移栽前3天，池塘加注新水，水深保持在30厘米左右，进水口用40目筛绢布网袋套住，进行过滤，防止鱼卵等敌害生物进入。移栽水草时，先将伊乐藻种株切成20～30厘米的小段，每5～10段为1束，按行距6米、株距5米进行人工插栽，每穴栽插3～5束。移栽完成后，及时施用水草生根肥，以促进水草成活。水草成活后，逐步加高水位，维持水位至40～50厘米。塘内架设微孔增氧设备，保持池塘水体溶氧充足。

3. **设置人工洞穴**

亲虾放养前，在池塘内埂坡水位线以上5～10厘米，人工增设洞穴，协助亲虾掘洞穴居，降低亲虾掘洞的体质损耗。具体做法是用直径8厘米的木棍在池埂内侧水位线以上5～10厘米处打洞，洞穴和水平线夹角为45°，深度为20～30厘米，洞穴密度为3～5个/米。

4. **亲虾放养**

9月18日开始投放亲虾，放养前，将池塘水位提高至50～60厘米。

(1)亲虾选择　挑选体质健壮、附肢齐全、无病伤、活力强、颜色为紫红色的成虾作为亲虾，其中雌虾体重在35克以上，雄虾40克以上，雌雄比例为3∶1。

(2)亲虾放养　按照40千克/亩标准投放亲虾，单个塘口一次性放足，清晨或傍晚时投放。

5. **日常管理**

当气温降低时，逐步提高池塘水位，直至水位达到80～100厘米。冬天保持水位不变，防止极寒天气造成苗种冻害。当气温回暖时，逐步降低水位，便于水温升高，3月以后维持水位在30～40厘米。秋冬季用腐熟有机肥或氨基酸肥水膏培肥水体，保持水体透明度为30厘米左右，以防止由水质清瘦导致的春季青苔滋生，同时为小龙虾苗种提供适口天然饵料。当发现大量苗种活动时，定时开启微孔增氧设备，提高水中溶氧，促进苗种生长。

6. **饲料投喂**

亲虾放养后，加强饲料投喂，选用粗蛋白质含量32%的小龙虾专用配合饲料，每天18:00以后投喂1次，投饲量以翌日有少许剩余为佳。当水温降低时，逐步减少投喂量，冬季改成每周投喂1次，结冰期不投喂。当早春水温达10 ℃以上时，应根据小龙虾苗种出现时间和数量，及时全池泼洒豆浆或投喂苗种专用饲料。早期每2～3天投喂1次；当水温为15 ℃以上，改成每天投喂2次；可适量使用发酵后的菜粕、豆粕和鱼糜混合投喂。

7. 适时捕捞

1—3 月是小龙虾成虾价格高位期,养殖户应根据小龙虾抱卵虾孵化情况适时捕捞产后亲虾销售,以减少产后亲虾对虾苗危害,增加虾苗栖息空间,促进苗种快速生长。从 3 月中旬开始捕捞虾苗销售至 6 月上旬结束,平均亩产虾苗 320.5 千克。

第三节　成虾养殖池苗种生产技术

在小龙虾成虾养殖池直接开展小龙虾苗种生产是养殖户最早进行的苗种繁育工作,也是小龙虾养殖户普遍采用的做法。该方法无须另外建立繁殖设施,只依靠小龙虾繁殖习性,让性成熟小龙虾在养殖池埂掘洞、交配、产卵、孵化,自主完成所有繁殖行为,再开展苗种培育和成虾养殖生产。这种苗种生产模式虽然投资少、管理简单,但缺点较明显:一是繁殖苗数量无法准确把握,苗种繁育过多,成虾养殖规格小,且水草保护难度大,小龙虾商品品质较差;二是反复自繁自养造成小龙虾亲本逆向选择,亲本规格越来越小,小龙虾养成个体逐渐变小,商品率较低。这种繁养一体方式是养虾效益逐步降低的主要原因,已不符合目前提倡和推广的繁养分离技术。由于这种模式仍是老百姓普遍采用的苗种生产方式,为帮助读者尽可能扬长避短,本节将针对这些缺点详述成虾养殖池小龙虾苗种繁育应注意的事项。

一、池塘准备

各种适宜开展小龙虾成虾养殖的池塘、稻田、藕田等均可以开展小龙虾自繁自育。养殖池大小不限,因为小龙虾有掘洞繁殖的习性,池中高出水面的各种埂、岛是小龙虾开展繁育活动的必要场所。这些埂、岛的正常水位线长度会直接影响小龙虾成熟亲本存塘数量,是判断养殖池自繁自育苗种数量的重要参考因素。因此,除四周池埂外,池中高出水面的隔埂、小岛周长要认真统计,做到心中有数。为防止繁殖苗数量过多,以自繁自育苗种满足自身成虾养殖苗种需求的养殖池要适当控制埂、岛的数量;低于 10 亩的养殖池,中间的隔埂、岛最好去掉;超过 30 亩的池塘,隔埂、岛周长不要超过四周池埂的 30%;依靠小龙虾自繁自育能力开展苗种规模化生产的养殖池,则要人为增加养殖池隔埂和小岛设置,以满足小龙虾亲本掘洞繁殖的需要。

二、生态环境营造

与繁育活动相关的生态环境营造主要是指在受精卵孵化出膜,雌亲虾带着仔虾下塘前,要营造优越的幼虾培育条件,提高幼虾培育成活率。其关键措施有以下三条。

1. 加强捕捞，清除池塘中所有敌害生物

对于小龙虾幼虾来说，敌害生物包括池塘中鱼、虾、蟹、蛙等所有的水生、陆生及两栖类动物。彻底的清除方法是干塘清整、药物消毒。

2. 适当施用基肥，培养饵料生物，增加有机碎屑含量

方法与“池塘准备”中的施基肥方法一致。

3. 移栽水草，营造立体生态环境

与藕池相比，池塘、稻田有机质含量不足。为构建良好生态环境，其都需要移栽足量水草。其方法与生态环境营造的方法一致。藕田则不需要另外移栽水草，冬季的藕叶柄干枯、萎缩落入水中，除为小龙虾构建优质的隐蔽环境外，也为饵料生物的繁殖生长提供了充足的有机质。因此，冬春季，藕田小龙虾幼虾既有良好的附着物，也有充足的饵料生物。在春季水温回升后，藕田小龙虾苗种规格大，苗种数量多，往往出苗早，这也是近几年养虾户逐渐重视藕田小龙虾苗种生产的主要原因。

三、亲虾数量控制与种质改良

小龙虾雌亲虾个体大小和数量决定着受精卵总数，也决定着最终的苗种产出数量。利用成虾池繁育小龙虾苗种目的是与成虾养殖相配套。繁育数量以满足自身需要为标准，因此，小龙虾亲虾，尤其是雌亲虾数量的调查与控制非常重要。

1. 雌亲虾需要数量测算

可以用下列经验公式测算雌亲虾需要的数量：

$$S=N\times m/P\times r\times q$$

式中：S 为雌亲虾需要数量；N 为计划总产量；m 为成虾平均规格(单位质量小龙虾只数)；P 为雌亲虾仔虾平均产出数量；r 为 4 厘米大规格苗种成活率；q 为成虾养殖成活率。

试验和生产实践证明，对于营养正常的小龙虾雌亲虾而言，规格为 35～45 克的雌虾的仔虾孵出数量平均为 500 只。在清塘彻底的成虾池，4 厘米以上的苗种培育成活率一般为 50%～60%，成虾养殖成活率为 80% 左右，这三个数值受日常管理因素影响较大。在测算雌亲虾需要量时，养殖户应根据自己的管理技术和往年经验确定。

2. 雌亲虾数量控制

确定了雌亲虾数量后，就要对成虾塘留存的雌亲虾进行详细调查，超出需求的雌亲虾要通过人工方法去除，不足时要补放。

3. 种质改良

目前，养成池用于自繁自育的小龙虾亲本基本都是不断捕捞销售后留存下来的小规格的性成熟个体。这些个体繁殖解决了下一周期养殖需要的苗种，下一个周期的养成依然采用捕大留小方法。留存下来的小规格个体在成熟后，再次产卵、孵化，解决下下周期的苗种需要，如此循环持续进行，小龙虾养成规格越来越小，严重影响了小龙虾养殖效益。因此，利用成虾池塘自繁自养超过两年以上的池塘应高度重视小龙虾种质退化的问题。避免方法包括：弃用养殖池留存的经过捕大留小“逆向选择”的繁殖个体；引进外源成熟的大规格亲虾；引进的亲虾数量与原池留存的亲虾数量相当；引进地与养成池距离尽可能远；有意识地开展小龙虾亲本选育工作；外源亲虾引进工作最好在9月前完成。

四、苗种生产管理

对于成虾池繁育小龙虾苗种而言，苗种阶段的管理至关重要。它决定着小龙虾成虾养殖的规格和产量。一般应掌握以下关键点。

1. 幼虾数量的测算与控制

春季，当小龙虾雌亲虾全部出洞，仔虾全部离开母体后，要及时测算幼虾数量。如果数量过多，在规格达到4～6厘米后，就应及时捕捞出塘；如果数量不足，就应从其他渠道补足数量，以防止在塘幼虾数量不足，给后续苗种培育和成虾养殖工作带来不利影响。建议自繁自育自用的养殖池的春季苗种数量控制以0.5万～0.6万只/亩为宜。

2. 饲料选择与喂养

成虾养殖池一般比专门的小龙虾苗种繁育池大，成虾池繁苗又是以自用为主，因此，幼虾密度比较低，生产管理较为简单。如果池塘已按前述进行了清塘、施肥及水草移栽，生态环境良好，前期基本无须投喂任何饲料，当幼虾规格达到3～4厘米后再开始投喂人工饲料。饲料仍以虾蟹开口饲料为主，搭配投喂麦麸、米糠等富含有机碎屑的谷物饲料。每天投喂饲料1次，投喂量为幼虾体重的15%左右；投喂时，沿有洞穴的池埂遍撒，投饵距离以离池埂7～8米为宜。

3. 产后亲虾和多余幼虾捕捞

产后亲虾应及时捕捞。当产后亲虾基本捕完，多余的幼虾也完成捕捞分塘后，就可以直接开始成虾养殖。

典型案例

（一）主体信息

江苏省金湖县前锋镇养殖大户韦某有8口小龙虾养殖池塘，合计主养面积170亩。

（二）养殖成果

养殖户韦某一直利用成虾池塘小龙虾自繁自育的特性，精准选留亲虾、精细管理幼虾、适时销售成虾，较好地解决了由“自繁自育”带来的“逆向选育、规格递减”的小龙虾原池育种难题，连续多年获得较好的经济效益。2021—2023年，该户平均亩产35克/只以上大规格小龙虾212千克，亩均收入达8 480元。亩均成本为4 445元，其中每亩投入人员工资400元、租金860元、水草40元、亲虾720元、饲料1 940元、肥料30元、渔药135元、电费120元、其他费用200元。亩均效益为4 035元。

(三)具体做法

1. 塘口条件

池塘一共8口，其中10亩池塘5口，40亩池塘3口。池塘水深为1.2米，池塘的进排水渠道分开，进排水口分别设置在池塘两端，进水口位于池塘最高位，排水口位于池塘最低位，进排水口管道末端分别套60目网袋，以防止青蛙卵、野杂鱼卵及幼体进入养殖塘口。

2. 防逃设施

在池塘四周池埂内侧安装聚乙烯网片防逃围栏，网片上缘缝制30厘米硬质、光滑的塑料板，网片下端埋入池埂15厘米。

3. 苗种繁育环境营造

(1)清杂、上水　每年9月底前，将池塘水位降低至10～15厘米，全池施用茶籽饼杀灭小杂鱼等敌害生物，亩施用量为10千克左右。清塘后1周，开始加高水位至20～30厘米。

(2)移栽水草　上水后开始移栽水草，水草品种选用伊乐藻，行距为6米，株距为2米。移栽水草时，在每簇基部进行点肥(复合肥或水草壮根专用肥料)，每簇施用10克左右。

(3)适时肥水　在苗种繁育期间，注重肥水，水体透明度保持在30厘米左右。肥水一方面能防止青苔大量滋生，另一方面促进浮游生物和底栖生物等的生长，为虾苗提供适口饵料。肥水方法主要是使用氨基酸肥水膏，用池水稀释后均匀泼洒。

4. 亲虾放养与管理

繁育亲虾来源于两个部分：一是原池选留，8月下旬开始，在池塘捕捞的小龙虾大个体中，选择附肢完整、动作敏捷、颜色暗红的成熟雌虾作为繁殖亲本，规格35克/只以上；池塘清整之前，放入所在池塘密眼网箱中暂养备用；二是其他养殖池购入，为防止连续“自繁自育”产生的种质退化，每年从其他养殖池选购大规格雄虾(规格不小于50克/只)。每年9月中旬后开始清塘、栽草，9月底前完成亲虾放养，池埂已掘洞繁殖的小龙虾尽可能人工清除干净，每年每亩池塘放养预留的小龙虾亲虾5千克左右，外购亲虾2.5千克。外购亲虾放养应选择晴天早晨或阴雨天。放养时，将亲虾浸入水中1分钟，再提起放置地上5分钟，连续2～3次，再经5%食盐水消毒后，投放至池塘邻水岸边，让其自行爬入水中。

5. **投饲**

亲虾放养后直至翌年3月，根据温度、苗种孵化和水质情况选择饲料投喂品种和数量，秋冬季，每周投喂1次粉碎的豆粕，每次每亩池塘投喂1～2千克。当早春水温在15 ℃以上时，逐渐增加配合饲料的投喂。苗种规格增大，颗粒饲料的粒径随之加大。在养殖阶段，选择的小龙虾配合饲料粗蛋白质含量为35%，在苗种规格未达到4厘米时，使用的配合饲料粗蛋白质含量为40%。

6. **水质调控**

亲虾放养后，为了促进水草生长和为已孵化入池的虾苗提供适口的天然饵料生物，先后3次使用了氨基酸水肥，整个冬春季，池塘一直保持40厘米左右的透明度，未出现青苔滋生的现象。春季水温逐渐升高后，每隔15～20天使用芽孢杆菌或光合细菌全池泼洒来调节水质，池水始终处于肥、活、嫩、爽的状态。

7. **捕捞**

3月中旬开始捕捞产后亲虾，4月初开始捕捞成虾，平均亩产成虾212千克，其中10亩的池塘平均亩产达到248千克。

第四节　小龙虾提早育苗技术

刚孵化出的小龙虾仔虾仍依附于雌亲虾的游泳肢上，再经2次蜕壳即具备了完全的生活能力，陆续离开母体独立觅食，分散栖息于池底、水生植物等各种附着物上。在普通池塘中，这种小规格苗种的密度稀，很难集中。只有待其长到4～6厘米，可以用小网目地笼捕捞时，才能集中或分配到成虾池养成成虾或对外供应。目前通常的小龙虾苗种是指便于捕捞、可以集中出池、规格达到4～6厘米的大规格幼虾。在控温孵化的繁育工厂或专门的高密度繁育土池繁育的虾苗规格小、密度大，规格相对整齐，也便于集中，规格一般在0.7～3厘米，这种小龙虾苗种称为小规格苗种。这两种规格的小龙虾苗种都可以出现在3月。如果3月有大规格苗种，成虾养殖就有了较好的基础，小龙虾养成规格大，上市早，价格也高，经济效益就有保证；如果3月苗种规格仅达到1～2厘米，小龙虾的成虾上市晚，高温季节尚有大量虾未能达到上市规格，捕捞难度加大，病害也较多，最终的产量和效益会不稳定。因此，在小龙虾繁殖期内，尽早开展育苗工作，保证早春即有大规格苗种放养，养虾效益就有保障。提早育苗的主要制约因素是温度。根据小龙虾繁育特性，构建可以控制温度的工厂化繁育设施，开展批量化、规模化的小龙虾卵黄苗生产试验已在江苏获得成功。江苏省盱眙县、金湖县养殖户利用卵黄苗进行分段养殖，标粗成活率为 90%，养殖成活率可达 70% 以上，小龙虾养殖更加精细化。当然，在常温条件下也可以实现提早育苗。

一、池塘提早育苗技术

1. 亲虾投放要早

在自然温度下，利用池塘等成虾养殖条件提早育苗的最关键措施是尽可能早地获得成熟的小龙虾亲虾，因此，在常温下，提早育苗的小龙虾亲虾应于 8 月中旬前投放。为保证性腺成熟度，投放的亲虾尽可能挑选壳色红亮、个体较大的小龙虾，建议雌虾体重最好在 40 克以上，体色紫红，附肢齐全，活动能力强，抽样解剖后的雌虾性腺呈褐色。

2. 繁育环境要优

亲虾投放后，经短暂的环境适应，已成熟的亲虾将陆续交配，并在水位线附近掘洞穴居产卵。由于此时的水温一般为 24～28 ℃，亲虾仍会出洞觅食，适宜的环境加上较高的水温，受精卵会在 10 天左右孵化出仔虾。为了满足小龙虾亲虾的出洞觅食需要，育苗池水位要保持稳定，既不能小于正常水位线引起抱卵虾提前穴居，也不能超过正常水位线，甚至淹没洞穴，使亲虾重新打洞，从而影响雌亲虾的正常产卵。

为保证已孵化的小龙虾幼虾后续培育成活率，繁育池在放养亲虾前就应该做好充分准备，即至少做好敌害清除、水质培养工作，确保幼虾不被野杂鱼、水生昆虫等捕食。

3. 幼虾培育要精心

在做好上述两项工作后，受精卵将于 9 月上中旬孵化出仔虾，此时的温度非常适宜小龙虾幼虾的快速生长。在捕捞产后亲虾的同时，立即开展幼虾的培育工作，确保于 10 月中下旬完成小龙虾苗种的标粗，使幼虾规格达到 3 厘米以上。

4. 苗种分塘要适时

当密度过大或饵料缺乏时，小龙虾具有自相残杀的习性，因此，育成的小龙虾幼虾应尽快分塘养殖。在池塘条件下，一般是在幼虾规格达到可以用密眼地笼起捕时分塘养殖，也可以用手抄网从漂浮植物或人工鱼巢下抄捕小规格的幼苗提早分养。适时、多次的分塘能使小龙虾苗种的产量更高。分养出来的小龙虾幼虾经强化培育，冬前就可以达到较大的规格。

二、稻田提早育苗技术

利用稻田开展小龙虾的提早育苗比用池塘提早育苗的难度更大，既要考虑水稻的正常生产，也要考虑小龙虾对水位和虾苗培育水质的需求。做得好，可以获得双丰收；做不好，小龙虾的提早育苗的目标就难以实现。做好的关键点有以下几个方面。

1. 选择生育期短的水稻品种

江苏地区的稻田小龙虾苗种出苗时间一般在4月中旬左右。如果想提前到3月出苗，小龙虾的产卵和孵化时间就要提前到上一年的8—9月。此时，正是江苏地区水稻生长发育的重要季节，9—11月是早繁小龙虾幼虾培育的关键时间段。一般水稻，尤其是江苏普遍采用的'9108'等粳稻品种尚未成熟收割，因此，开展提早育苗的田块，水稻就要选择生育期短的品种，比如'徽两优1307'等。采取虾稻轮作的田块在小龙虾养殖阶段就要提前安排秧苗栽培或订购，提前暂存成熟小龙虾亲本，在水稻适宜栽插时节适时完成秧苗移栽。

2. 提前放养成熟度好的小龙虾

8月上旬，选择在晴天的早晨，将准备好的小龙虾亲虾放入稻田环沟，一般亩放养亲虾15～20千克，亲虾选择的规格、来源、雌雄比例等与亲虾选择和放养一致。

环沟在放养亲虾前用生石灰(80千克/亩)、漂白粉等消毒剂彻底清塘消毒，再移栽苦草或轮叶黑藻等。

3. 及时收割水稻与上水

早熟的水稻品种在9月初就可以进行稻田烤田，9月中下旬就可以完成水稻收割。为促进饵料生物萌发生长，增加小龙虾苗种天然饵料，收割水稻时可留30厘米秸秆不割，割下的其余秸秆均匀留在田面。水稻收割后，及时进水，进水时用40目以上筛绢网袋过滤，以防止野杂鱼及鱼卵入田。

4. 做好稻虾共生期间亲虾培育

在开展早繁的稻田，小龙虾亲虾已在8月放入稻田环沟。在水稻生长管理期间，关注水稻用药、施肥和烤田措施对在田小龙虾亲本的影响。

5. 适时开展幼虾培育

(1)饲料投喂　10—11月，当看到稻田有虾苗时，就开始投喂饲料(粗蛋白质含量为36%以上)，每天1次，刚开始亩投0.5千克，随着虾的生长，逐步增加投喂量。进入冬季后(12月至翌年2月)，每周投喂1次，选择温暖有阳光的13:00～14:00投喂，亩投喂0.5～1千克，饲料选用发酵菜粕与豆粕。翌年3月，每天投喂1次，17:00投喂，4月开始日投喂2次，8:00、17:00各1次，每天投饲量占稻田小龙虾量的2%～5%，上午投喂量占每天投喂量的30%，下午投喂量占每天投喂量的70%。具体投喂量视天气和吃食情况灵活掌握。4月20日前投喂粗蛋白质含量为36%以上的饲料。

(2)水位调节　10—11月稻田水位控制在30厘米左右，促进稻蔸再生；12月至翌年2月，将水位提高至40～50厘米，防止水位太浅，冻伤小龙虾；3月随着气温回升，降低水位至30厘米左右，促进稻田水温提高。

6. 及时开展苗种捕捞

翌年3月，当小龙虾幼虾体长达到4厘米以上，规格达到800只/千克以上时，就可以用地笼网捕捞销售，要及时不间断捕捞，以减少苗种空间压力，促进在田小龙虾幼苗快速生长。

典型案例

（一）池塘提早繁育小龙虾苗种模式

1. 主体信息

江苏省盱眙县河桥镇王某自2021年开始，一直利用自有的20亩钢架塑料大棚池塘，开展小龙虾提早育苗，为自己另外的200亩稻田养虾配套苗种供应需求。

2. 养殖成果

2022年，王某20亩小龙虾池塘繁殖平均亩产小龙虾苗种226千克，亩均收入为13 830元。在养殖期间，每亩投入：亲本1 000元、塘口改造3 000元、饲料1 460元、人员工资450元、租金950元、动保产品175元，其他费用220元，亩均成本达7 255元。亩均利润达6 575元。

3. 经验做法

（1）池塘情况　池塘东西向长为60米、南北向宽为10米，池塘上方架设钢架，夏季覆盖遮阳网，冬季覆盖保温薄膜。池塘埂高80～100厘米，埂坡度比为1∶(2～3)。进排水口均用由40目筛绢布网片制作的长形网袋套住，以防止敌害生物进入和小龙虾苗种逃逸，全池配备微孔增氧设备。

（2）注重水草种植　水草移栽前用5千克/亩茶籽粕彻底清塘消毒。7月下旬池塘进水，池塘水位30厘米左右开始移栽水草。沿池塘四周水边移栽水花生和空心菜，成束移栽，间距为2米。池中移栽伊乐藻，种植行距为10米、株距为4米。在水草栽种后，应在第一时间完成肥水工作，促进水草生长。随着水草生长，逐步抬高池塘水位，维持水位在60厘米左右。

（3）提前放养亲虾　8月初投放亲虾，挑选体质健壮、附肢齐全、无病伤、活力强、体色呈紫红色的成虾作为亲虾。亲虾体重在35克以上，雌雄比例为(2～3)∶1，每亩投放亲虾20～25千克。亲虾投放后第二天开始投喂饲料，选用粗蛋白质含量为36%以上的优质小龙虾专用饲料，早晚各投喂1次，根据翌日饲料残留量，调整每天饲料投喂量，促进亲虾生产发育。同时大棚覆盖遮阳网，降低池塘水温。

（4）环境胁迫亲虾交配、孵化　亲虾培养15天后开始降水，每天下降8～10厘米，促进亲虾掘洞交配，5天后将池水排干；20天后开始进水，逐渐加高水位到最高水位，促使亲虾出洞。

(5)产后亲虾培育　亲虾出洞后,体力损耗较大,需加强饲料投喂,选用粗蛋白质含量高的小龙虾饲料,促进亲虾快速恢复体力,保障幼苗营养需求。每天投喂饲料2次以上,清晨、傍晚投喂各1次,全池泼撒。每天观察幼苗离体情况。

(6)做好池塘肥水　肥水能够促进藻类生长和繁殖,为幼虾提供适口生物饵料,并能促进剩饵和粪便的分解,促进幼虾快速生长。在繁育期间,王某使用市售氨基酸肥水膏兑池水稀释20倍后均匀泼洒3次,用量为每亩每米水深500～1 000克,水体透明度控制为30厘米左右。

(7)强化幼虾培育　幼苗离开母体后,下地笼将产后亲虾捕捞销售,并适时开展小龙虾苗种专用破碎饲料投喂,饲料粗蛋白质含量应达到40%以上。9月下旬开始投喂苗种饲料,定期使用乳酸菌、免疫多糖拌饲料投喂,提高饲料的转化率,增强小龙虾的体质,减少疾病的发生。9月中旬撤掉遮阳网,通过光照提升池塘水温,促进幼苗发育。

(8)定期调节水质　精准调节水质,保持水质清新、溶氧充足,促进小龙虾的快速生长。一是每10～15天交替使用一次EM菌、芽孢杆菌等微生态制剂来保持水质良好。二是定时开启微孔增氧设备,提高水体溶解氧含量。

(9)加盖保温薄膜,维持池塘水温　11月中旬大棚加盖保温薄膜,维持水温稳定,促进苗种生长发育。冬季降低饲料投喂次数,改成每两天投喂1次,根据饲料残留情况调整投喂量和频率。冬季继续使用微生态制剂调节水质,确保养殖水体“肥、活、嫩、爽”,增强小龙虾体质、抗病能力,提高越冬成活率。

(10)苗种销售　苗种销售分为两个阶段:第一阶段在10—11月,该时期苗种规格达到1 000～2 000只/千克,可采用网箱集苗方式收集苗种出售;第二阶段在翌年2—3月,该时期苗种规格基本达到200～400只/千克,早苗需求量大,价格高,综合效益高。

(二)稻田小龙虾提早育苗模式

1. 基本信息

江苏省淮安市淮阴区徐溜镇刘某利用稻田开展早苗繁育,稻田面积达200亩,其中稻田繁育面积达30亩,该养殖户繁育的小龙虾早苗除满足170亩稻田成虾养殖苗种需求外,还对外销售大规格苗种。成虾养殖通过投放早苗取得了较好的经济效益。

2. 苗种早繁成果

2023年,平均亩产小龙虾苗种206千克,亩均收入达8 240元。每亩亲虾投入650元、饲料投入800元、生物制剂投入260元、改造投入800元、人员工资410元、土地租金900元、其他费用230元，亩均成本为4 050元。亩均利润达4 190元。

3. 经验做法

（1）稻田改造　对开展早繁的稻田进行改造，加固田埂，抬高田埂至田面以上0.8米，埂宽1米，田埂基部加宽到1.0～1.5米，田埂经机械压实。在田埂内侧2.5～3.0米处，沿四周开挖环沟，环沟宽为5.0米，深为1.2米。环沟占稻田总面积的10%以内。田埂和环沟两侧的坡比为2∶1。放虾前15天，再次修整田埂、环形沟，并每亩用生石灰75千克消毒环沟。

（2）设置防逃设施　稻田进排水口按对角设置，进排水口均设置防逃网，进水口用由40目筛绢布网片制作的长形网袋套住；排水口用25目的金属网片扎紧，并安装倒檐，防止逃逸。田埂上设置防逃设施，采用聚乙烯网片，网片上口缝制宽度为30厘米的塑料薄膜。网片下端埋入土地15厘米左右，地上高度保持50～60厘米。

（3）营造良好生态环境　亲虾放养前在环沟深水区移栽苦草、轮叶黑藻等，栽植面积占深水区的50%。水稻收割上水后，在离环沟3～4米的田面上移栽伊乐藻，伊乐藻移栽的株距×行距为6米×10米。水草栽种后及时施生根肥，以促进水草生长，在小龙虾生产季节再根据水草生长情况适当施追肥。

（4）水稻品种选择　选择成熟早、产量高的‘徽两优1307’，6月中旬完成栽插，10月完成收割。

（5）水稻种植期管理

① 施肥管理：水稻基肥要施足，每亩施腐熟的鸡粪300千克，在插秧前一次施入耕作层内，以达到肥力持久长效的目的。每月追施化肥1次，尿素5千克/亩，复合肥10千克/亩。未使用对小龙虾有害的化肥，如氨水、碳酸氢铵等。追肥时，先排浅田水，让虾集中到环沟之中，然后施肥，使化肥迅速沉积于底层田泥中，被田泥和水稻吸收，随即加深田水至正常深度。

② 烤田管理：烤田时，按照干湿交替的原则，重点抓好两次烤田。第一次是7月上旬开始，持续时间为7～10天，直至大田土壤表土出现裂缝，抑制水稻的无效分蘖。第二次是在9月上旬水稻成熟时，缓慢排水将大田田面露出，让大多数亲虾集中到环沟内，保持环沟水位30厘米以上，并加强环沟水质管理，以防止由水质过浓或温度过高引起的亲虾病害。在烤田完成后，及时灌水，以保证成虾正常生长。

（6）亲虾选择和放养　该养殖户在8月20日至9月1日在稻田环沟投放规格40克/只以上的成熟小龙虾18千克，雌雄比例为（2～3）∶1。

（7）稻田上水　10月上旬水稻收割完毕，晒田10天后进水，田面水深应控制在30厘米左右，以促进环沟中亲虾出洞。

(8)水质、水位调控

① 水位控制:10 月下旬至 11 月,田面水位应保持为 30 厘米左右;12 月至翌年 2 月水位保持为 50～60 厘米;3—5 月,田面水位应保持为 30～40 厘米,以利于水温回升,促进小龙虾生长。

② 水质调控:越冬前要培肥水质,每亩施生物有机肥 150 千克,既为虾苗提供丰富的适口饵料,又提高了水体温度,加快虾苗的生长发育。3—4 月,保持水体透明度为 20～25 厘米,能够有效防止青苔生长。4 月以后每 10～15 天使用 1 次芽孢杆菌、EM 菌等微生态制剂,保持水质良好。

(9)饲料投喂　10 月下旬以及整个冬季(水温 5 ℃以上),根据不同水温合理调节投喂量和投喂次数,当水温在 15 ℃以上时,每天 1 次;当水温为 15 ℃以下时,2～3 天投喂 1 次。投喂量控制在 3%～5%,具体视小龙虾摄食情况而定,确保满足小龙虾生长需求。翌年 2 月上旬至 4 月中旬,投喂粗蛋白质含量 40% 的颗粒饲料,每天投喂量控制在 1.5%～3%;4 月中旬至 6 月上旬,投喂粗蛋白质含量 36% 的颗粒饲料,每天投喂量控制在 3%～5%,并根据小龙虾摄食情况及时调整。

(10)苗种和成虾捕捞　2 月开始使用粗网眼地笼捕捞产后虾出售,3 月上旬开始用密眼地笼捕捞幼虾,并按计划就近放养到已完成环境营造的成虾养殖稻田,多余苗种对外出售。

(三)大棚小龙虾苗种提早繁育模式

1. 基本信息

洪泽区朱坝镇袁集村姚姓家庭农场,2022 年得到财政资金支持,投资新建 50 亩连栋塑料大棚,并对棚内池塘进行设施化改造,配备增氧、水质监测等养殖设备。2023 年开展小龙虾秋冬季繁殖及早苗培育工作,除满足自身稻虾种养苗种需求外,虾苗还为周边养殖户提供了优质大规格早苗。通过投放早苗,上市时间提前,抢抓价格高位,综合效益显著。

2. 养殖成果

2023 年大棚面积 50 亩,平均亩产小龙虾 445 千克(其中虾苗 345 千克、成虾 100 千克),亩均产值 21 500 元。亩均成本 9 630 元,其中人员工资 300 元、种虾 1 500 元、抱卵虾 1 000 元、大棚建设折算费用 4 000 元、饲料 1 100 元、租金 1 030 元、渔药 400 元、其他 300 元。亩均利润达 11 870 元。

3. 特色做法

(1)大棚建设及池塘改造　新建钢架塑料大棚 50 亩,内有标准化繁育池 5 个,每个池子面积 10 亩,池深 1.2 米,池埂用防渗膜和聚乙烯网片护坡,池底架设微孔增氧,池面安装水车式增氧机。配套水质自动化检测设备,实时、准确地掌握繁育池的水质指标，保障苗种繁育安全。

(2)水草栽种　8月初完成伊乐藻的栽种，种植行距4米、株距4米。栽种完成后立即开展肥水工作，每亩用黄腐酸钾5千克、氨基酸原粉5千克、红糖2.5千克混合兑水全池泼洒，提高水体肥度与藻类数量，抑制青苔生长，促进水草发棵。水草成活后逐步提升池塘水位，9月初池塘水深为70～80厘米。

(3)亲虾投放　9月中旬完成亲虾的投放，就近挑选池塘养殖的附肢完整、体质健壮、颜色呈紫红色的大规格成虾，规格为30～50克/只，雌雄比例为(2～3)∶1，每亩投放亲虾15～20千克。亲虾投放前3天全池泼洒有机酸解毒，1升有机酸可兑水泼洒5亩；亲虾投放前1天全池泼洒维生素C，降低亲虾入池后的应激反应。亲虾投放后全池泼洒聚维酮碘消毒，防止病菌感染；消毒完成2天后全池泼洒EM菌调节水质。11月初按200只/亩标准补放外购的抱卵虾，提高虾苗产量。

(4)水质管理　亲虾投放后每隔10天进行一次肥水，控制水体透明度在30～40厘米，防止青苔滋生。每隔10天施用一次EM菌，每亩用量为10千克，兑水稀释后全池泼洒，保持水质稳定。根据水质检测数据及时调整用量和次数。

(5)投喂管理　亲虾放养后第二天开始投喂优质小龙虾颗粒饲料，粗蛋白质含量为36%，搭配少量动物性饵料(冰鲜鱼)，每天投喂1次，傍晚时投喂，投喂量控制在存池虾总量的2%～4%，根据水温、水质、天气及摄食情况适时调整。当观察有幼苗活动时，开始投喂优质小龙虾苗料，粗蛋白质含量40%，每天投喂1次，傍晚时投喂，具体投喂量根据吃食情况及时调整；待虾苗体长达到2厘米以上时，开始搭配投喂发酵黄豆，每3天投喂1次。在黄豆发酵时，将少量杂鱼与黄豆一起浸泡，提高黄豆的诱食性。

(6)虾苗和成虾捕捞　11月下旬开始捕捞小规格虾苗，转运外塘分养，规格为400～500只/千克，至12月10日，累计捕捞虾苗1 350千克。翌年2月中旬开展捕捞大规格虾苗进行外塘分养或对外出售，规格为160～240只/千克，至4月中旬，累计捕捞虾苗15 900千克、成虾5 000千克。

(7)其他注意事项　养殖过程中应做好青苔防控，青苔在一定程度上可以提高池塘水温，同时会抑制伊乐藻等水草生长，影响水质稳定。定期补充钙质，可促进虾苗快速脱壳生长，降低由脱壳不遂引起的虾苗损耗。每亩每米水深用2.5千克磷酸二氢钙兑水全池泼洒。

第五节　小龙虾延迟育苗技术

小龙虾最适宜的生长水温为15～28 ℃，即每年的春秋季。秋季是主要的繁殖季节，春季是主要的养成季节。如何充分利用好春季，即尽可能在小龙虾生长最快的4—6月完成全年主要的小龙虾养成任务，大规格苗种准备是基础条件。在上一年秋季开始小龙虾苗种繁育，开春后陆续开展苗种培育，4月中下旬苗种规格达4厘米以上再分塘开展成虾养殖，6—7月捕捞上市，这是目前小龙虾"繁养分离"技术的常规做法。一些养殖模式要求延后小龙虾苗种的供应时间，即苗种提供的时间比目前大量供应苗种的春季晚，延迟到5月，甚至是6月以后，以减少对与其共生的水生经济植物的影响，达到小龙虾成虾养殖和经济植物栽培配套进行，获得更高的综合种养效益。小龙虾成虾多茬养殖生产也需要拉长小龙虾苗种的供应时间。

一、干涸延迟育苗的技术要点

在土池育苗模式下，小龙虾陆续掘洞，并进入洞穴开展繁殖活动后，将繁育池的水排干，迫使小龙虾亲虾进洞栖息，人为制造相对恶劣的生存环境，延缓小龙虾受精卵的孵化进程。等到需要小龙虾苗种时，再将繁育池水位提高至小龙虾洞穴之上，小龙虾抱卵虾或抱仔虾在池水的刺激下带卵（或仔虾）出洞生活，受精卵迅速孵化成仔虾。已经孵化的仔虾则很快离开雌亲虾独立觅食。这种做法可以实现在土池条件下的小龙虾苗种的推迟供应。

1. 亲虾投放

为实现翌年5月或6月后的出苗目，放养亲虾的时间应推迟到水温下降至15 ℃以后，已经成熟的亲虾将会继续产卵，尚未完全成熟的亲虾将于翌年春天成熟后产卵。在自然条件下，这些抱卵虾都在洞穴中栖息。当池中无水或冬季温度低时，受精卵的孵化进程将减缓。亲虾投放数量与亲虾选择和放养的一致。

2. 排水

为了迫使小龙虾亲虾进洞穴居，在亲虾放养后，应逐步排干池水，小龙虾无处栖息，只能掘洞穴居，有些亲虾还以泥土封住洞口。在池水完全排干时，气温不应低于10 ℃。

3. 保温管理

在排干池水的池塘，小龙虾的洞穴完全暴露在空气中。寒冷的冬季，如果洞穴不够深，或者洞口表面保暖措施不到位，小龙虾亲虾就会被冻死。因此，在排干水的池塘，冬季必须重视小龙虾洞穴的保温。其主要做法是洞穴集中区覆盖保温的植物秸秆或将洞穴集中区压实。

4. 适时进水

穴居在洞中的小龙虾抱卵虾经过漫长的冬季体力消耗较大。春天，随着气温逐步回升，受精卵将陆续孵化成仔虾，必须适时进水，恢复繁育池正常的小龙虾生活环境。

6月上旬是洞穴小龙虾能承受的最晚时间。应尽快进水，开展小龙虾苗种培育工作。

虽然干涸延迟育苗技术成熟，但由于迟苗销售价格较低，效益不高，更多的养殖户利用延迟育苗技术开展本塘的第二茬小龙虾养殖，或者为浅水藕田提供藕虾共作的苗种。

二、低温延迟育苗技术

小龙虾受精卵的孵化进程受温度控制。降低孵化温度就可以推迟仔虾出膜时间，实现延迟育苗。低温延迟育苗技术是工厂化的控温育苗技术的一部分，一般是先将抱卵虾，或者受精卵放入低温水池或设施中暂养。根据生产需要，分期分批将抱卵虾从低温池中取出，逐步升温到正常孵化温度；按生产需要，有计划地孵化出仔虾，从而实现苗种的有计划生产和批次供应。运用该技术应该注意的事项有如下几个方面。

1. 抱卵虾生产

抱卵虾低温暂养的前提是抱卵虾可以批量生产，且可以没有损伤地集中起来。为了配合苗种供应延后的生产，选择亲虾时，可以专门选择性成熟较晚的小龙虾作为繁育亲本，产卵时间晚，暂养时间可以更长，以更好地配合延迟供苗的生产需求。

2. 抱卵虾的低温暂养

在靠自然温度繁殖小龙虾苗种时，抱卵虾集中出现在9月下旬到10月上旬，依靠低温，延缓受精卵的发育进程，一直到翌年五六月，前后长达7～8个月。这对抱卵亲虾本身和低温暂养条件都是严峻的考验，因此，必须做好以下几点。

(1)严格消毒　亲虾交配、产卵，抱卵虾的收集操作必然会或多或少地导致亲虾受伤，推迟育苗又必须将抱卵虾长期暂养。因此，为防止亲虾伤口溃烂，也为孵化暂养环境不被外源致病菌感染，抱卵虾在进入暂养池前必须进行严格的消毒，消毒的药物可以采用低刺激性的聚维酮碘等高效杀菌防霉制剂。

(2)严控暂养温度　根据低温暂养抱卵蟹延迟育苗的经验，小龙虾抱卵虾的低温暂养水温为4～5 ℃，这和产卵池的水温相差较大。急速降温将会对胚胎发育产生极为不利的影响，因此，在抱卵虾放养时，必须做好缓慢降温处理，较适宜的降温梯度为每24小时降低1 ℃。在暂养期间，应严格保持水温恒定，绝不可以忽高忽低。

(3)精心管理　在常温条件下，秋后产出的受精卵随小龙虾亲虾一起生活于洞穴中，小龙虾亲虾不活动、不进食，完全处于休眠状态，受精卵发育缓慢，待春天气温逐渐回升，环境条件适宜时，受精卵发育加速，小龙虾亲虾也逐渐恢复摄食活动。小龙虾的这种繁殖习性是开展低温暂养抱卵虾，实现延迟育苗的依据。模仿自然状态、人为创造低温暂养环境、营造小龙虾休眠环境是保证小龙虾低温暂养成活率的关键。

因此，在整个低温暂养期间，既要有专人负责，严控温度，又应该控制光线，尽量减少因日常管理对亲虾的惊扰，保持环境安静。

3. 受精卵的继续孵化

根据生产需要，分批将抱卵虾从低温暂养池中保温转入孵化车间，逐步提温至设计的孵化温度，这里的关键点是升温速度的控制。由于小龙虾胚胎在长期低温条件下发育很慢，过快升温会造成胚胎发育异常，因此，升温过程必须缓慢，一般升温梯度是一天升高 1 ℃。温度升到设计孵化温度后的孵化管理与正常受精卵的要求一样。

典型案例

(一)主体信息

江苏省盱眙县淮河镇卢姓养殖大户共有小龙虾养殖面积 270 亩，2016 年开始小龙虾养殖，2019 年试验“繁养分离、多茬养成”生产模式，繁殖池塘有 14 亩，稻田养虾有 200 亩，二茬养成池塘有 56 亩。通过精细化管理，小龙虾繁殖、养殖生产都取得了较高的经济效益。

(二)养殖模式

为配套多茬养殖对小龙虾苗种的需要，利用专门构建的小龙虾繁育池，采用干涸延迟育苗技术，保障了 6—8 月池塘二次投苗和稻虾共生稻田的虾苗供应(14 亩)。

(三)繁殖成果

自 6 月下旬开始捕捞幼虾分养，亩产虾苗 314 千克。

(四)具体做法(仅介绍延迟繁育做法)

1. 池塘设施

20 口繁育池塘，每个面积为 0.8 亩，池深为 1 米，长为 55 米，上口宽为 10 米，底宽为 7.5 米。在池塘中间纵向排布微孔增氧设备，每隔 50 厘米在曝气管两边各放置一个曝气头。同时，在每个土池对角上设立独立的进排水口，进水口设在池塘最高处，排水口设在池塘最低处。为防止敌害生物进入，用由 40 目聚乙烯网片制作的长形网袋套住进排水口，并在排水口上安装倒檐，防止小龙虾逃逸。

2. 池塘准备

10 月上旬，池塘保留 5～10 厘米的水深，全池泼洒经浸泡的茶籽粕(亩用量 15 千克)，清除野杂鱼，及时捞出死鱼。一周后提高水位至 20 厘米，移栽伊乐藻，伊乐藻的栽种方法：行距为 4 米、株距为 2.5 米。保留土池中已有水花生。

3. 亲虾放养

水草移栽 1 周后，开始放养亲虾。亲虾从虾蟹混养池塘中捕获的成虾中选择，选择成熟、健壮、附肢齐全的亲虾，平均规格为 35 克/只，按照每池 50 千克的标准放养量。

4. **繁育管理**

饵料选用含粗蛋白质36%的小龙虾配合饲料。放养后的翌日开始投喂，每天投饵量为1.5千克/池，每天投喂1次，投喂时间为18:00左右。池塘水位保持在30厘米左右。

5. **干池**

喂养15天左右，即11月15日降水，逼迫亲虾打洞。干池1个月后上水5～10厘米，保持池塘底部湿润不干裂。

6. **越冬期及春季日常管理**

在越冬期间，定期巡塘，查看亲虾洞穴入口是否已全部被泥巴覆盖，若发现有未做好封口的洞穴，应为其覆盖干燥秸秆等物品，为洞穴内的亲虾保温。

7. **进水**

翌年5月8日逐步进水，最高水位高于所有亲虾洞穴，水深在60～80厘米。进水2天后，降低水位至50厘米左右，此时亲虾已全部出洞，开始投喂含粗蛋白质36%的小龙虾配合饲料，每天投喂1次，投喂时间为18:00左右。每天投饵量为每亩1千克，在每个池塘内放置多个食台，观察小龙虾吃食情况，灵活调整饲料投喂量。

8. **虾苗培育**

进水20天左右，幼虾逐渐离开母体，平均规格约为8 000只/千克。看到虾苗后开始投喂滤饵多肽，每周投喂1次，每次每亩5千克，半月后开始投喂幼虾饲料，每天投喂2次，上午8:00，下午5:00各投喂1次，上午占每天投喂量的40%，下午占每天投喂量的60%。具体投喂量根据虾的吃食情况适时调整。

9. **水质管理**

在养殖期间，做好肥水工作，定期使用微生物制剂，保持水体肥、活、嫩、爽，透明度控制为30～40厘米。

10. **捕捞**

根据养成池塘和稻田对苗种的需要，采用冲水方式将虾苗赶至网箱内，收集后放养。

第三章　小龙虾高效养殖技术

我国小龙虾人工养殖起步较晚，由于消费市场的拉动，小龙虾养殖产业快速发展。2022年，我国养殖面积达2 800万亩，小龙虾总产量289.07万吨。各地养殖户在发展小龙虾养殖产业的同时，也探索出多种养殖模式，其中稻田养殖占总养殖面积的83.93%，面积达到2 350万亩。养殖面积前5名的省依次为湖北、安徽、湖南、江苏、江西，5省养殖产量为263.74万吨，占全国小龙虾养殖总量的91.24%。池塘（含虾蟹混养）养殖面积约为350万亩，占总养殖面积的12.50%，大水面增养殖、藕田和茭白田养殖面积均为50万亩，分别占1.79%。虽然稻田养虾占小龙虾养殖总面积的八成以上，但养殖技术仍来源于小龙虾池塘养殖，因此，为方便读者根据自身条件因地制宜地开展小龙虾养殖，本章将系统介绍池塘小龙虾养殖技术，并在池塘主养技术基础上，分别介绍小龙虾和河蟹、水生经济植物的混合种养技术。

第一节　池塘主养

池塘主养是指以小龙虾为主要养殖对象，构建适宜的养殖设施，营造优越的生态环境，投喂优质的动植物饲料，经过2～4个月精心管理，小龙虾从体长3厘米长到10厘米以上的大规格成虾的养殖模式。在池塘主养模式下，小龙虾养殖条件相对于其他养殖模式更优越，产量更高，养成规格更大，小龙虾养殖效益一般也是最好的。其他养殖模式通常以池塘主养为技术基础，兼顾河蟹、水稻、莲藕等其他动植物的养殖、栽培要求，以获得综合种养的复合效益，技术要求相对更复杂。

随着我国消费量的不断增加，小龙虾商品市场分级越来越清晰，不同规格的小龙虾，其市场价格差异较大。规格越大，价格越高；同样规格的虾，品质越好，价格越高。如何构建池塘条件，怎样才能养出规格大、外表靓丽、膘肥体壮，虾黄丰满、味道鲜美的小龙虾是每个养殖户必须学习的小龙虾养殖的重要技术。江苏地区的广大养殖户和科研工作者经过多年的探索与总结，形成了以下相对成熟的小龙虾池塘主养技术。

一、池塘准备

1. 池塘选择

小龙虾适应能力强，对养殖池塘条件的要求不高，可以因地制宜地利用各种池塘开展商品虾生产。为了方便营造适宜的生长环境，主养池塘面积最好为5～20亩，呈东西向设置，宽度不超过40米，池塘正常水位不低于0.6米、不高于1.5米；池底平坦，池塘坡比不小于1∶1.5；池塘土质以黏土或壤土为好；水、电设施配套完整。规模养虾场还要求规划建设好进排水系统、交通道路和分拣、包装设施。

2. 防逃设施

在高密度养殖条件下，当池塘环境不适宜小龙虾生活或受到雷雨天气等其他因素刺激时，小龙虾就会外逃或打洞蛰伏。因此，小龙虾主养池塘必须设置防逃设施。根据生产实践，小龙虾主养池塘的防逃设施有以下几种。

(1)聚乙烯网布防逃设施　网高为60～100厘米，下端埋入土中10～15厘米，上端向内设盖网30厘米或在网围内侧离地30厘米的位置缝贴钙塑板(或塑料薄膜)15～20厘米，网布上下口都应缝制1根钢绳，每隔3米以竹木桩固定。该防逃设施造价低廉、经久耐用。在日常管理中，应定期检查网布和防逃板的损坏情况，并及时修补。

该设施有两种安装位置：一是设置在塘埂顶部，安装管理方便，但不能阻止小龙虾在池边打洞，适合于依靠小龙虾自繁能力解决下一年苗种的养殖户；二是设置于池边正常水位下30厘米处(彩图13)或在水位线上用网布护坡。该位置可以阻止小龙虾在池坡打洞，避免小龙虾无计划繁育，以降低下一年小龙虾放养计划的难度。

(2)玻璃钢围栏　玻璃钢采用环氧树脂和玻璃纤维布合成的材料，具有表面光滑、运输与安装方便等优点，一般使用寿命为3～5年。该材料只能安装于塘埂顶部，高为60厘米，下端埋入地下15厘米，每隔2米在虾池背侧用1根竹木桩支撑。

此外，钙塑板、铝皮、玻璃、石棉瓦、水泥瓦等材料都可以作为制作虾池防逃设施的材料，各地可因地制宜，就地取材。只要建成的围挡设施能起到阻止小龙虾外逃的作用即可。从防止小龙虾池坡打洞的需要出发，建议采用第一种防逃设施的第二种安装位置。

3. 增氧设施

小龙虾具有较强的适应能力。当水体溶解氧含量不足时，小龙虾会攀缘到水草顶部侧卧，依靠露在水面上一侧的鳃器呼吸空气，以维持生命。作为养殖对象，经常缺氧，一定会造成小龙虾免疫力下降，生长受阻。因此，在开展小龙虾高效养殖时，保持养殖环境充足的溶解氧含量是获得预期效益的必要条件。根据江苏地区虾蟹养殖经验，目前小龙虾池塘适宜的增氧方式是底层微孔增氧(彩图14)。

(1)微孔增氧及其作用　微孔增氧,也称纳米管增氧。它是由罗茨鼓风机等空气压缩机、输气管道和微孔曝气管组成的池底曝气增氧设备,直接把空气中的氧输送到水层底部,以持续提高水体溶解氧含量的一种池塘增氧方式。微孔增氧有以下几个方面的优点。

① 增氧效率高。超微细孔曝气产生的气泡与水体充分接触,上浮流速低,接触时间长,氧的溶解效率高,增氧效果好。

② 活化水体。微孔管曝气增氧犹如将水体变成亿万条缓缓流动的河流。充足的溶解氧使水体能够建立起自然的生态系统,让死水变成活水。

③ 改善养殖环境。在自然条件下,养殖水体从水面到池底,随水深的增加,水中的溶解氧含量逐步降低。池底的淤泥生存着大量底栖生物,氧气消耗更多。这种方式变表面增氧为底层增氧,变点式增氧为全池增氧,可满足养殖动物的生长需要,极大提高了池塘增氧效率。充足的氧气可加速有机物的分解,改善底部养殖环境,有利于推进生态、健康、优质、安全养殖。

④ 使用成本低。微孔增氧,水体增氧的效率高,能耗却不到水车增氧或叶轮增氧的 1/4,可以节约用电成本。

⑤ 防病效果好。用微孔增氧设备给虾池增氧可促进虾池生态环境的改善,降低水体有害物质的集聚浓度,减少各种病害发生,以起到防病的效果。此外,微孔增氧曝气方式减少了因其他类型增氧机工作噪声对小龙虾的应激反应,也能减少病害发生,小龙虾养殖产量和效益提升更有保障。

⑥ 安全、环保。微孔增氧设备的空气压缩机安装在岸上,既操作方便、易于维护,又保障了操作人员的人身安全;长时间运行也不会对水体产生污染,环保性更高。

(2)设备及其安装

① 构成与安装。底层微孔曝气增氧设备由空气压缩机、输气管道、曝气微孔管组成。

A. 空气压缩机:一般是指罗茨鼓风机或旋涡式增氧泵。罗茨鼓风机具有寿命长、送风压力高、送风稳定和运行可靠的特点。旋涡式增氧泵结构紧凑,体积小,质量低,噪声小,安装方便。两种机器都有不同的功率配置,养殖户可根据养殖面积选用。

B. 输气管道:采用镀锌管或 PVC 管。由于罗茨鼓风机输出的是高压气流,温度很高。多数养殖户采用镀锌管与PVC管交替使用,这样既保证了安全,又降低了成本。

C. 曝气微孔管:主要有两种,分别是 PVC 微孔管和纳米曝气管。从实际应用情况来看,纳米曝气管的使用效果更好。

空气压缩机一般固定在池埂或架设池塘一端中央水面平台上。设置时,要求防晒、防淋、通风,能提供大于1个大气压的压缩空气。功率配置视池塘面积和输气管道、曝气微孔管长度而定，一般3千瓦/(1～1.5)公顷。输气管道主管内径为60～80毫米，为镀锌钢管或PE管、PVC管。曝气微孔管内径为10～12毫米，一般有两种形式：一种是在软塑料充气管上直接针刺形成微孔作为曝气微孔管；另一种是市售的纳米曝气管。曝气微孔管在设置时一般呈“一”字形或“非”字形，两根管的间隔距离为5～6米，各个曝气微孔管分别固定在池塘距池底10厘米左右处的同一水平面上。为操作方便，现经常将曝气微孔管固定在铁架上，呈盘状，使用时按所需位置放置，不使用或对池塘生产操作有影响时临时收起(彩图15)。

② 安装成本。微孔增氧设备的安装成本大概可分为四个档次：一是高配置——新罗茨鼓风机与纳米曝气管搭配，安装成本为1 300～1 500元/亩；二是旧罗茨鼓风机与国产纳米曝气管(包括塑料管)搭配，安装成本为800～1 000元/亩；三是旧罗茨鼓风机与饮用水级PVC曝气管搭配，安装成本为500～600元/亩；四是旧罗茨鼓风机与电工用PVC曝气管搭配，安装成本为300～500元/亩。

③ 安装、维护的注意事项。一是采用软管钻孔的管道长度不能超过100米，过长的末端的供气量不足，甚至无气。如果软管长度过长，应采用主管道连接支管的输气管道，以利于全池增氧；主管道管径大、出气量大能减轻鼓风机或空气压缩泵出气口的压力和发热程度。二是主机发热。由于水压及曝气微孔管内注满了水，两者压力叠加，主机负荷加重会引起主机及输气管道输出头部发热，持续发热地主机容易烧坏，或者主机引出的塑料管会发热软化。提高功率配置或主机引出部分采用镀锌管连接可增加热量的传导速率。三是功率配置不科学，浪费严重。许多养殖户没有将纳米曝气管和PVC曝气管的功率配置进行区分，浪费严重。一般纳米曝气管的功率配置为0.25～0.3千瓦/亩，PVC曝气管的功率配置为0.15～0.2千瓦/亩。四是铺设不规范。曝气微孔管排列随意，间隔大小不一，底部固定随意，易脱离固定桩，浮在水面，降低了使用效率；输气主管道安装在池塘中间，一旦出现问题，更换困难；输气主管道裸露在阳光下，老化严重等。五是PVC曝气管的出气孔孔径太大影响了增氧效果，一般气孔直径以0.6毫米以内为宜。

(3)使用方法　可将空气压缩机工作时间和水体溶解氧在线监测装置联动，智能管理虾池微孔增氧设备。在手动操作时，一般做法是22:00左右(7—9月21:00)开机，至翌日太阳出来后停机；雨季和高温季节(7—9月)，提前开机并延长开机时间，确保虾池溶解氧含量始终不低于5毫克/升。

4. 清整与消毒

利用已经进行水产养殖的池塘要根据池塘的不同情况，开展针对性的干池清整。淤泥过多(超过10厘米以上)应予以清除；修复坍塌池埂，堵塞漏洞，割除菖蒲、芦苇等挺水植物，并进行晒塘、清塘，清除包含存塘小龙虾在内的所有敌害生物。新开挖的池塘在放苗前也要做好消毒工作。

(1)生石灰清塘　生石灰清塘是水产养殖最提倡和普遍采用的方法，是利用生石灰遇水反应，快速提高池水 pH，以杀灭池塘底泥中的病菌、野杂鱼和其他水生动植物。生石灰清塘有两种方法：干法清塘和带水清塘。

① 干法清塘。在池塘排水时，池底留水 10 厘米左右，生石灰每亩用量为 75～150 千克(池塘淤泥较多或上一年发生病害时可适当增加用量)。在塘底挖若干个小坑，坑口要高出水面 15 厘米，然后将生石灰倒入，待其全部吸水熟化后，趁热进行全池泼洒，务必保证池塘四周全部泼到。翌日用泥耙或其他工具将淤泥翻动一次，整平小坑，经 3～5 天晒塘后注入新水。注水时，进水口用 40 目筛绢网袋(建议网袋长度为 4 米以上)过滤，以防止野杂鱼和其他敌害生物随水进入虾塘。

② 带水清塘。按每亩水深 1 米，用生石灰 125～300 千克，加水熟化，全池泼洒。为了使生石灰分布均匀，用竹排或小船在塘中来回搅动，效果更好。

生石灰清塘不仅可以杀死病菌、野杂鱼、水网藻等敌害生物，而且能增加池塘的钙肥，改良池塘底质，这是小龙虾养殖池塘首选的清塘方法。使用时，生石灰放置过久或保存不当就会因吸水而降低药效，从而失去杀菌、除野的效能。因此，最好选用刚出窑的新鲜生石灰。生石灰清塘后，药效一般在 7～8 天后消失。

(2)漂白粉等含氯制剂消毒　漂白粉、二氧化氯等化学制剂也是很好的杀菌消毒药物，能杀灭各种病原微生物。使用时，其也有干法清塘和带水清塘两种方法，用量视制剂类型和有效含氯量而定，药效一般在用后 4～5 天消失。含氯制剂的保存与使用不宜使用金属容器；泼洒时，人要站在上风处，以防止使用时人中毒或衣服沾染而被腐蚀。

(3)茶籽粕或巴豆清塘　茶籽粕含有皂角苷，是一种溶血性毒素，能使鱼类和其他水生动物的红细胞融化而死亡。茶籽粕只能带水清塘，每亩水深 1 米的用量为 35～40 千克(春夏季水温高时为 20 克/米^3)。使用时，打碎，用水浸泡一夜，然后连渣带水均匀泼洒全塘。若开水浸泡 2～3 小时再用效果更好，用药量可以减少一半。茶籽粕清塘只能杀灭红色血液动物，对小龙虾等甲壳类动物危害较小，因此，用该药清塘后，可马上放养小龙虾苗种。

巴豆是江浙一带鱼塘的清塘药物。内含的巴豆素是一种有毒的蛋白质，能使野杂鱼的血液因凝固而死。巴豆只能杀灭大部分鱼类，对致病菌和寄生虫、蛙卵、蝌蚪、水生昆虫没有杀灭作用，也没有改良底泥的作用，毒性消失时间为 10 天左右。每亩平均水深为 1 米，用量为 3～5 千克。使用时，将巴豆磨碎装入坛内，用 3% 盐水浸泡密封，经 2～3 天后将巴豆连渣带汁稀释后全池均匀泼洒。巴豆对人的毒性较大，有些人群在接触，或者熏染到巴豆的气味后会出现头和手脚肿胀的现象。施用巴豆后，池塘附近的蔬菜等需要过 5～10 天后才能食用。但小龙虾池使用巴豆清塘不影响及时放养苗种。

具体使用哪种清塘药物应根据需要灵活掌握。目前市场上清塘药物的品种较多,也有专杀鱼类、泥鳅、蝌蚪、螺蛳、钉螺,而对虾、蟹影响不大的清塘药物,可选择使用。不少养殖户使用菊酯类药物、硫酸铜等进行消毒,其对小龙虾毒性较大,须谨慎使用。其中,尽管生石灰清塘劳动强度较大,但它对小龙虾主养池塘仍是最好的清塘方法。

5. 施基肥

在池塘主养时,刚放养的小龙虾苗种一般个体小,尤其是秋季放养的幼虾的体长只有 2～3 厘米,活动范围小,摄食能力较弱。人工投喂的饲料由于数量少,覆盖范围小,常常不能满足所有小龙虾摄食需求。因此,在池塘中施用有机肥料培养饵料生物就显得非常重要,适口、充足的饵料生物可以提高虾苗放养成活率。在各种粪肥中,规模化养殖场的猪粪使用效果较好,因为猪粪既含有充足的麸糠类有机碎屑,又不会像鸡粪那样,肥效太猛,水质难以控制。

基肥施用数量和方法应根据池塘具体情况而定。对于新开挖的虾池或淤泥较少的池塘而言,每亩施用腐熟有机肥 200～300 千克,可以在池塘清整、消毒后,用铁锹将粪肥撒入池塘,撒入的粪肥相对集中,形成大小不同的堆肥效果。淤泥超过 20 厘米的老池塘可以不施基肥或在池底埋肥。埋肥既不会造成池塘过肥,又可以构建池底饵料生物床,促进枝角类等浮游动物,线虫、水蚯蚓等底栖生物持续产生,为小龙虾提供优质的饵料生物。埋肥的方法为先在池底开挖若干条沟(宽 20～30 厘米、深 15～30 厘米),再将粪肥埋入沟中,然后在粪肥上端盖少许泥,保持粪肥露出宽度为 15～20 厘米,形成半埋半露的施肥效果。

二、水草栽培

小龙虾生长是通过多次蜕壳来完成的,小龙虾的每次蜕壳都是其生命最脆弱的时期。自然水域中的各类水草、枯枝烂叶为小龙虾提供了隐蔽场所。养殖池塘人工栽培的各类水草成为小龙虾蜕壳时唯一的隐蔽场所,因此,水草的多少决定了小龙虾成活率的高低。池塘中的人工种植的水草除为小龙虾提供蜕壳的隐蔽场所外,还是小龙虾生长发育不可缺少的食物。茂盛的水草犹如水底的“生态林”“经济林”也为虾池生态修复与维护起着不可替代的重要作用。

1. 水草作用

(1)重要的营养源　水草茎叶富含维生素 C、维生素 E、维生素 B_{12} 等,可补充动物性饲料维生素的不足,其含有的钙、磷和多种微量元素及粗纤维有助于小龙虾对食物的消化和吸收,有利于其蜕壳生长。

(2)不可缺少的栖息场所和隐蔽物　小龙虾游泳能力差,只能在水中短暂地游泳,其余时间都在水草丛中觅食和栖息。蜕壳时,小龙虾更需要茂密的水草作为其隐蔽物和支撑物。刚蜕壳的小龙虾身体柔软,运动能力更差,常常静卧于水草上几个小时不动,因此,水草对提高小龙虾的成活率具有重要作用。

(3)净化和维持水质　池塘中水草的存在减少了风浪对池水的扰动,为悬浮物的沉淀创造了更好的条件。其丰富的根系和茎叶既可以从池底淤泥中吸收营养物质,又可以从周围的水体中获取由各类污染物分解而来的氮、磷等营养物质和重金属,以起到净化水质的作用。此外,水草的存在还为各种有益细菌、原生动物、光合自养藻类等提供附着基质和栖息场所,形成大量的生物膜群落。这些生物的新陈代谢作用大大加速了有机胶体和悬浮物的分解。作为绿色植物,水草光合作用产生的氧气在为好氧微生物提供良好条件的同时,也为小龙虾的生活和生长提供了优越的生态环境。

(4)对提高小龙虾品质具有重要作用　虾池丰富的水草一方面保证了小龙虾具有干净的栖息场所,避免小龙虾出现因底泥和洞穴生活而造成其体色灰暗的现象;另一方面水草净化并维持着养殖水体清爽、较高的透明度,促进了小龙虾体色光亮,肉质鲜美,保证了较好的商品品质。

(5)降低水温　小龙虾生长适宜的水温为 24 ℃左右。在高温季节,虾池中的水草可阻挡阳光直射水体,降低水体温度,为小龙虾生长提供良好的环境。

俗语"虾大小,看草多少"是指小龙虾养殖池的水草品种和数量决定着小龙虾质量和数量。养殖实践充分证明,虾塘没草或即使前期栽种了水草,中后期没能保住水草的池塘,养殖的小龙虾个体小、甲壳硬、颜色异常(一般呈苍白色或铁锈色),小龙虾的品相差,产量也低。因此,小龙虾池塘必须像河蟹养殖池塘那样,人工栽培足量、适宜的水草,这是小龙虾池塘主养是否成功的关键。

2. 水草种类与栽培技术

根据江苏省淮安地区小龙虾池塘养殖实践,虾池水草品种的选择也和河蟹养殖池一样,以沉水植物为好,水花生、水葫芦等漂浮植物和陆生植物只能作为沉水植物缺乏时的不得已的补充。沉水植物选择和栽培方法遵循"多品种搭配,池塘适度覆盖"的原则。"适度"是指在小龙虾生长期内,养殖池塘的水草覆盖面积为60%左右。如果水草全池无空隙覆盖,小龙虾活动空间受限,就会影响小龙虾捕捞和销售,且底层易缺氧,也会影响小龙虾的存活与生长;如果池塘水草过少,则会因小龙虾的摄食而造成中后期虾池无草,直接导致小龙虾主养的失败。"多品种"是指在虾池中搭配栽培不同品种的水草,确保小龙虾在整个养殖期内都有适口和充足的水草。不同的水草品种具有不一样的适宜生长温度。小龙虾喜好的取食水草品种包括伊乐藻（又名四季青、吃不败）、苦草（又名面条草）、轮叶黑藻（又名黑藻）、金鱼藻（又名红头绳草、毛刷草）、眼子菜属、菹草（又名虾藻、札草）、水车前、有尾水筛。

上述仅梳理和列举了小龙虾喜食的一些沉水植物品种，以下重点介绍苏皖地区的虾池使用较多的几种水草及其栽培养护技术。

（1）伊乐藻栽培技术　伊乐藻为多年生沉水植物，我国移植的为纽氏伊乐藻。近年来，该草被广泛应用于河蟹养殖、种草养鱼和大水体生态修复，取得了较好的水质净化效果。它是一种优质、速生、高产的沉水植物，具有高产、抗寒、营养丰富、四季常青等优异的生长和生产性能，苏皖地区的养殖户称之为“四季青”“吃不败”。伊乐藻有以下优点。

一是适应性强。伊乐藻在水温 5 ℃以上即可萌发，水温 10 ℃即开始生长，水温 18～22 ℃生长最旺盛。在长江流域，通常 4—5 月、10—11 月的生物量最高。当水温达到 30 ℃以上时，其生长明显减弱，此时，草叶发黄，部分植株顶端枯萎，继而根部腐烂而成片上浮水面，待 9 月水温下降后，部分枯萎植株茎部又开始萌生新根，开始新一轮的生长。该草在寒冷的冬季能以营养体越冬。早春季节，当苦草、轮叶黑藻尚未发芽时，它就开始大量生长，并很快在虾池形成“水下森林”（彩图 16）。

二是生命力强、产量高。伊乐藻逢节生根被切段后，每一节均可以萌发生长，而且发棵早，分蘖能力强，生命力特别强。秋冬或早春栽种 1 千克伊乐藻营养草茎，专门种草的池塘当年可产鲜草百吨。虾池种植 1 千克伊乐藻种苗，年产伊乐藻可达 7 吨以上。

三是营养丰富、虾池生态环境稳定。伊乐藻植株鲜嫩，叶片柔软，适口性好，其营养成分高于苦草、轮叶黑藻（表 3-1），是小龙虾的优质青饲料。在伊乐藻生长旺盛的虾池，小龙虾生长迅速，病害少，品质佳。

表 3-1　江苏滆湖几种水草的营养成分比较　%

种类	干物质	粗蛋白质	粗脂肪	无氮浸出物	粗灰分	粗纤维
伊乐藻	9.77	2.43	0.49	3.50	1.89	1.46
苦草	4.66	1.02	0.25	1.78	0.92	0.59
轮叶黑藻	7.27	1.42	0.40	2.62	1.67	1.16
菹草	11.29	2.31	0.37	5.87	1.48	1.26

根据江苏省盱眙县小龙虾养殖实践，伊乐藻是小龙虾池塘主养首选的栽培品种，因为小龙虾食性杂、食量大。当饵料不足时，小龙虾对虾池水草的破坏性也大，苦草、

轮叶黑藻的再生能力差，被小龙虾取食或从根部夹断后很难恢复；而伊乐藻再生能力强，在适宜温度内，被小龙虾夹断的茎叶都能在池塘继续生长。因此，在栽培伊乐藻的虾池，水下生态环境不易被小龙虾破坏。

四是脱氮、脱磷的能力强，水质净化效果好。研究证明，伊乐藻生长迅速。快速增加的伊乐藻生物量不断将虾池底泥和水体中的氮、磷等营养物质吸收转化，小龙虾再将这些优质的鲜草摄食、转化，污染物含量持续减少。这种物质的良性转移在客观上起到了脱氮、脱磷的作用。虾池的伊乐藻生长越好，脱氮、脱磷作用越强。因此，在伊乐藻栽培效果好的池塘，其透明度大，溶解氧含量高，水质清新。

伊乐藻一般于水温为 10 ℃左右时移栽，江苏地区适宜的栽培季节为每年的10—11 月，翌年的 2—3 月。由于小龙虾主要的生长季节为每年的 4—6 月，小龙虾主养池塘的伊乐藻移栽应于上一年的 10 月中旬进行。此时，移栽的伊乐藻可以在冬前萌发生根，冬季仍可以缓慢生长，翌年开春，温度适宜后可以迅速分蘖生长，保证了小龙虾在快速生长的前期就有适口、充足的水草可食。伊乐藻的栽培方法有以下两种。

① 池塘移栽。在池塘清理消毒，药物毒性基本消失后，池塘加水至 10～15 厘米，将准备好的伊乐藻茎秆扦插到底泥(彩图 17)。其具体做法有两种：一种是将保种或购买的伊乐藻植株切成 10～15 厘米长的草茎，5～10 根为一簇，插入泥中 3～5 厘米，每簇之间的距离为 60～80 厘米，沿虾池东西向每 10 米留 3～5 米的空白地带，其余部分均匀分布。空白地带可以移栽其他品种水草，也可以不再移栽水草，以作用小龙虾捕捞时的下地笼；伊乐藻移栽好后，加水浸没水草上端 10 厘米，并保持水位，直至水草生根萌发，再逐渐加高水位。另一种是先将池水彻底排干，再将切好的伊乐藻草茎按带状直接均匀撒入虾池底泥上，用竹扫帚将伊乐藻压入淤泥 3～5 厘米，每个条带宽为 4～5 米，两个条带之间留 3～5 米宽不栽草，然后加水漫过水草 10～20 厘米，促进草茎萌发生根。栽植的草带呈“井”字形或“十”字形布局，便于小龙虾活动及捕捞。

② 栽后管理。虽然伊乐藻具有诸多优点，但是它有缺点，即怕高温。当水温达到 25 ℃以上时，其生长速度明显减缓，茎叶开始老化；当水温超过 30 ℃且上端露出水面时，就会出现死亡腐烂现象。因此，伊乐藻栽培后要进行有效的管理。防高温的措施有两种：一种是定期加水，提高虾池水位，保证伊乐藻的顶端始终低于水面 30 厘米，这种方法只能适宜于虾池较深，又有充足水源的地方；另一种是定期割去伊乐藻上端茎叶，保持留下的伊乐藻在水面以下 30 厘米。池塘底泥少或刚开挖的池塘在移栽前期和生长旺季适当施用尿素或复合肥，以促进伊乐藻更好的生长，防止因小龙虾取食，无法生长而造成的移栽失败。

(2)菹草栽培技术 菹草又称虾藻、虾草、麦黄草,属眼子菜科眼子菜属,单子叶多年生沉水草本植物。茎扁圆形,有分枝;叶披针形,先端钝圆,叶缘波状并具锯齿;花序穗状;生长时间与小龙虾适宜生长温度契合度高;小龙虾喜食的水草。作为伊乐藻的搭配品种,菹草对小龙虾主养池塘生态环境的营造具有重要作用。

① 繁殖特性。菹草有很强的繁殖能力,能产生大量具有繁殖能力的种子——芽苞。秋季发芽,冬春生长,4—5 月开花结果,夏季 6 月后逐渐衰退腐烂,同时形成鳞枝(芽苞、冬芽),以度过不适环境。芽苞坚硬,边缘具有齿,形如松果,在水温适宜时再开始萌发生长。

② 人工栽培。一是移栽,冬季或早春季节将虾池放水 20～30 厘米,从其他池塘或河道、湖泊中将菹草幼苗连根拔起,穴插于虾池底质中;在正常情况下,其根茎会在泥中迅速蔓延繁殖;二是冬芽繁殖,冬芽既不怕高温,又耐严寒,对不良条件的抵抗力强,秋冬低温即可萌发,并快速生长。

(3)轮叶黑藻栽培技术 轮叶黑藻,俗称竹节温草、温丝草、转转薇等,属水鳖科黑藻属,单子叶多年生沉水植物。茎直立细长,长为 50～80 厘米,叶 4～8 片轮生,通常 4～6 片,长为 1.5 厘米左右,广泛分布于池塘、湖泊和沟渠中,其茎叶鲜嫩,历来是虾蟹、草鱼、团头鲂喜食的优质水草(彩图 18)。

① 繁殖特性。轮叶黑藻为雌雄异体,花白色,较小,果实呈三角棒形。秋末开始无性繁殖,在枝尖形成特化的营养繁殖器官——鳞状芽苞,俗称“天果”,根部形成白色的“地果”。冬季天果沉入水底,被淤泥覆盖,进入休眠期。当水温达到 10 ℃以上时,芽苞开始萌发生长,前端生长点顶出泥土,茎叶见光呈绿色。随着芽苞的伸长,在基部叶腋处萌发出不定根,形成新的植株,长成的植株可以断枝再植。

② 人工栽培。轮叶黑藻属于“假根尖”植物,只有须状不定根在每年的 4—8 月处于营养生长阶段,枝尖插植后,3 天即可生根,形成植株。移植方法有以下三种。

一是营养体移植繁殖:谷雨前后,将池水排干,将轮叶黑藻切成 8 厘米左右的小段,按每亩 30～50 千克的用量均匀地撒入池底,用竹扫帚将撒好的小段轻压入泥 3～5 厘米,加水 15 厘米左右,约 20 天后再加水至 30 厘米,以后随着轮叶黑藻的生长逐渐加高水位,保持水草不露出水面。移植初期应保持水质清新,不能干水,不宜使用化肥。

二是芽苞的种植:每年的 12 月至翌年的 3 月为轮叶黑藻芽苞的播种期。播种前将池水降低至 10～15 厘米,每隔 50～60 厘米距离播种 1 穴,每穴播种芽苞 3～5 粒,行距为 60～80 厘米,每亩用种 0.5～1 千克;也可以按上述用量将芽苞与 3～4 倍泥土混合均匀,全池撒播。这种方法苗期较长,适合于专池轮叶黑藻育苗使用。当水温上升到 15 ℃以上时,芽苞 5～10 天发芽,优质芽苞的出苗率一般为 95%。已经放养小龙虾的池塘用这种方法栽培轮叶黑藻，须先用网围将种草区隔离，待水草长大后再将网围撤除，防止刚出芽的轮叶黑藻被小龙虾取食，造成种草失败。这样围虾养草的方法可以起到虾池“轮牧”的效果，已在江苏的虾蟹养殖水平较高的地区推广和应用。

三是植株的种植：每年的5—8月，天然水域的轮叶黑藻已经长成，长度可达40～60厘米，可以将这些轮叶黑藻捞出，切成20厘米左右，拌泥均匀撒入虾池，每亩用量为100～200千克。入池的一部分轮叶黑藻被小龙虾直接取食，一部分轮叶黑藻生根存活，以起到对虾塘种草不足的补充作用。

根据江苏地区池塘虾蟹养殖实践，小龙虾主养池塘单种轮叶黑藻，效果很不理想。其原因一是该草适宜的生长季节正是小龙虾摄食水草的旺盛季节，无论采取何种栽培方法，刚移栽的轮叶黑藻都不易安静地生长；二是小龙虾食量大，轮叶黑藻的再生能力差，即便是已经栽培成功的轮叶黑藻也无法满足不断长大的小龙虾的需要。这种情况往往造成小龙虾养殖池前期满池水草，中后期寸草不留，导致小龙虾养殖失败。因此，轮叶黑藻只能作为小龙虾主养池塘栽培水草的搭配品种。

(4) 苦草栽培技术　苦草（彩图19），俗称面条草、扁担草，叶丛生，扁担状，长为30～50厘米、宽为0.4～1.0厘米，深绿色，前段为钝圆，基部为乳白色。生长时，匍匐茎在水底蔓延。近年来，一种植株不高，最高不超30厘米的耐寒、耐酷暑、四季常绿的矮生苦草受到江苏众多虾蟹养殖户的喜爱。该品种是苦草的一个地理品种，也是多年生沉水草本植物。苦草有匍匐茎，叶片细长，边缘无锯齿，呈翠绿色，无叶柄，叶脉1～3条。该草最先被用于水族箱造景和净化水质，后为河蟹养殖户大量使用。

① 繁殖特性。苦草雌雄异株，雄花形成总状花序，柄长为1～8厘米，着生于植物体基部，成熟后花苞裂开，花轴浮于水面，由水流授粉；雌花具细长而卷曲的花柄，长度依生长的水深而定。雌花成熟时，也浮于水面，雌蕊1枚，具3个柱头，子房下位，长为10～15厘米，内含大量胚珠，受精后的花柄卷曲成螺纹状，果荚沉入水中。成熟时，果荚内紧密排列大量子实体，果荚长为5～15厘米。

② 栽培方法。苦草只能播种种植，每年的4月中旬，水温上升到15 ℃以上时播种。先选择晴天将苦草果荚暴晒1～2天，然后用水浸泡12小时，捞出后反复搓揉，使种子与果荚分离，清洗种子上的黏液，再将种子与半干半湿的细土混合，按每亩50克的用种量全池撒播。撒种后，池塘应保持水位5～20厘米，4～5天苦草种子开始发芽，15天左右出苗率一般可达98%。

③ 后期管理。出芽后的苦草在池底生长蔓延的速度很快。为抑制苦草叶片营养生长，促进分蘖，5月中旬以前的池塘水位应控制在30厘米以下，以后逐渐加高水位。

小龙虾喜食苦草的匍匐茎，因此，虾池中经常有苦草上浮到水面。当夏季水温高时，为防止其腐败破坏水质，苦草应及时捞出。

(5) 金鱼藻栽培技术　金鱼藻，俗称红头绳草、松鼠尾、毛刷草，属悬浮于水中的多年水生草本植物，植物体从种子发芽到成熟均没有根。叶 8～10 片，轮生，边缘有散生的刺状细齿，茎平滑而细长，可达 60 厘米左右。金鱼藻的生长与光照关系密切：当水过于混浊，水中透入光线较少时，金鱼藻生长不好；当水清澈透入阳光后，金鱼藻仍可恢复生长。但在强烈光照下，金鱼藻也会死亡。金鱼藻的在 pH 7.1～9.2 的水中均可正常生长，以 pH 7.6～8.8 最为适宜。金鱼藻对水温要求较宽，但对结冰较为敏感，在冰中几天内即被冻死。金鱼藻是喜氮植物，水中无机氮含量高，其生长较好。该草多生长于湖泊静水处，生长旺盛，嫩绿多汁。虾蟹特别喜食，而草鱼、团头鲂不吃。在池塘栽培时，每亩水面一季可产鲜草 5 000 千克以上。

① 繁殖特性。金鱼藻开花期在 6—7 月，结果期在 8—9 月。雄花成熟后，雄蕊脱离母体上升到水面，并开裂，散出花粉，花粉体积质量较大，慢慢下沉，到达水下的雌花柱头上授粉，这个过程只能在静水中进行。果实在成熟后下沉至泥底，休眠越冬。种子具坚硬的外壳，有较长的休眠期。早春种子在泥中萌发，向上生长可达水面。种子萌发时，胚根不伸长，故植株无根。以长入土中的叶状枝固定株体，同时基部侧枝发育出很细的全裂叶，类似白色细线的根状枝，既固定植株，又吸收营养。

此外，金鱼藻可以利用越冬顶芽繁育成新的植株。在秋季光照渐短，气温下降时，侧枝顶端停止生长，叶密集成叶簇，色变深绿，角质增厚，并积累淀粉等养分，成为一种特殊的营养繁殖体，即休眠顶芽。此时，植株变脆，顶芽很易脱落，沉入泥中休眠越冬，翌年春天萌发为新株。在生长期中，折断的植株可随时发育。

② 栽培方法。移栽时间为 4 月中下旬或当地水温稳定在 11 ℃以上。起苗前，注意天气变化，大风天气移栽易造成嫩头失水枯死，下雨天移栽最好。将事先准备好的苗起水理顺，再根据虾池水深切成适宜的长度。在虾池补种水草，水深为 1.2～1.5 米时，金鱼藻的草茎长度留 1.2 米；在水深 0.5～0.6 米时，金鱼藻的草茎长度留 0.5 米。金鱼藻栽插密度一般为深水区 1.5 米 ×1.5 米栽 1 蓬，浅水区 1 米 ×1 米栽 1 蓬。栽插时，人可以不下水，用小船装好金鱼藻苗，1 人划船 1 人栽插，轻拿轻栽，草顶齐水面为好。

栽插时，准备一些手指粗细的棍子，棍子长短视水深浅而定，以齐水面为宜。先在棍子一头 10 厘米处以橡皮筋绷上 3～4 根金鱼藻草茎（每蓬嫩头 10 个左右），然后将绑有金鱼藻的棍头插入淤泥 10 厘米即可。金鱼藻鲜草量大，且适应性强，因此，虾池栽培采用种子和越冬顶芽繁殖的较少，大多采用上述草茎栽插方法。其栽后管理较为简单，主要是保持池水透明度，适当使用化肥。

以上几种为小龙虾养殖池塘常用的水草，主养池塘的小龙虾密度高，产量大，需要的水草量大，因此，苏皖地区的小龙虾主养池塘一般以伊乐藻为主，菹草、金鱼藻、轮叶黑藻搭配栽培。在早春低温时，小龙虾可以取食伊乐藻、菹草；夏季有金鱼藻、轮叶黑藻，以保证小龙虾一年四季既具有隐蔽物、栖息场所，又有适口、充足的青绿饲料。

三、苗种放养

小龙虾主养池塘苗种主要有两种解决途径：一是专池规模化繁育人工苗种，规格为1～3厘米和4～6厘米，这种苗种规格相对整齐，捕捞损伤少，可以就近运输，计数下塘，放养成活率较高；二是放养成熟小龙虾，依靠其自繁自育能力，就地解决养成生产所需苗种，这种途径获得的小龙虾苗种无须捕捞运输，但规格不整齐，数量无法准确计算，生产计划性较差。两种途径各有优缺点，后一种方法尽管有“数量难以准确把握，后期的养殖管理难度较大，效益不稳定”的诸多不足，但育种成本低，方便易得，而成为养虾户普遍采用的方法。

随着小龙虾养殖规模的不断扩大，小规格小龙虾价格走低，“一次放养，多年养殖”的传统养虾户养殖的效益不断下降，为解决小龙虾养成生产的这些不足，江苏盱眙、金湖等小龙虾养殖较早地区的养殖户在科研机构和技术推广机构的帮助下，开始探索更可控的养虾途径。目前已大面积推广“繁养分离”新型养殖技术，即将小龙虾“苗种生产”和“成虾养殖”从空间和时间上分离，依靠“专池规模化育苗”技术，保障小龙虾在养成阶段“按需采购、计数下塘、精准管理、集中上市”，小龙虾养殖效益更加稳定。我们以人工苗种放养为重点，介绍小龙虾池塘主养模式的苗种放养技术。

1. 人工繁育苗种的放养

苏皖地区的小龙虾苗种的人工繁育一般开始于每年的8—9月，10月初成熟的小龙虾雌虾抱卵率可达90%以上。在土池条件下，早期出现的受精卵已经孵化出苗，可以开展苗种培育，10月下旬以后出现的受精卵则由于水温逐渐下降，抱卵虾带卵越冬，翌年春天，受精卵再相继孵化出苗。因此，在正常气候条件下，小龙虾人工繁殖苗种的放养分为以下两种模式。

（1）秋季放养　成虾养殖采用秋季放养的小龙虾苗种一般来源于工厂化繁育设施，或者提早育苗土池。工厂化苗种规格整齐，但个体小，一般需经20天左右的强化培育达到3厘米左右后，再分池养成。苗种标粗培育技术请参照“幼虾培育”，这里仅介绍超过3厘米的苗种放养技术。

① 捕捞与运输。规格3厘米的虾苗无法用地笼诱捕，只能依靠抄网诱捕或干塘捕捞。抄网诱捕方法为先将繁育池中附着物（包含水草）聚拢成簇，后用三角抄网从

下端将附着物全部兜起，再将附着物轻轻抖动，并移出抄网，清除杂质，再将幼虾带水移入网箱暂养，等待包装运输（彩图 20）。抄捕时，必须带水操作，避免幼虾受伤，尽可能减少幼虾的应激反应。网箱暂养时，要有充气增氧设备，并持续增氧，尽可能缩短幼虾高密度暂养时间，防止由暂养时间过长、小龙虾幼虾密度太高而导致的局部缺氧，并避免因抱团而出现的幼虾相互伤害的现象。

由于小规格的小龙虾苗种，壳薄易伤，采用氧气袋充氧带水运输，可实现长距离运输，一般运输时间为 10 小时以内，运输成活率可达 95% 以上；采用苗种专用虾夹作为装载工具，装载量大，配合使用液氧活鱼运输专用车带水运输，可实现大批量短距离运输，运输时间不应超过 3 小时。配合保温箱干运，也可以实现长距离运输，但成活率受降温影响较大，放养成活率一般不超过 70%。

② 数量与放养。主养池塘具体放养量依产量计划和管理水平而定。管理水平高的养殖户可以将目标产量定高些。江苏淮安地区养虾技术较好的养殖户一般将小龙虾出池平均规格定在 25 只/千克以上，目标亩产量定为 150～250 千克，秋季放养的 3 厘米左右小规格苗种量一般为 5 000～6 000 只/亩。

具体放养量可利用下列公式进行测算：

$$L=S\times K\times l/r$$

式中：L 为放养量（只）；S 为虾池面积（亩）；K 为计划亩产量（千克/亩）；l 为计划养成规格（只/千克）；r 为预计成活率（%），大棚规模化培育的 3 厘米小规格苗种的预计成活率可设定为 70%。

放养的虾苗要求体质健壮，无病无伤，附肢完整，同一池虾苗应规格整齐，并尽可能一次放足。放养时沿池塘四周分散放养，时间选在晴天早晨或阴雨天，避免阳光直晒，虾苗入池前应做缓苗处理，入池温度与虾池水温差不要超过 2 ℃。缓苗方法为：将氧气袋中的虾苗连水一起倒入长桶或泡沫箱，然后缓慢加入池水，直至桶中水的温度与池水一致，然后将虾苗连水一起分散倒入虾池岸边浅水区，或者将虾夹直接放入虾池浸 3～5 分钟，提出水面静置 2～3 分钟，再浸入池水 3～5 分钟，如此反复 3 次，然后将虾夹放置虾池岸边浅水处，让幼虾自行离开虾夹，虾夹与虾夹之间相距 2 米以上。

秋季放养的小龙虾苗种很快就要进入越冬季节，因此，这种放养模式的小龙虾池塘必须提前做好池塘清理、消毒，并按于放苗前完成伊乐藻移栽，提前营造好虾池的生态环境。越冬前，应根据水质肥瘦，适当追施腐熟猪粪等有机肥，既可以促进虾池水质保持“肥、活、爽”，又可以培育出幼虾喜食的水蚯蚓等生物饵料。在良好环境下，幼虾在越冬期间仍能摄食生长，可为开春后小龙虾的快速生长打下良好基础。在这种放养模式下，大规格商品小龙虾的出池时间可以提前到翌年 4 月中下旬，此时，小龙虾销售价格高，小龙虾成虾养殖效益更好。

秋季小龙虾苗种也可来自土池繁育。8 月中下旬，即将成熟的亲本放入土池繁育设施，10 月上旬前就可以采捕到 2～3 厘米的小规格幼虾。这个季节的土池苗种难以规模供应，可以就近分池养殖，无须缓苗处理，放养数量同上。

(2)春季放养　虾苗放养的主要季节在春季(彩图 21、彩图 22)。当水温达到 12 ℃以上时，土池专池繁育的小龙虾抱卵虾陆续出洞觅食，受精卵也相继孵化出膜。在适宜的温度和环境条件下，苗种快速蜕壳生长，一般在 4 月中旬前后达到 4～6 厘米的大规格，可以用密眼地笼诱捕。为保证放养成活率，应该做好以下工作。

① 质量要求。主养池塘放养的虾苗要求规格一致、颜色鲜亮、附肢完整、体质健壮，剔除蜕壳软虾和已经发红的“老头虾”。外购的大规格虾苗必须保证来源于人工专池繁育，干法运输时间不超过 3 小时。

② 放养前处理。大规格苗种一般采用干法运输。在苗种运达虾池后，先用池水反复喷淋虾苗 3～5 分钟或将虾苗装运容器带苗一起放入虾池缓苗 3～4 次，再经 3%食盐水浸浴 2～3 分钟，然后按放养计划计数下塘。

③ 数量。根据放养公式计算放养量，一般在 3 000～5 000 只/亩。只经过短途运输或同场转池、自我配套的苗种的放养成活率较高、放养公式中的“预计成活率 r”可调整为 80%；经长途运输或零散收购的苗种的“预计成活率”可以调整为 60% 左右。

④ 放养。由于大规格苗种的运动能力较强，在放养时，其可以沿虾池一边放入水中，也可以将处理好的虾苗从船上沿水草较多的地方撒入。

春季也有利用工厂繁育设施和大棚苗种培育池配套，提早生产规格苗种的做法，苗种供应时间比同规格的常温苗种早 30～40 天。2019 年 2 月 27 日，江苏省盱眙县明祖陵镇养虾户滕某利用钢架塑料大棚培育池，强化培育工厂繁育的 1～3 日龄仔虾；2019 年 3 月 20 日，幼虾平均规格达到 3 厘米，经一次性干池捕捞，虾苗分养到成虾养殖池，亩放 3 000～3 500 只；2019 年 5 月 30 日抽样，小龙虾平均规格为 55 克/只，216 亩成虾养殖池的平均产量为 200 千克/亩。

2. 放养亲本繁育小龙虾苗种

(1)亲虾收集与放养　8—9 月，在养虾池附近的河流、湖泊等水质良好的大水体中，采集、收购性成熟的优质小龙虾作为繁殖亲本，也可以从生态条件良好的池塘中选留成熟小龙虾作为亲本，但后一种来源的雌雄亲虾应选择于不同的池塘，尽可能防止小龙虾近亲繁殖。为保证繁殖后代优良的生产性能，小龙虾亲本体重应在 35 克以上，雄虾体重最好在 45 克以上。雌雄搭配比例为(2～3)：1，放养数量为 2～3 千克/亩。在亲虾放养时，须经挑选和消毒处理，保证附肢完整，体质健壮，体表干净，无着生藻类和寄生虫。亲虾选留与放养应遵循“宜大不宜小，宜早不宜迟，宜少不宜多”的原则。

① 宜大不宜小。宜大不宜小是指选留的亲虾必须是性成熟的，个体尽可能大些，

以保证产卵率和后代的生长性能 。

② 宜早不宜迟。宜早不宜迟是指放养时间尽可能提前，促进小龙虾亲本提早产卵，争取冬前完成小龙虾受精卵的孵化工作，为有计划的成虾养殖打好苗种基础。

③ 宜少不宜多。宜少不宜多是指根据小龙虾商品虾的生产计划和小龙虾繁殖能力，估算小龙虾苗种生产能力。在满足需要的情况下，尽可能减少亲虾的放养数量，避免苗种过多对虾池生态环境的破坏。

目前，仍有养虾户依靠原池小龙虾作亲本，解决下一年苗种问题。小龙虾苗种数量无法准确掌握，质量参差不齐，小龙虾养殖环境营造和生产管理难度加大，这是这些养虾户产量与效益不稳定的主要原因。因此，这些养虾户必须转变小龙虾苗种生产与供应的传统观念，高度重视小龙虾苗种有计划的生产和供应，提高养虾生产的可控性。

(2) 越冬管理　成熟的小龙虾亲本在放入新环境后很快掘洞，并陆续交配、产卵。早期的受精卵孵化出苗，仔虾进入虾池觅食生长；后期的受精卵在雌虾的保护下越冬，翌年温度适宜时再孵化成仔虾。因此，在越冬期间，依靠原池繁育苗种的池塘既要做好幼虾培育，又要保护好洞中的抱卵虾。其主要措施：一是肥水，冬前施用腐熟有机肥既可增加池塘有机碎屑，又可以培养饵料生物；二是保持池塘正常水位，如果虾池建在冬小麦生产区，冬季没有灌溉水源，无法保持水位，就应在小龙虾洞穴处覆盖稻草等，防止穴居亲虾冻死；三是增加捕鼠设施，预防老鼠侵害穴居的小龙虾。

(3) 幼虾培育和数量估测　亲虾入池后，应经常巡池观察。当发现雌虾出洞觅食，池底浅水处发现幼虾活动时，应及时捕出产后亲虾，并视水质和饵料生物情况，适量泼洒黄豆浆，开始苗种培育工作。苗种培育及数量估测方法请参照苗种培育。

四、饲料选择与保存

小龙虾是典型的杂食性动物。它既可以摄食植物茎叶、有机碎屑、底栖藻类、丝状藻类、谷物饲料等植物性饲料，又可以摄食水生昆虫、陆生昆虫幼体、环节动物、小杂鱼、贝类等动物性饲料，尤其喜食螺蚌肉、小杂鱼等水生动物性饵料。

在人工养殖时，饲料的质量直接关系到小龙虾的健康状况和品质。如果利用池塘主养小龙虾要获得较好的经济效益，就必须投喂优质饲料，并采用科学的投喂方法。

1. 饲料选择

小龙虾的基础饲料主要可以分为动物性饲料、植物性饲料、微生物饲料三大类，人工配合饲料是在这三大类基础上经过加工复配而成的。从小龙虾的喜好来看，动物性饲料优于植物性饲料，水生动物性饲料优于陆生动物性饲料。

(1)动物性饲料　包括虾池中自然生长的种类和人工投喂的种类。虾池中自然生长的动物性饵料包含枝角类、桡足类在内的浮游动物，线虫类动物，蚯蚓等环节动物，螺、蚌、蚬等软体动物等。人工投喂的动物性饲料包括小杂鱼、蚕蛹、动物加工下脚料及鱼粉、虾粉等。螺蛳含肉率为22%～25%，蚬类含肉率为20%左右，这两种软体动物是自然水域中小龙虾动物性饵料的主要来源。小龙虾在主养池塘中可以从自然水域中移殖螺、蚬亲本。在虾塘优良的生态环境中，螺、蚬可以自我增殖，既为小龙虾提供了适口的鲜活饵料，螺、蚬的摄食、生长又能起到改善水质的作用。鱼粉、蚕蛹是优质的动物性干性蛋白源，特别是鱼粉，产量大、来源广，是各种水产类人工配合饲料中不可缺少的主要成分。

(2)植物性饲料　包括浮游植物、水生植物的茎叶，陆生植物的嫩叶，谷物及加工后的麸糠类、各种饼粕类、酒糟等。在植物性饵料中，豆类是优质的植物性蛋白源，特别是大豆，干物质的粗蛋白质含量高达38%～48%，豆饼中的可消化粗蛋白质含量也达40%左右。大豆不仅蛋白质含量高，且氨基酸组成和小龙虾的氨基酸组成成分比较接近。用大豆制出的豆浆是小龙虾幼体极为重要的饲料。与单胞藻类、酵母、浮游动物等配合使用，其可以解决小龙虾幼体初期蛋白质来源。因此，大豆及其饼粕是小龙虾优质的植物性蛋白质源。此外，菜籽饼、棉籽饼、花生饼、糠类、麸类都是优良的蛋白质补充饲料，适当的配比有利于降低成本。

在植物性饲料中，各种适口的水生植物尤其重要。除含有蛋白质、糖类外，还含有小龙虾可以利用的维生素B、维生素C、维生素E、维生素K、胡萝卜素、磷和钙等营养物质。这些物质可以促进小龙虾生理机能更好地发挥作用，也使小龙虾营养更均衡、品质更优良。因此，虾池栽培沉水水生植物等植物性饲料既能增加附着物，净化水质，又能提供适口饲料，降低人工饲料成本，还能丰富营养元素，提升小龙虾品质。适当控制栽培面积和品种有百利而无一害。

(3)微生物饲料　主要是指酵母类微生物。在酵母中，蛋白质含量很高，维生素，特别是B族维生素、维生素D等含量高。目前，在小龙虾专用配合饲料中，常添加啤酒酵母，以增加微量元素含量。投喂配合饲料前，现拌活菌制剂既可以在小龙虾体内产生或促进产生多种消化酶、维生素、生物活性物质。有的制剂还能够抑制病原微生物，维持消化道中的微生物动态平衡。利用耐高温芽孢杆菌发酵饲料原料做成的生物饲料投喂试验证明，小龙虾不仅生长快，品质也有一定程度的提升。

(4)人工配合饲料　将动物性饲料和植物性饲料按照小龙虾的营养需求，确定合适的配方，再根据小龙虾不同的生长阶段，生产不同营养成分、不同粒径的颗粒饲料，以满足小龙虾商品生产全过程对饵料的需要。小龙虾是咀嚼型口器，饲料应具有一定的黏性,黏性大小以饲料泡水后 3 小时不散开为宜。

在小龙虾不同的生长阶段,人工配合饲料粗蛋白质含量也应有所区别,幼虾饲料粗蛋白质含量要求达到 35% 以上,成虾饲料粗蛋白质含量要求达到 30% 以上。下面是两种人工配合饲料的配方,供自配饲料的养虾户参考。

幼虾饲料粗蛋白质含量为 37.4%,各种原料配比为:鱼粉 20%、发酵血粉 13%、豆饼 22%、棉仁饼 15%、次粉 11%、玉米粉 9.6%、骨粉 3%、酵母粉 2%、多种维生素预混料 1.3%、蜕壳素 0.1%、淀粉 3%。成虾饲料粗蛋白质含量为 30.1%,各种原料配比为:鱼粉 5%、发酵血粉 10%、豆饼 30%、棉仁饼 10%、次粉 25%、玉米粉 10%、骨粉 5%、酵母粉 2%、多种维生素预混料 1.3%、蜕壳素 0.1%、淀粉 1.6%。其中豆饼、棉仁饼、次粉、玉米粉等在预混前再次粉碎,制粒后经 2 天以上晾干,以防饲料变质。

在这两种饲料配方中,应另外添加总量为 0.6% 的黏合剂,以增加饲料在水中的稳定性,延长饲料的可摄食时间。

随着小龙虾养殖业的快速发展,饲料公司已批量生产小龙虾专用配合饲料,粗蛋白质含量多为 28%～32%,包括两种类型:硬颗粒饲料和沉性膨化饲料。从养殖效果看,用粗蛋白质含量高的配合饲料养殖的小龙虾肉多、生长周期短,成虾品质好。沉性膨化饲料养殖效果好于硬颗粒饲料。生产上可选用正规饲料厂家的优质配合饲料。

(5) 发酵饲料　是指将饼粕、米糠、麸皮等常用饲料加入芽孢杆菌、乳酸菌、酵母菌等有益菌发酵,成为适口性更好、营养更全面的饲料,一般有酸香味,以提高小龙虾的食欲,增加采食量。

① 优点。在小龙虾养殖中,饼粕、米糠、麸皮是常用的饲料。这些饲料直接投喂会产生消化吸收率低、易坏水、营养不均衡等缺点。把这些饲料经过科学搭配,在发酵后制成发酵饲料,可以将不易被消化与利用的纤维素、半纤维素等粗纤维物质发酵成易消化和利用的物质;可以降低粪便中氮元素的含量,减少水体中氮的排入;可以促进小龙虾肠道产生有机酸、细菌素和溶菌酶等物质,抑制有害细菌的定殖、生长,改善胃肠道微生态环境;发酵过程中产生的酶类、促生长因子和维生素等营养物质可以提高饲料营养价值,降低养殖成本;可以促进肠道免疫器官的发育,增强小龙虾机体免疫力,减少病害,提高小龙虾品质。

② 制作要求。一是掌握有益菌的使用方法,充分准备发酵条件,准确把握温度、水分及发酵时间;二是做好塑料桶等发酵设备的消毒工作,防止杂菌污染;三是科学配方,保证粗蛋白质含量达标,幼虾料粗蛋白质含量要求在 32% 以上,成虾料粗蛋白质含量 28% 以上(在原料发酵后,粗蛋白质含量约增加 5%)。

2. 合理搭配与保存

(1) 科学配方,合理搭配　小龙虾喜欢摄食动物性饲料,但使用比例高,养虾成本就高；只投喂植物性饲料，又会影响小龙虾的生长发育和品质。因此，保持一定比例的优质动物性饲料，合理搭配投喂植物性饲料，对促进小龙虾的正常生长是至关重要的。根据养殖经验，在小龙虾养殖全周期中，其饲料搭配上，一般动物性饲料占 30%～40%、谷实类饲料占 60%～70% 较为适宜，水草类作为重要的植物性饲料不可或缺，但一般不计入饲料成本。这种精、粗、青相结合的饲料搭配方法在不同季节有所区别。在开食的 3—4 月，小龙虾摄食能力与强度较弱，以投喂动物性饲料为主，4—7 月是小龙虾主要的生长季节，应以人工配合饲料为主。此时，伊乐藻、菹草生长旺盛，放苗前栽培的水草可以满足小龙虾对青绿饲料的要求。如果水草栽培不足或后期养护不好，就会导致虾池无草，必须定期投喂伊乐藻、轮叶黑藻等，以补充青绿饲料的不足。在 8—10 月小龙虾繁殖期间，应适当多投喂动物性饲料。在苗种培育期间，更应该投喂粗蛋白质含量高、适口的碎屑状饲料，如豆浆、鱼粉、蚕蛹粉等。

（2）正确保存，严防霉变　自制饲料加工制粒后，要及时投喂；暂时没有使用的饲料也要正确保存。无论是自制饲料，还是购买饲料厂的商品配合饲料，都要预防霉变和腐败变质。霉变是饲料保存不当产生的严重问题，将导致饲料营养价值大幅度下降。如果使用霉变饲料投喂小龙虾，饲料中的黄曲霉毒素就会直接导致小龙虾器官损坏，免疫力下降，甚至造成小龙虾死亡。

饲料霉变的因素有多种，包括饲料中较高的含水率，饲料仓库较高的环境温度、较大的空气湿度以及过长的贮存时间等。有针对性地开展预防工作，才能避免饲料霉变。

① 控制水分。在生产加工饲料时，严格控制含水率；在存放时，保证仓库通风、干燥；在多雨地区或高湿环境中，使用塑料薄膜内膜套装纸袋包装饲料，可以防止干燥饲料在堆放过程中吸收外界水分。水分是决定霉菌能否生长的重要因素。饲料中的水分分为结合水分和游离水分，其中游离水分是霉变的主要因素。当饲料中的水分含量大于 11% 时，就可以出现游离水分，这些水分作为微细水珠呈汽化状态存在于饲料空隙之中，大量生长繁殖的霉菌引起了饲料霉变。当饲料的水分总含量达到 17% 以上时，霉菌繁殖生长最快。

② 控制温度。高温也是霉变的重要条件。霉菌在自然界有数万种之多，但高效繁殖必须有适宜的高温。例如，曲霉属和青霉属最适繁殖和产毒温度为 27～30 ℃、相对湿度为 70%～100%。如果要控制霉变的发生，除控制饲料含水率外，还要控制饲料存放温度，使用冷藏库存放饲料为最好。

③ 环境通风。饲料贮存场所通风良好既可以防止环境湿度过大，又可以通过通风换气，降低存放温度。一般养虾场的相对湿度较高。梅雨季节的饲料贮存应增加

机械通风手段，以避免出现相对湿度超过 75% 的不良环境。如果饲料编织袋中没有隔层塑料薄膜，贮存时就不要和地面及墙壁直接接触。

④ 缩短存放时间。在一般环境下，饲料贮存时间不应超过 1 周，最好随买随用、随制随用。如果是自制饲料，每次制作的量就不要太多，即用即配为好。

⑤ 添加防腐剂。为防止小龙虾饲料霉变，可以添加防腐剂。延胡索酸及酯类防腐剂的抗菌谱广、抑菌作用强，能够有效抑制微生物的生长和繁殖，是养虾户自制饲料时较好的防腐添加剂。但延胡索酸抑菌周期较短，如果是饲料厂家，可选用二丙酸铵类作为防腐剂，抑菌周期可达 1 个月。

五、日常管理

1. 水质管理

养虾池塘经过一段时间的投饵喂养后，池底聚集的小龙虾粪便、残饵越来越多。随着这些有机废物的分解、腐化，虾池水色变浓，溶解氧、酸碱度下降，氨氮、亚硝态氮等水质指标逐渐上升，如果遇到阴雨天或高温天等不良天气，水质就会加剧恶化。不良的水质环境会导致寄生虫、细菌等有害生物大量繁殖，小龙虾摄食量下降，甚至停止摄食。如果长时间处于低氧、水质不良的环境，小龙虾蜕壳速度就会下降，生长减缓，甚至停止生长。水质严重不良还能造成小龙虾死亡，致使养虾失败。因此，保持虾池优良的水质是小龙虾池塘主养的主要日常工作之一。

（1）水质指标监测　利用小龙虾池塘养殖，定期监测水质指标是一项重要的日常管理工作。监测的指标有温度（水温、气温）、溶解氧（DO）、pH、氨氮、亚硝态氮、硫化氢。良好的小龙虾池塘养殖水质指标为：DO 含量＞ 5 毫克/升、7＜pH＜9、氨氮含量＜0.6 毫克/升、亚硝酸盐含量＜0.01 毫克/升、硫化氢含量＜0.1 毫克/升，透明度保持在 40 厘米以上。

在指标监测时，应注意指标的可比性和连续性，定期将水质监测数据分别绘制成曲线，以预测水质变化趋势，方便更好地进行水质管理。

① 水温。使用水银温度计监测，要固定时间、地点和深度，一般是测定虾池平均水深 30 厘米的水温。

② 透明度。使用沙氏盘（或用圆形白板代替）定期监测。池水的透明度可反映水中悬浮物的多少，包括浮游生物、有机碎屑。它与小龙虾的生长、成活率、饵料生物的繁殖及高等水生植物的生长有直接的关系，是虾类养殖重点控制的因素。透明度过小表明池水混浊度较高、水太肥，需要换注新水。

③ 溶解氧。用比色法或手持溶解氧测量仪在每天黎明前和 14:00～15:00，各测一次溶解氧。建议购置使用溶解氧在线监测设备，适时掌握虾池中溶解氧的动态

变化。

④ pH、氨氮、亚硝酸盐、硫化氢等。这些指标可直接反映水质好坏，必须开展定期监测，适时掌握水质变化趋势，并及时采取相应水质调节措施。

(2) 水位控制　遵循"春浅、夏满"原则，根据季节和水温，及时调整小龙虾养殖池水位。3月中下旬，水温逐渐回升，为促进水草生长、饵料生物繁育和幼虾的蜕壳生长，池塘水位宜浅，一般保持在0.6～0.8米。随着水温升高，逐渐加高水位。当水温达到26 ℃以上时，有条件的池塘应将水位加高到1～1.5米，既有利于小龙虾继续生长，又有利于伊乐藻安全度夏。

(3) 适时换水　根据水质情况，及时加水或换水(彩图23)。换水原则是蜕壳高峰期不换水，雨后不换水，水质较差时多换水。一般每15天换水1次，高温季节每周1次换水，每次换水量为池水的15%～20%，使水质保持"嫩、爽"，透明度控制在40厘米以上。

(4) 调节pH　每15天泼洒1次生石灰水，1米水深时，用量为每亩10千克，使池水pH保持在7.5～8.5。生石灰的定期使用既可以调节pH，又可以增加水体钙离子浓度，促进小龙虾蜕壳生长。夏季，当池塘中的水草或藻类较多时，水草的光合作用消耗了大量二氧化碳，导致池水pH偏高，有时pH可达9以上，此时应禁止使用生石灰，并通过使用微生态制剂、换水等途径降低池水pH。

(5) 微生物制剂改善水质　池塘主养虾池应定期使用光合细菌、芽孢杆菌等微生物制剂改善水质。如果微生物制剂经常使用，有益微生物就可以分解水中有机废物，改善水质，还可以促进有益微生物形成优势菌群，抑制致病微生物的种群生长、繁殖，降低其危害程度。光合细菌不消耗氧气，可阴天使用，光照充足的天气使用效果更好。芽孢杆菌为好氧菌，应选择晴天使用或使用时增加微孔增氧措施。

当发现水质恶化，且出现小龙虾上岸、攀爬，甚至死亡等现象时，必须立刻采取措施，改善水体环境。具体方法：先换水30%，用溴氯海因等消毒剂对水体进行消毒，再加注新水至原来水位；3天后用枯草芽孢杆菌制剂全池泼洒，以后每隔10～15天使用1次光合细菌制剂、芽孢杆菌制剂。

2. 水草养护

水草对于改善和稳定水质具有积极作用。虾池水草养护决定小龙虾养殖的成败。4—6月是小龙虾生长最快的季节。随着小龙虾不断长大，其摄食量也越来越大，此时是小龙虾主养池塘水草养护的关键时期。在实际生产中，经常出现因投饵不足，水草根部被小龙虾夹断而大片上浮或因故停饵数日，全池水草被吃光，导致池塘养虾后期无草的现象。小龙虾前期生长得越好，预计产量越高，养护好水草的压力就越大。因此，养护水草成为小龙虾主养池塘重要的日常管理工作。水草养护方法因品种不同略有差异。

(1) 沉水植物的养护 虾池下风处有新鲜水草茎叶聚集说明小龙虾因为饵料不足正在大量夹食水草。在各种饵料中，小龙虾更喜欢摄食动物性饲料和人工配合饲料，因此，小龙虾夹食水草说明饲料投喂不足，应立即增加人工饲料投喂量，并适量增加维生素 C，满足小龙虾摄食需求，小龙虾取食水草的强度就会立即下降，水草就可以得到保护。当虾池下风处新老水草茎叶都有时，其可能是由小龙虾应激所致的，应结合水质指标监测情况，分析具体原因，并采取相应措施，消除引起应激反应的因素。为便于观察，每天巡塘时，应及时捞除漂浮水草。

此外，伊乐藻怕高温，水温超过 28 ℃，应加高水位或刈割水面以下 30 厘米内的上部水草，以保证伊乐藻顶端始终处于水面以下 30 厘米处。刈割水草时，要避开小龙虾蜕壳高峰期，并分 2～3 次，分块刈割，以免一次刈割引起水质急剧变化，引发小龙虾应激反应。轮叶黑藻等春季萌发的水草应在苗期用网将这些水草栽培区域隔离，防止小龙虾破坏尚处于萌发期的幼苗。小龙虾喜食苦草的地下嫩茎，应及时捞除上浮的苦草茎叶，防止这些腐败茎叶对水体造成污染。

(2) 飘浮植物的养护 在沉水植物不足或养护不当造成沉水植物被破坏时，应及时大量移植水葫芦、水花生等漂浮植物。这些植物既可以提供一定的绿色饲料，又可以起到蜕壳隐蔽的作用。在高温季节，这些植物还能起到遮阴降温的作用。当这些植物繁殖过盛时，其会造成全池覆盖，影响水质稳定和小龙虾生长。移植时，这些漂浮植物应拦在固定区域或捆在一起，限制其移动，以免因风力或水流使其堆积在一起，对小龙虾养殖造成负面影响。

3. 饲料投喂

(1) 投喂次数 小龙虾成虾养殖一般每天投喂饲料 2 次，时间分别为 7:00～9:00 和 17:00～18:00。当早春和晚秋水温较低时，每天下午投喂 1 次，时间为 16:00～17:00。小龙虾为夜行动物，夜晚摄食更旺盛，因此，当每天投喂 2 次时，傍晚的投饲量应占全天投饲量的 2/3 左右。

(2) 日投饲量 小龙虾摄食量较大，包含青饲料在内，每天的摄食量可达体重的 10%～15%。因此，池塘养殖时，当池塘适口水草充沛时，人工饲料投喂比例可以小些，一般为当时小龙虾体重的 5%～7%；当水草不足时，投喂比例适当加大。具体投喂多少才最合适要根据天气、温度、规格及摄食情况进行及时增减。早春季节，当水温上升到 10 ℃时，小龙虾刚开食，应该投喂动物性饲料或配合饲料，投喂量可以为 1%～3%；4—6 月为小龙虾生长最旺盛季节，投喂量为 5%～7%；高温季节和晚秋，小龙虾处于夏伏或繁殖阶段，投喂量为 3%～4% 即可。这些投喂量仅是理论数据，生产上，一般在虾池放置饵料盘 3～5 个，投饵后 2～3 小时检查一遍，3 小时尚未吃完，说明投喂量过大，下次投喂量应酌情减少；如果1.5小时不到即吃完，说明投饵不足，应酌情增加。当天气闷热、阴雨连绵或水质恶化，溶解氧下降时，小龙虾摄食量也会降低，可少喂或停喂。

(3)投喂地点 小龙虾具有强烈的领地行为。在平坦的池塘中，小龙虾基本呈均匀分布，因此，在池塘养虾时，应尽可能做到全池均匀投喂。当池底不平整时，应多投喂岸边浅水和浅滩处。

4. 增氧设施的使用

水中溶解氧是影响小龙虾生长的重要因素。溶解氧充足，小龙虾摄食旺盛，饲料利用率也高；溶解氧不足，小龙虾产生生理不适，呼吸频率加快，能量消耗较多，饲料转换率下降，生长减缓。因此，在溶解氧降低到小龙虾适宜范围以下前，应及时开动增氧设施，人为增加池塘溶解氧含量。

目前已有溶解氧实时监控设备，该设备将溶解氧监测装置和微孔增氧设备通过互联网连接起来。当溶解氧实时监测数据低于规定值时，该设备会自动开启空气压缩机将空气压入输气管和微孔曝气管持续向水底增氧，管理人员也可以根据实际情况，手动控制增氧机，极大地方便了日常管理。如果没有使用溶解氧实时监控设备，人工控制增氧机应根据水体溶解氧变化规律，以确定合适的增氧设备工作时间，即一般在阴雨天和高温季节，半夜开机、日出后关机，增氧时间不少于6小时，其他时间以午后开机2～3小时为宜。

微孔曝气管或盘在使用一段时间后会出现藻类附着过多而堵塞微孔的现象，应在巡塘工作中仔细观察。如果发现被藻类附着后，就应拿出水面暴晒或经人工清洗后再用，保证所有曝气管都能发挥作用。增氧机或罗茨鼓风机要注意保养，防止关键时刻开启不了。在生产结束后，这些增氧设施应及时拆卸保养，并入库保管。

5. 定期检查、维修防逃设施

加强巡查，如果发现防逃设施有破损，就应及时修复。大风、暴雨天气更要注意，以防防逃设施遭到损坏而出现逃虾现象。

6. 严防敌害生物为害

在养虾池中，老鼠、水鸟和水蛇都是小龙虾的天敌，黑鱼、鲤鱼等也是池塘养殖小龙虾的敌害。要有针对性地采取人力驱赶、工具捕捉、药物毒杀等方法清除敌害生物，尽可能减少敌害生物对养殖生产的破坏。

7. 疾病预防

在池塘养殖小龙虾时，苗种放养密度高，饲料投喂多，底质、水质易恶化，小龙虾病害容易发生。要加强巡塘观察，定期换水，定期使用微生物制剂调节水质，防止水质恶化。当发现小龙虾不摄食、活动弱、附肢腐烂、体表有污物等异常情况时，应立即查明原因，迅速调整管理措施，防止小龙虾病害发生。已经发生病害的养虾池应及时采用治疗措施，尽可能减少损失。

8. 做好池塘管理日志

工作人员应将早晚巡塘、水质监测、生长监测、投饲量、捕捞销售等日常管理情况详细记录，并根据养殖规律，及时制订下一步管理计划，实现养殖管理的“有的放矢”。

典型案例

（一）主体信息

江苏省淮安市淮阴区南陈集镇王某，池塘小龙虾养殖面积为351亩，其中配套的虾苗繁育塘口2个，合计面积31亩。

（二）养殖成果

王某已从事池塘主养小龙虾三年，2023年主养池塘平均亩产成虾275千克，亩均收入达11 475元。在养殖期间，每亩饲料投入3 215元、动保产品投入1 320元、人员工资1 205元、土地租金1 200元、其他费用290元(包括地笼购置费、水电费等)，亩均成本7 230元。亩均利润达4 245元。

（三）主要做法

1. 虾苗专塘繁育

选用专塘开展虾苗培育，培育虾苗的池塘三年内不要清塘，反复利用留塘成虾进行苗种繁殖，但每年7—8月每亩池塘外购亲虾10千克补充放养。虾苗繁育塘口2个，共计31亩，平均亩产虾苗达281千克。

(1)强化秋季亲虾培育　亲虾投放后，坚持投喂粗蛋白质含量32%以上的专用配合饲料，以促进亲虾性腺发育。正常天气每天投喂1次，傍晚时间投喂，全池泼洒，根据残饵量及时调整日投喂量。当水温低于10 ℃时，改成2～3天投喂1次；冬季1周投喂1次，结冰期不投喂。

(2)调节池塘水位，诱导亲虾出洞提早繁苗　10月中旬，将虾苗繁育池水位降低至30厘米左右，保持5～7天，然后将池水加到正常水位，促进抱卵虾出洞活动，以达到提早繁苗的目的。

(3)培肥水质　适时使用腐熟有机肥或氨基酸肥水膏培肥水体，保持池水透明度在25～30厘米，既可以维持水体温度，又能促进浮游生物繁殖生长，为虾苗生长提供大量天然饵料。

2. 移栽多品种水草

2月底前移栽伊乐藻，伊乐藻栽种的行距为9～10米，株距为1～2米，3月中旬在相邻两行伊乐藻中间栽种轮叶黑藻。栽种后及时使用生根肥，促进水草生长。高温期及时刈割伊乐藻，水草覆盖率不超过50%。

3. 春秋放养两次虾苗

(1)春季放苗　在3月底前一次性足量完成虾苗放养，密度为6 000只/亩，规格为100～400只/千克。成虾捕捞从4月下旬开始至8月上旬结束，采取捕大留小方式。其间，加强饲料投喂和水质管理，平均亩产成虾175千克左右。

(2)秋季放苗　8月上旬开始二次投放虾苗，放养密度为3 000只/亩，平均规格为80～140只/千克。成虾捕捞期从9月中旬开始至翌年2月中旬结束，采取捕大留小方式。其间，加强饲料投喂和水质管理，平均亩产成虾100千克左右。捕捞结束后，做好清塘、消毒、晒塘工作，为下一轮生产做好准备。

4. 投喂高质量饲料

在成虾养殖期间，全程投喂粗蛋白质含量36%的优质配合饲料。定期使用乳酸菌、免疫多糖、多维等拌料投喂，提高饲料的转化率，增强小龙虾的体质，减少病害的发生。

5. 加强水质调控

① 常态化开启微孔增氧机和推水机，时间为凌晨1:00～7:00、白天10:00～13:00。

② 及时加注新水，保持水位稳定。

③ 定期施用微生态制剂调节水质，4月10日以后，每10天使用1次，高温期每7天使用1次有益微生物制剂。在春季水温低时，使用乳酸菌；在夏季温度高时，主要使用芽孢杆菌或EM菌。

6. 找准销售市场，进行错峰销售

6月至7月上旬，受稻田小龙虾集中上市销售的影响，小龙虾市场价格低迷。池塘养殖小龙虾可以延缓捕捞销售时间，待7月中旬后市场行情好转逐步捕捞销售。同时该养殖户瞄准上海、苏州的市场，以大规格、高品质为卖点开展品牌销售，市场销售价格好，综合经济效益高。

第二节　虾蟹混养

小龙虾与河蟹都是底栖甲壳类爬行动物，生活在同一水层，取食的食物基本相同，都长有强而有力的大螯，都要蜕壳才能生长，都有较强的攻击行为，生活习性具有很多相似之处，在同一水体中，属于同位竞争关系。因此，在河蟹养殖中，小龙虾一直被作为敌害生物对待，必须想方设法捕尽、杀尽。由于小龙虾顽强的生存能力，河蟹养殖池总可以见到小龙虾的身影，有时还会出现“有心栽花花不成、无心插柳柳成荫”虾多蟹少的现象，给河蟹养殖户带来较大的烦恼。

近年来，随着小龙虾市场价格的逐渐升高，“计划外”的小龙虾收入越来越大，河蟹养殖的风险反而因为小龙虾的出现而降低，于是，江苏地区的养蟹户开始有意识地套养小龙虾，方法得当的养蟹户取得了较好的经济效益。江苏淮安地区还在兴化市原“百斤蟹、百斤虾”的基础上总结出新“双百工程”（100千克河蟹、100千克小龙虾）的河蟹、小龙虾混养模式，为广大养殖户探索出进一步挖掘蟹池潜力、降低河蟹养殖风险的新途径。

一、虾、蟹混养的基本原理

小龙虾与河蟹生活习性有很多相似之处，也有不同的地方。虾、蟹混养就是利用这些不同之处，在不影响河蟹养殖效益的前提下，增加小龙虾产量，获得更高的经济效益。

1. 虾、蟹混养的技术基础

(1) 适宜生长期不同　河蟹个体大，但养殖前期，生长相对较慢，3月放养，4—6月水温较低时，一般只能蜕壳2～3次，个体体重一般在40～60克。此时河蟹的摄食量小，活动范围不大。江苏苏南地区是河蟹养殖水平较高的地区，这个阶段的河蟹还围养在池塘较小的范围内，其他水面正在生长水草（即围蟹养草），6月后，河蟹个体逐渐长大，活动范围大幅增加。此时，蟹池栽培的轮叶黑藻、苦草等已萌发生长成较大的植株，有围栏的蟹池适时撤去围栏设施，河蟹进入长满新鲜水草的“森林”摄食、生长。此时，正值7—8月的高温季节，高温和充足的阳光满足了河蟹快速生长的需要，9月以后，温度逐渐下降，河蟹进入育肥、生殖洄游期，因此，河蟹的适宜生长季节是6—9月。小龙虾适宜生长的水温比河蟹低，一般水温在15～28 ℃生长最快，小龙虾适宜生长季节是4—6月。如果提前做好苗种繁育准备，4月前完成小龙虾苗种放养，经过2个多月的养殖，6月底前，小龙虾可达到30～60克的较大商品规格，这样规格的小龙虾已是优质商品虾，市场售价较高。因此，生产上，蟹池套养小龙虾可以充分利用蟹池时间、空间，挖掘池塘生产潜力，在基本不影响河蟹养殖的前提下，增加小龙虾的养殖收入。

(2) 繁殖周期和方式不同　河蟹是海、河洄游性品种，在淡水的各种水体中生长、发育，秋季洄游至入海口，翌年4—6月繁殖后代。而小龙虾的繁殖季节为8—10月，受精卵也像河蟹一样黏附于雌虾游泳足上，条件适宜时，秋季即可孵化出虾苗，冬季幼虾还能有所生长。大部分受精卵在翌年3—4月孵化出膜，4—6月，水温适宜，饵料丰富，小龙虾生长迅速，60～70天即可达到商品规格。8月之后，又进入下一个繁殖周期。因此,繁殖周期和孵化方式的不同为同一池塘混养这两种动物提供了便利。一是小龙虾的繁殖和孵化进程可以进行人为干预,使提前或滞后繁殖小龙虾苗种成为可能;提早开展小龙虾繁育,秋季或早春放养小龙虾苗种,以充分利用养殖前期的河蟹池塘;二是小龙虾可以自主繁育,而淡水池塘中的河蟹不能自主繁育,这也为虾蟹混养的计划放养提供了方便,小龙虾苗种既可以自己专池配套生产,又可以原池留种,以减少生产投入。

(3)捕捞时机和销售季节不同　“秋风响、蟹脚痒”,只有在生殖洄游季节,河蟹才离开栖息地活动,其他时间即使池塘有地笼等捕捞工具,河蟹进入地笼的比例也较小。目前市场上已有捕虾不伤蟹的地笼出售,这就为春夏季节小龙虾的捕捞提供了便利。另外,河蟹的销售季节为中秋之后的2～3个月,而小龙虾销售季节为4—9月,小龙虾价格最高的季节在2—4月。因此,在混养模式下,河蟹、小龙虾捕捞和销售基本可以做到互不影响。

2. 虾、蟹混养的技术关键

尽管河蟹池套养小龙虾有这些可行之处,但这两种动物同时存在一定会产生较强的竞争行为。如果掌握不好,很有可能出现套养的小龙虾没增加多少效益,蟹池水草环境受到极大破坏,导致河蟹养殖生产的失败。为了发挥虾、蟹混养优势,尽可能地避免由同位竞争造成的负面影响,采取何种虾、蟹混养技术成为关键。江苏地区河蟹养殖户总结并形成了以下虾、蟹混养双丰收的经验。

(1)提早开展小龙虾苗种繁育　4月中旬前,小龙虾苗种规格尽可能达到3厘米以上。最好开展小龙虾专池繁育,有计划地生产小龙虾苗种。

(2)严格控制小龙虾养殖密度,尽可能做到按计划放养　即使是依靠小龙虾自身繁育能力开展蟹池小龙虾留种繁育,也要严格控制留塘小龙虾抱卵虾数量,以防止小龙虾苗种繁育过量。为控制小龙虾打洞繁殖,在堤埂内侧,正常水位线下30厘米处再安装一道围网,以防止小龙虾在堤埂上打洞。规划好虾、蟹养殖的侧重点,按计划分别开展虾、蟹生产。

① 先养虾。开春后,当水温达到9 ℃以上时,即开始投喂饲料,使小龙虾有料吃,以保护水草正常生长,5月初开始捕虾销售,6月底或7月初基本完成小龙虾捕捞工作。捕捞起来的小龙虾不论大小,不能回池,这是控制后期小龙虾在池数量的关键。

② 后养蟹。3—5月,将河蟹围养在池塘水草栽培效果较好的区域,进行强化培育。在小龙虾基本捕完后,拆除围网,专心开展河蟹养殖。此时,池中仍有小龙虾,宜继续捕捞,但要对地笼进行改造。江苏地区养殖户发明了一种捕虾不伤蟹的专用地笼袋头。7月之后,为了将池中剩余小龙虾尽可能捕尽,将地笼长期放置在池塘中,地笼袋头敞开,方便误入地笼的河蟹爬出,为防止小龙虾也爬出,须在袋口下半部缝制

宽为10厘米的钙塑板一块（彩图24）。

二、池塘准备

虾蟹混养必须以河蟹养殖为重点。为了提高河蟹养殖前期池塘时间、空间的利用效率，才搭配养殖小龙虾，因此，河蟹是主养对象，小龙虾是辅助养殖对象，不能主次混淆。这是因为河蟹养殖时间更长，河蟹的养殖条件可以完全满足小龙虾生长需求。只要河蟹养殖取得成功，小龙虾养殖也一定能取得较好的效果，否则，会造成河蟹养殖的失败，直接影响虾、蟹混养综合效益的提高。江苏是河蟹养殖最早的地区，经过近30年的发展，目前已总结和形成多个河蟹高效养殖模式，太湖、滆湖等养殖地区的河蟹养殖池一般做以下准备工作。

1. 认真清整、消毒

每年的10—11月，河蟹起捕结束后，立即将水排干，清除所有鱼、虾等养殖动物，暴晒15～20天。其间，清除多余淤泥，用生石灰清塘，杀死全部敌害生物。

2. 围蟹养虾

蟹池经消毒、清整后，立即开展施肥、水草移栽。为减少小龙虾对河蟹苗种成活率的影响，栽草的同时，在池塘适宜区域设置蟹种暂养区；暂养区面积占蟹池面积的15%～20%，用聚乙烯网片加竹木桩围隔，围网顶端内外缝制塑料薄膜，以防止虾蟹攀爬；3月初，蟹种放入暂养区强化培育，小龙虾苗种放入其他区域养殖，虾、蟹互不干扰；6月底前，基本完成小龙虾捕捞销售，撤除网围，开展河蟹成蟹养殖；在河蟹养殖期间，继续小龙虾捕捞，直到完全捕不到小龙虾。

3. 活饵料培养

蟹种下塘前后，投放活螺蛳150～200千克/亩，5—6月再增投活螺蛳150～200千克/亩。投入的螺蛳既可以繁育小螺蛳，扩大种群数量，为虾、蟹提供活饵，也可以起到净化水质的作用。

4. 培育肥水

池塘清整、消毒后，应该每亩施放发酵有机肥200千克左右。春天蟹种放养前10～20天，每亩再施放发酵有机肥100～150千克，用以培肥水质，保持透明度在40～50厘米，此次施肥既可以为虾、蟹提供天然饵料，又可防止池水过清丛生丝状藻类（俗称“青泥苔”）。

三、苗种选择与放养

1. 小龙虾苗种放养

利用蟹池套养小龙虾，小龙虾计划产量不能高，计划产量一般为100千克/亩，因此，小龙虾放养数量应根据计划产量严格控制。防逃设施建在岸边水下的蟹池，上一年度的小龙虾无法在池埂掘洞繁殖，蟹池自繁自育的小龙虾苗种数量可以忽略不计，小龙虾人工苗种放养数量为2 500～3 000只/亩或放养抱仔虾10～15只/亩；防逃设施建在池顶的蟹池；在放养小龙虾苗种时，应扣除池埂上可能遗留下的小龙虾抱卵虾产苗数。完全依靠上一年成熟小龙虾自繁自育解决苗种的蟹池必须认真估算在池小龙虾苗种数量，按上述放养量标准，想方设法捕捞并移除多余苗种。

2. 蟹种选择与放养

（1）品种选择　不同水系的河蟹种群适宜生长区域仍然是原有水系的气候和环境，一般不建议移殖不同水系的蟹种。长江流域、淮河流域还应该选择长江水系的蟹种较为适宜，辽河水系的蟹种在东北、西北地区生长更好。近年来，科研工作者选育或培育出多个河蟹新品种，如‘长江1号’‘诺亚1号’‘光合1号’等，各地可以根据自然条件有针对性地选购。

（2）规格　蟹种要求规格均匀，体质健壮，活动敏捷，附肢完整，足爪无损（包括爪尖无磨损），色泽光洁，无附着物，无病害，性腺未发育成熟。规格以体重5～12克/只或80～180只/千克为宜。

（3）放养时间　池塘养蟹一般不宜放养过早，否则，其会因为池塘水温过低而被冻伤或冻死，套养小龙虾的池塘更应该相对晚放。长江中下游地区的池塘放养一般以2—3月为好，东北、西北地区应在春季水面结冰融化后，水温达到8～10 ℃时放养。

（4）蟹种消毒　将蟹种放入水中浸泡2～3分钟，冲去泡沫，提出后放置片刻，再浸泡2～3分钟，重复3次，待蟹种吸足水后，用3%～5%的食盐水或万分之一的新洁尔灭溶液充气药浴15～20分钟，再分散放入网围暂养区内。

（5）数量　池塘养成蟹根据养殖模式设计和自身养殖技术水平，放养量通常为800～1 200只/亩，技术水平高，养殖大规格蟹，进行低密度稀养，反之，则适当提高放养量。

四、饲料与喂养

小龙虾与河蟹同属甲壳类动物，生产上投喂相同饲料即可，不过应该根据生产侧重点和不同的生长阶段选择合适的饲料。池塘养蟹采用的饲料一般比较多样，植物性饲料以南瓜、甘薯、煮熟的黄玉米、小麦、蚕豆为主；动物性饲料以新鲜的野杂鱼、河蚌肉为主；池塘中栽培的伊乐藻、轮叶黑藻等水草为河蟹提供了必需的青绿饲料，放养的螺蛳满足了河蟹对动物性饲料的需求。如果选用颗粒饲料，其粗蛋白质含量应在38%左右（养殖前期高些，后期低些），并以添加蜕壳素、胆碱、磷脂等添加剂的沉性膨化饲料为好。使用黏合剂的品种和数量应满足制成的颗粒饲料在水中的稳定性达到 3 小时以上。

虽然河蟹不怕高温，但当温度超过 30 ℃时，河蟹新陈代谢快、摄食量大，粗蛋白质含量过高容易营养过剩，造成性早熟。因此，河蟹养殖期间的饲料投喂要采用“精、粗、荤”的方式进行。3—6 月，投喂的饲料一般以配合饲料为主，饵料鱼作为补充，总投饵量为体重的 1%～3%，要求蜕壳 3 次；7—8 月，饵料要粗，以池塘中植物性饲料为主，少量投喂精饲料，投喂量为体重的 5% 左右，要求蜕壳 1～2 次；8 月底后，河蟹逐渐性成熟，需要育肥，应以动物性饲料为主（不低于投喂量的 60%），投饵量为体重的 5%，要求蜕壳 1 次。小龙虾养殖的主要季节正是河蟹养殖的前期，以人工配合饲料为主，既可以满足小龙虾的饵料需求，又符合早期河蟹的营养需求。

五、日常管理

河蟹池套养小龙虾，犹如在“钢丝上跳舞”，管理得好，可以降低风险，获得更高的养殖利润；管理得不好，则会破坏水草，降低河蟹成活率，造成河蟹养殖的失败。因此，做好日常管理工作是确保养殖成功和降低成本的关键。根据虾、蟹养殖的不同管理要求，虾、蟹混养池的日常管理应重点做好以下工作。

1. 前期（6 月底前）的日常管理

（1）水草栽培　尽可能提早开展池塘清整、消毒、水草栽培，尤其是伊乐藻最好在上一年的 10 月中旬前完成栽培，面积占全部水面的 60% 左右。4 月后，水温适宜时再开展轮叶黑藻、苦草等其他品种的水草栽培，7 月后，伊乐藻面积占全部水面的 20%～30%，其他品种水草面积占全部水面的 30%～40%。

① 品种搭配。根据适宜生长温度不同，蟹池最好栽培三种或三种以上的水草，如伊乐藻、苦草和轮叶黑藻搭配栽培。不同品种间隔条带栽培，效果更好。

② 种植密度。伊乐藻采取分行种植，行间距为 5～6 米，既便于春季栽培轮叶黑藻和苦草等，又利于通风透光和水体流动。全池水草覆盖率为 60% 左右。

③ 合理施肥。合理施用有机肥料或复合肥料，促进水草萌发、生长。

（2）螺蛳移殖与饲料投喂

① 螺蛳移殖。这是保证河蟹健康与品质的重要举措，移殖是否成功取决于两点：一是足量，全年每亩移殖量要达到 300～400 千克，最好分 2～3 次移殖。螺蛳为卵胎生，每年 4 月繁殖，6—8 月为生长旺季。因此，春季螺蛳在产卵前移殖效果最好，可繁育小螺蛳，以作为虾、蟹的饵料，但春季一次投放不宜过多，以每亩 100～200 千克为宜，否则，过多的螺蛳滤食藻类，水不易肥，且会与虾、蟹争食饲料。二是就近，螺蛳以本地产最好，就近捕捞的螺蛳活力好、饱满，移殖成活率高。应注意的是，许多天然水域基于保护生态环境的需要，禁捕螺蛳，不要因捕捞而触犯法律。

② 饲料投喂。虾、蟹混养池塘的前期饲养重点是小龙虾。小龙虾以人工配合饲料投喂即可，河蟹也以配合饲料为主，饵料鱼为辅。生产上应做到：一是早开食，水温10 ℃以上时即可开始投喂，早开食既可以满足虾、蟹生长需要，又可以防止小龙虾破坏正在萌发的水草嫩芽；二是量足，5—6月的小龙虾食量大，对水草的破坏性也大，足量投喂可防止小龙虾对水草的破坏，确保后期河蟹养殖有良好的生态环境；三是5月底后在饲料中适当添加蜕壳素等营养元素，预防蜕壳不遂和软壳，提高蜕壳成活率和膨大系数，以确保虾、蟹养成规格。

(3) 水质调节与青苔预防　施肥培育水质应在5月前结束，但水质调节工作要持续养殖的全过程，直至养殖结束。在虾、蟹混养前期，水质调节以适度肥水为主，一般分1～2次进行。第一次肥水在池塘清整消毒后，以有机肥作为基肥，既能满足水草的生长，又能培育虾、蟹苗种早期的天然饵料。第二次肥水在虾苗放养后或留塘抱仔虾下塘时，泼洒豆浆和腐熟有机粪肥，培养枝角类等饵料生物。施肥量要根据水色灵活掌握，水色太浓，光线无法照射到池底，水草因无法进行光合作用而死亡。水色过浓应立即使用微生物制剂，增加水体透明度。水质过于清瘦不仅饵料生物少，也易滋生青苔，应加大施肥量。当青苔已经滋生，甚至蔓延时，应立即人工捞除或使用药物杀灭青苔，并用腐熟有机肥来肥水，以降低透明度。

从5月中旬开始，随着小龙虾个体增大，饲料投喂量也越来越大，水草、螺蛳生长良好，水色一般不会过浓。池底因为粪便、残饵不断积累，底质逐渐恶化，底质应进行改良。一般此时定期使用芽孢杆菌等微生物底质改良剂，可防止由底部溶解氧不足引起的水草烂根漂浮和氨氮、亚硝酸盐浓度升高。

(4) 小龙虾捕捞　6月初，经过春季喂养，大部分小龙虾已经达到上市规格，可以开始捕捞。为了尽可能减少小龙虾对后期河蟹养殖的影响，捕捞起的小龙虾无须“提大留小”，所有虾全部上市销售，或者将未达上市规格的小龙虾集中放入其他非河蟹养殖池塘继续养殖。能否在6月底前将小龙虾捕捞干净会直接影响河蟹的后期成活率和养成规格，这是虾、蟹混养能否取得高效益的关键措施。在小龙虾捕捞基本结束后，尽快将河蟹网围撤除，开展河蟹养殖。

2. 高温季节日常管理

7月后，小龙虾捕捞基本结束，河蟹养殖进入关键时期，此时水温已逐渐达到全年最高，这是河蟹养殖最重要的时机。水体中的各种生物也都进入生命代谢最旺盛的时期，加上水体中营养物质的大量积累，水质和塘底极易恶化，透明度下降，水色过浓，氨氮、亚硝酸盐、硫化氢等理化因子超标，伊乐藻根部易腐烂，其他水草被夹断而漂浮。因此，加强高温期的管理，调水改底、保根护草、保溶解氧是河蟹养殖日常管理的关键。

(1)水质管理　高温季节，河蟹池水质要求溶解氧含量保持在5毫克/升以上，透明度为40厘米以上，pH为7.5～9.0，真正达到“清、新、嫩、爽”。在调节水质的同时，还须调控水位，以防水温过高，影响河蟹蜕壳生长。

① 水温控制。进入高温季节，池塘水位应控制在1.2米以上，当气温超过33 ℃以上时，水位应加高到1.5～1.8米。高水位可以保证河蟹活动的池底温度仍在河蟹适宜的温度范围内，防止河蟹因高温而产生应激，造成抵抗力下降。为了控制水温，有外源水换水条件的池塘可勤换新水，一般每隔5～10天换水1次，每次换水水深为15～20厘米，先排后灌，换水时要错开农作物用药期，防止由农田的药残对河蟹造成的伤害。

② 水质调节。每10～15天全池泼洒生石灰水1次，每亩水面每米水深用生石灰7.5～10千克，将pH控制在7.5～9.0。定期使用光合细菌、芽孢杆菌等微生物制剂，改善水体环境，保持水质清新、嫩爽。光合细菌每亩用量为15～20千克，每10～15天施用1次，拌土底施或用水稀释全池泼洒。芽孢杆菌等微生物底质改良剂每10天使用1次，以防止底部氨氮、亚硝酸盐浓度升高，选择晴天使用或采取增氧措施，以免缺氧。

③ 增氧。高温季节，蟹池中的各种动植物都要消耗氧气，因此，夜晚或连续阴雨的天气，水体溶解氧含量低，必须采取增氧措施。配备增氧设施的池塘要多开增氧机，没有增氧设施的池塘应备足化学增氧(粉)剂，待河蟹爬草或上岸时，及时增氧，防止出现由河蟹缺氧造成的损失。

(2)水草管理　高温季节，伊乐藻因高温生长受限，养护不当会造成大批死亡，应及时捞除上浮水草，刈割水面以下30厘米的伊乐藻草头，防止伊乐藻成片死亡。当水草过多，晴天下午监测pH超过9.2以上时，更须清除过多水草，保持适宜的水草覆盖面。水位偏低、水草较少的塘口应及时补充水花生或者水葫芦等漂浮植物，以遮强光，降低水温，确保河蟹的正常蜕壳和生长。移栽时，为防止疯长，可用毛竹将水花生、水葫芦固定成簇；也可在蟹池一定区域，用网围隔离河蟹，补种轮叶黑藻，解决沉水植物缺乏的问题。

(3)合理投喂、育肥增重　高温季节，饲料投喂，以小麦、甘薯、南瓜等植物性饲料为主，每周投喂1～2次冰鲜鱼等动物性饲料，动物性饲料一定要防止腐败变质。根据天气、塘口等实际情况，适时调整投饲量，尽量避免过量投喂。8月下旬，当水温降至28 ℃以下时，逐渐增加动物性饲料或高蛋白质配合饲料的投喂比例，以促长、育肥。如果河蟹设计是早上市模式(中秋节前上市)，应在第5次蜕壳前12～20天开始投喂高蛋白质饲料。

(4)疾病预防　高温季节是河蟹各种疾病高发季节，应该高度重视疾病预防工作。

定期使用微生物制剂可以使池塘有益微生物种群维持在较高的水平，预防各种细菌性疾病的发生；不使用霉变、腐败的饲料，在饲料中添加免疫制剂，以增强河蟹体质，提高抗病能力。免疫制剂在疾病高发期提前 2 周使用，效果更好。尽量不使用杀虫类药物和刺激性较强的氯制剂来防治疾病，否则易造成河蟹应激而死亡。

3. 加强秋季的日常管理

进入秋季，天气逐渐凉爽，气温、水温适宜，这是河蟹育肥增重的关键时期。此时，大部分河蟹开始生殖蜕壳，也是最后一次蜕壳。管理措施是否恰当会直接影响河蟹的最终规格和产量。未捕捞干净的小龙虾已经掘洞，开始交配、产卵。在这一阶段，白天炎热，夜晚凉爽，昼夜温差较大，水质易变，极易诱发各种疾病，应加强日常管理工作。

(1)注重水质调节，保持良好水质　经过几个月的养殖，池塘中的粪便、残剩饲料等废物也越来越多，水草也因虾、蟹的摄食而被严重破坏，水质、底质状况越来越差，必须更加注重水质调节。除坚持定期使用光合细菌、芽孢杆菌等微生物制剂与生石灰调节水质外，有新鲜、干净外源水的地方应加大换水量和换水频次，确保透明度保持在 40 厘米以上。这一阶段的水质宜瘦不宜肥。

(2)加大动物性饲料投喂比例，促肥增膘　9 月河蟹投喂主要以精饲料为主，动物性饲料占 60%，植物性饲料(黄玉米为主)占 40%，每天投喂量占蟹体重的 8%～10%，以投饵后 2 小时基本吃完为准。为了改善河蟹体内环境，提高消化率和自身的抗病力，饲料投喂前，可拌喂 0.5%～1% 酵母菌等微生物制剂。根据计划出售时间，正确掌握促肥增膘程度。育肥过度，部分蟹易“爆膏”死亡(性腺发育成熟，又无法生殖洄游导致)，短时间内不出售，暂养时间超过 2 个月，河蟹肥满度达到八成即可，可用配合饲料与植物性饲料交替投喂保膘。近几年来，随着配合饲料配方的优化和加工工艺的改进，河蟹配合饲料已可代替冰鱼育肥，可达到同等或更优的育肥效果，且长时间暂养成活率更高，保膘效果更好。

(3)做好水草管理　10 月中下旬，随着温度降低，蟹池的伊乐藻开始重新发芽生长，轮叶黑藻逐渐枯萎死亡。11 月中旬，河蟹还没销售，应将轮叶黑藻拉到池塘一角，以免腐烂造成河蟹腹甲变黑，降低品相，影响销售价格。

(4)加强病害防治　秋季是蟹病高发季节，极易发生大规模病害。注重水质调节，营造优质的养殖环境可以有效预防蟹病的发生，定期使用微生物制剂可提高河蟹自身免疫力，更能减少疾病的发生。辅助使用大蒜素、中草药等拌饲投喂也可起到预防河蟹疾病发生的作用。

(5)科学管理，早晚巡塘　“秋风响，蟹脚痒”，入秋以后，昼夜温差大，河蟹性成熟后，开始生殖洄游，极易上岸外逃，此时要坚持每天早晚巡塘，勤维修和保养防逃设施，密切关注河蟹活动，严防河蟹外逃。在养殖后期，少换水，保持水位稳定；保持环境安静，喂饲料、打扫食场时动作要轻，减少因日常管理活动对河蟹摄食、栖息的干扰。

4. 适时捕捞销售

河蟹的捕捞一般在性成熟（已完成生殖蜕壳）比例超过80%时开始，江苏地区是在10月中下旬陆续进行。其方法包括地笼捕捞法、流水捕捞法和簖箔捕捞法三种，其中地笼捕捞法最为实用。捕出的商品蟹采用蟹箱或专门的池塘进行暂养，伺机销售。

在捕捞河蟹时，进入捕捞工具内的小龙虾也要全部移出蟹池。为保证下一年的生产计划，蟹池四周围埂洞穴中的小龙虾数量应该详细清点，并根据生产安排合理选留，确保下一年的生产不受影响。

典型案例

江苏省是中国河蟹主产区，养殖面积大、总体水平高。利用现有的河蟹养殖设施，套养小龙虾、罗氏沼虾、青虾等，在保证河蟹养殖效益的同时，额外增加套养品种收益，经济效益更好。河蟹池中套养小龙虾的虾、蟹混养模式主要在洪泽湖、里下河地区，当地涌现出多种混养方式，以下三个案例代表着该地区虾蟹混养的主要做法。

（一）放养抱仔虾的虾蟹混养

1. 主体信息

江苏省兴化市海南镇杨某领办的合作社以放养小龙虾抱仔虾的方式解决小龙虾套养需要的苗种，基本实现定量放苗，精准投喂，精心管理，这是一种降本、提质、增效的新型养殖模式，养殖面积达4 368亩。

2. 养殖成果

2023年，该养殖合作社平均亩产小龙虾123千克、河蟹82千克，亩均收入达13 300元。在养殖期间，亩饲料投入2 500元、动保产品投入220元、人员工资1 000元、土地租金1 600元、其他费用780元，亩均成本6 100元。亩均利润达7 200元。

3. 特色做法

（1）构建合适养殖设施　为防止小龙虾无序繁育，在池埂内侧构建二道围网，精准控制抱仔虾入池数量。外网按常规方法设置，内网设置在高于池塘中间田面5～10厘米的池埂内坡面上，内网高出地面50～60厘米，下端埋入泥土5～10厘米，上端缝制15厘米宽的塑料板。

（2）前期投喂饲料要足　清明前后，水温逐渐升高，洞穴中的抱籽虾在雨水的刺激下出洞活动，此时可依靠地笼等工具捕捞，挑选亲虾规格较大、抱仔量多的抱仔虾按每亩10～12只放入已完成水草栽培的蟹池（彩图25）。蟹种放养数量为1 000～1 200只，放养时间为2月底至3月初。蟹种投放后，立即开始投喂优质饲料，选择粗蛋白质含量为40%的河蟹饲料。保持水体适量肥度，确保小龙虾苗有可摄取的天然饵料，一般利用经过发酵的生物有机肥，每亩每米水深用10～15千克，根据水体肥度适当调整，水体透明度控制在30厘米左右。

(3)加强水草管理　水草尽早栽植，1月栽植依乐藻，4月栽植水韭菜或轮叶黑藻。水草覆盖密度控制在60%左右。后期视水草长势进行管理，及时刈割。

(4)适时捕捞销售　6月25日开始，采取捕虾不捕蟹、捕大留小的方式不间断捕获规格达25克以上的小龙虾不能因价格低而停捕，以免池塘容载量过大而影响河蟹生长发育。小龙虾一般要求在8月10日前捕捞结束，留出充足空间来保证河蟹的正常生长。

(二)一虾两养与河蟹混养

1. 主体信息

江苏省兴化市兴东镇倪某创办的公司采用前期放养大棚标粗的小龙虾苗与后期放养抱仔虾的方式，实现了精准放养，并避免放养大规格虾苗成活率不高的问题。该模式养成的小龙虾捕捞销售正处于市场的高价期，显著增加了经济收益。2023年虾蟹混养有两口池塘，共17亩。

2. 养殖成果

平均亩产小龙虾325千克、河蟹100千克，亩均收入达30 400元。在养殖期间，亩饲料投入2 500元、动保产品投入220元、人员工资1 500元、土地租金1 250元、大棚折算费3 000元、其他费用1 780元，亩均成本10 250元。亩均利润达20 150元。

3. 特色做法

该模式是冬季采用保温大棚对小龙虾苗种进行标粗，翌年3月10日放养2 000～3 000只/千克小龙虾苗种开展第一茬小龙虾养成，后期在4月20日以放养抱仔小龙虾的方式进行第二茬小龙虾养成。通过定量放苗，精准投喂，精心管理，实现小龙虾二次错峰上市高价出售。

(1)小龙虾冬季大棚标粗　10月下旬至11月中旬，通过上水或者下雨等途径促使小龙虾出洞活动，捕捉池塘内大规格抱仔小龙虾放至保温大棚内的帆布池中进行冬季标粗虾苗，翌年3月上旬，当大棚内小龙虾苗种规格达到2 000～3 000只/千克即转移至已栽植好水草的池塘中进行养成。

(2)增加小龙虾隔离围网　在池埂原防逃网内侧临近正常水位线以下30厘米处再建一道围网，网高1米，网外侧缝制防止小龙虾攀援的塑料板，防止在两道网之间已打洞繁殖的抱仔虾进入池塘，内网下端埋入泥土5～10厘米。

(3)足量投喂饲料　河蟹苗种放养时间是2月底至3月初，精细管理的河蟹苗种早期培育一般在蟹池中围起来的强化培育区。而大棚培育的小龙虾苗种也是这个时期投放，最好和河蟹苗种放在不同区域，选择粗蛋白质含量为40%以上的河蟹饲料精心投喂,常采取蟹种饲料和蟹苗培育饲料结合的投喂方式,确保河蟹和小龙虾饲料充足。为提高小龙虾产量,该养殖户4月20日左右又每亩投放了抱仔虾12只。抱仔虾投放后,施用发酵生物肥,每亩每米水深用量10～15千克,水体透明度控制在30厘米左右。

(4)加强水草管理 11月下旬栽植伊乐藻,翌年4月上旬在池塘中间田面栽植水韭菜或者轮叶黑藻,水草覆盖率在40%左右。高温季节视水草长势情况做好底增氧和水草刈割,以确保池塘的水草覆盖率维持在60%左右。

(5)持续保持池塘溶解氧 采用微孔增氧和水车式增氧相结合的方式,保持水体溶解氧含量在5毫克/升以上。

(6)适时捕捞销售 第一批小龙虾成虾于4月10日开始捕捞。5月10日前后捕捞结束;第二批小龙虾在6月25日开始捕捞,8月10日捕捞结束。采取捕虾不捕蟹,不间断捕获小龙虾。

(三)蟹池分区套养小龙虾模式

1. 主体信息

江苏省涟水县高沟镇杜某的养殖面积达405亩,其中网围养虾约为200亩。

2. 养殖成果

2023年,该户虾蟹混养的池塘平均亩产成虾120千克、河蟹125千克,亩均收入17 780元。在养殖期间,每亩投入苗种1 500元、饲料1730元、动保产品495元、人员工资1 150元、土地租金1 100元、其他费用791元,亩均成本6 766元。亩均利润达11 014元。

3. 特色做法

(1)虾苗专池繁育 配套虾苗繁育池52亩,9月上旬清塘消毒,消毒1周后移栽水草,注重水草品种搭配,选用伊乐藻、轮叶黑藻、苦草。10月上旬开始投放亲虾,挑选活力强、附肢健全、体色紫红的亲虾,个体质量在30克以上,每亩投放亲虾30千克,单个塘口一次性放足。加强投喂和水质管理,4月初开始捕捞虾苗,亩均虾苗产量为163千克左右。

(2)坚持清塘消毒 在一轮养殖周期结束后,使用150千克/亩生石灰或40千克/亩漂白粉彻底清塘消毒。消毒后,排干池水进行晒塘,晒塘持续至2月下旬。其间,积水应及时排干。

(3)种植适量水草 2月底前养成池塘开始进水,塘面水位控制在20～30厘米,栽植伊乐藻,行间距为8米 ×4米。根据不同水草的发芽生长季节,在两行伊乐藻之间适当搭配菹草、苦草、轮叶黑藻等。栽种后,使用水草专用肥料,加快水草生长速度。

(4)虾蟹分区养殖 河蟹放养前用围网在蟹塘中心设"回"字形小龙虾养殖区,占池塘面积的50%,围网高度应高于池埂,围网上沿设置塑料薄膜,下端埋入土中

10～15 厘米，以防止河蟹进入小龙虾养殖区。

(5)苗种计数下塘　3 月中旬开始放养河蟹苗种，苗种规格为 120～150 只/千克，每亩放养蟹苗为 900～1 100 只，河蟹放养在池塘中网围外侧。4 月上旬放养小龙虾苗种，苗种规格为 240～360 只/千克，每亩放养虾苗为 4 000 只左右，小龙虾苗种放养在蟹塘中心网围内。河蟹和小龙虾分开养殖，前期河蟹规格小，需求空间不大，利用多余的空间开展小龙虾养殖。小龙虾生长速度快，上市时间早，7 月底小龙虾捕捞结束后，撤掉内网，为河蟹生长提供充足的空间。

(6)重视调水改底　3 月开始，定期施用生物型改底与调水产品，每 10～15 天使用改底 1 次，每 10 天使用 1 次光合细菌、EM 菌等，均采用全池泼洒。虾苗入池前 1 周，做好水质监测，水体透明度保持在 40 厘米左右，pH≤8.5、氨氮含量≤0.2 毫克/升、亚硝酸盐含量≤0.1 毫克/升。

(7)补充投喂活饵　整个养殖期间以投喂河蟹配合颗粒饲料为主，并搭配少量大麦、小麦、豆粕、玉米等植物性饲料，补充营养元素，提高虾蟹体质。每年 4 月上旬每亩投放 5～10 千克浮螺种螺，任其在池塘内自行繁殖。由于浮螺繁殖能力强，且易被河蟹、小龙虾捕食，其为河蟹、小龙虾提供大量动物性饲料，降低养殖周期内螺蛳投入总量的 20%～30%，可减少生产成本投入。

(8)强化养殖管理　在河蟹蜕壳期间，注意水草密度，水草过密要及时刈割，池塘水草覆盖率不高于 50%。加强饲料营养，选用粗蛋白质含量 40% 的优质配合饲料，定期使用乳酸菌、多维等拌料投喂，调节肠道菌群，提高饲料利用效率。适当提升冰鲜鱼在河蟹日粮中的占比，增强河蟹免疫力，加快河蟹育肥进度。

(9)严控捕捞节点　6 月上旬开始捕捞成虾销售，不间断捕获规格达到 25 克以上的成虾。7 月底前将小龙虾捕尽，并及时拆掉网围，留出充足空间，保证河蟹的正常生长。河蟹自中秋节前后开始捕捞销售，根据市场行情及气温变化情况灵活掌握捕捞时间，至 11 月底捕捞结束。依据成蟹品质进行等级划分，分类销售，提高产品价值，增加养殖效益。

第三节　水生经济植物池养殖

一、水芹田养殖

水芹是一种耐寒的多年生草本植物，原产于欧洲，广泛生长于世界各地的河川、池塘与沟渠。水芹含有丰富的人体必需的营养物质，维生素、矿物质含量也高，每

100克可食部分含蛋白质1.8克、脂肪0.24克、碳水化合物1.6克、粗纤维1.0克、钙160毫克、磷61毫克、铁8.5毫克；水芹还含有芸香苷、水芹素和檞皮素等。水芹味甘辛、性凉，入肺、胃经，有清热解毒、养精益气、清洁血液、降低血压、宣肺利湿等功效，可治小便淋沥、大便出血、黄疸、风火牙痛、痄腮等病症。其嫩茎及叶柄肉质鲜嫩，清香爽口，可生拌或炒食。水芹在江苏一带被称作“路路通”，通常在春节期间作为一道必不可少的佳肴被端上餐桌。

水芹产量高而稳定，病虫害少，受天气条件影响不大，是冬季的重要蔬菜品种。水芹种植技术不复杂，栽培池只要灌水方便、保水性能好，土质松软、肥沃、有机质丰富，就能稳产、高产，亩产量为3 000千克左右，高产田块可达5 000千克以上，亩效益一般在2 000～3 500元。因为这些特点，水芹在传统消费区域的栽培面积较大。

水芹栽培季节性强，江苏南京、淮安地区，8月中下旬开始栽培，春节前后收获供应市场。3—7月为水芹栽培调整期，一般情况下，栽培池处于抛荒状态，杂草丛生，土壤肥力浪费严重。随着小龙虾价格的提升，在同一地块上，利用水芹栽培空闲季节养殖小龙虾，取得了较好的经济效益。

1. 水芹田养殖小龙虾的优势

(1) 水芹、小龙虾间作，时空可以较好对接　水芹栽培期是每年的9月至翌年的2月，春节前后上市销售，3—7月水芹田一直处于空闲状态；小龙虾9—10月产卵繁育，11月至翌年3月冬眠，3—7月生长发育，7月底可以全部捕捞销售结束，两种生物从时间、空间上可以交叉安排，轮流生产。种植业与养殖业间作在充分利用各自生长优势的同时，还能避免由单一业态连续运行带来的病虫害加剧的问题，实现了农业生产业态和时空的完美结合。

(2) 为小龙虾提供适口的天然饵料　空闲状态的水芹田具有丰富的有机碎屑、饵料生物，能为小龙虾提供适口的天然饵料。生产实践证明，利用水芹田养殖小龙虾，完全依靠田中的天然饵料，每亩可以生产小龙虾75千克以上，且小龙虾个体大、口感好。

(3) 小龙虾可以摄食杂草、害虫，减少水芹栽培管理成本　在水芹池栽培的空闲季节，由于土壤肥沃，各种杂草丛生，长势旺盛，如不养小龙虾，就必须人工拔除杂草，否则，既消耗肥力，又严重影响后期水芹的栽培效果。放养小龙虾不仅可以节省除草人力支出，还可以适当减少水芹栽培时的肥料投入。

2. 小龙虾养殖条件

(1) 具有丰富的饵料生物　开展水芹栽培的池塘的水源条件好，底泥肥沃，栖息生物丰富，易于萌发各种沉水植物。

(2) 田埂较高，保水性好　一般要求田埂高度不低于80厘米，埂顶宽不小于1米，土质以壤土为好。

(3) 建有防逃设施　在田埂上建有防逃设施，建造方法与稻田改造中的防逃设施构建一致。

3. 水芹栽培与收获

(1) 栽培田选择　选择土壤肥沃，保肥保水性能良好，排灌方便的低洼田块、浅水藕田等。

(2) 施肥整地　播种前 7～10 天，每亩施优质有机肥 2 000～2 500 千克或饼肥 100～150 千克，然后深耕、上水沤制。耕翻次数越多，翻得越深，沤制时间越长，越容易获得高产。在最后一次耕翻整地时，亩施三元复合肥 50～75 千克，以达到田面平整的状态。四周高田埂压实加宽，高度在 80 厘米以上，灌水 5 厘米以内。

(3) 选种催芽　由于水芹品种较多，各地可选择适合当地气候条件和消费喜好的品种进行栽培。江苏苏北地区以长白芹为主要栽培对象，苏南地区以圆叶芹、早水芹等为主要栽培对象。选定栽培品种后，根据生产需要，引进足量种芹，并立即进行催芽。

① 扎捆堆放。8 月中下旬，将引入的种芹茎秆分捆，每捆直径为 20～30 厘米，用稻草捆扎 2～3 道。将捆扎好的水芹种茎纵横、分层交叉堆放，堆放地点要求遮阴、通风，可以选择大树或房屋北墙根阴凉处，也可搭设遮阳网遮阴；水芹堆上盖稻草或水草。

② 保湿催芽。每天 9:00 前、16:00 后，在水芹堆上各喷淋清水 1 次，保持水芹种茎湿润，预防发热腐烂。在凉爽、通气、湿润的条件下，经过 6～8 天，水芹种茎各节的叶腋向上出现 1～2 厘米的嫩芽，向下萌发生根。

③ 切段备播。发芽、生根的种茎即可播种。撒播的种茎可切成长度为 30～40 厘米的小段；排播的种茎可切成长度为 60 厘米左右的长段。

(4) 浅水栽培　水芹的适宜栽培期在 9 月上旬，过迟不利于高产。做好栽培工作是获得水芹高产的基础。排播可以获得更好的栽培效果。

① 栽培方法。将催芽的种茎的茎端朝田埂，梢端向田中间，芽头向上。

② 栽培要点。一是保证密度，排播的间距通常为 6～8 厘米，一般每亩用种量为 200～250 千克；二是田面平整，以利于长芽生根，从而达到生长一致。栽培阶段最忌田面高低不平，高处干旱，不利于水芹扎根和长芽；低处积水，太阳晒热的浅水易烫坏水芹嫩芽。随着幼苗长高，逐步加高水位。

(5) 追肥治虫　在幼苗长到 2～3 片叶子时，开始追肥，促进植株尽快旺长，以后每隔 7～10 天追肥 1 次，每次每亩用尿素 10～15 千克。如果发现蚜虫，及时用蚜虱净喷雾防治或深水（4 小时左右）灭蚜。

(6)水层管理　水芹充分扎根生长后，可以排干田水，轻搁一次，随水芹长高，逐步加高水位，初期水位为 5～10 厘米，中后期水位为 30 厘米，保持植株露出水面 15 厘米左右。入冬以后，水芹停止生长，加高水位至淹没水芹植株，以保暖越冬，防止受冻。

(7)匀苗深埋　当苗长高到 25 厘米左右时，结合杂草清除和肥料追施，进行田间整理。

① 移密补稀。田间分布能均匀。

② 捺高提低。田间群体能生长整齐，高矮一致。

③ 深埋提质。11 月上中旬，植株达到 25～30 厘米或 30 厘米以上，将水芹植株深埋入土，使其在缺光的条件下逐渐软化变白，这是提高水芹品质、食用价值和打进苏南等城市大市场的重要措施。其办法是用手将植株采挖出水，再成捆就地深栽，每穴 10～15 株；入土深度视株高而定，淤泥上部留头 10 厘米，其余全部埋入泥中；深埋时，两手五指伸开，夹住植株根部，直插入土，保证植株在淤泥中不歪、不卷根。对于淤泥较浅的田块而言，这种办法就很难实施，可采取其他方法提高品质。

(8)适时采收　采收时间和标准，不同地区有所不同。无须进行深埋软化的地区在 11 月中下旬就可以采收上市；已进行深埋软化的地区的上市时间可适当推迟。元旦、春节两大节日的价格较高，可适时上市。

4. 小龙虾养殖与捕捞

(1)池塘准备

① 防逃设施的建立。在水芹栽培田田埂上设置防逃设施，既可防敌害生物进入，又可防止小龙虾外逃。

② 清塘。水芹采收结束后，用清塘药物进行水体消毒，杀灭病原体和敌害生物，虾苗放养前加注新水。

③ 移植水草。小龙虾喜欢栖息于水草丛中。在采收水芹时，有选择地预留少量水芹作为小龙虾蜕壳隐蔽和栖息场所；在后期采收水芹时，剥离的茎叶也可以还塘，用作小龙虾饲料。小龙虾在塘密度较高时可以移栽伊乐藻，以满足小龙虾对水草的需要。

(2)小龙虾苗种准备与放养

① 苗种准备。当水芹栽培面积较大，小龙虾苗种需求量较大时，最好准备专门的池塘开展专池苗种繁育工作。

② 放养模式。以春季放养幼虾为主。水芹采收完毕，池塘经过消毒整理后，直接放养 3～6 厘米的幼虾，一般每亩放养 3 000～5 000 只。放养时，要注意幼虾的质量，最好是来源于人工专池繁育的幼虾，规格尽可能整齐，并且一次放足。

(3) 日常管理

① 饲料投喂。水芹田放养小龙虾，前期无须投饵，田中大量的有机碎屑和饵料生物可以满足小龙虾摄食需要。随着个体长大，小龙虾摄食量逐渐加大，可按池塘主养模式开展饲料投喂。

② 水质调节。水芹田底泥较肥沃。在养殖前期，水温低、水草旺盛时，水质管理工作主要是保持水位稳定。5月下旬开始，小龙虾的摄食量加大，水温逐渐升高，水芹、伊乐藻等低温旺盛生长的水草逐渐减少，透明度减小，应该定期使用微生物制剂和生石灰调节水质。水位逐渐加深到高位，最好保持在 80 厘米以上，并每 10～15 天换水 1 次，7—9 月每周换水 1 次，池水透明度保持在 40 厘米以上。

③ 敌害和疾病预防。小龙虾的敌害主要有水老鼠、水蛇、青蛙、蟾蜍、水鸟和一些凶猛肉食性鱼类等。除对水芹田彻底清田消毒外，进排水口也要用密网封好，严防敌害生物进入，平时发现敌害生物要捕捉清除。养殖后期，在饲料中定期添加乳酸菌等微生态制剂和维生素，增强小龙虾体质，可预防疾病的发生。

(4) 捕捞销售　大部分 3～6 厘米的小龙虾苗种经过 2 个月左右的饲养可达到商品规格，应及时捕捞上市。采用地笼等工具进行捕捞，下午将地笼放置池内，清晨起笼收虾。在下一季水芹栽培前排干池水，将所有小龙虾捕获上市。

利用水芹田开展水芹、小龙虾轮作养殖，水芹平均亩产量为 3 000～5 000 千克，亩效益达 2 000～5 000 元；小龙虾平均亩产量为 75～200 千克，亩效益达 2 000～5 000 元。对于同一块田地而言，全年亩效益一般在 4 000～10 000 元，效益可增加 1 倍以上。

二、藕田养殖

藕，又称莲藕，属睡莲科植物，可餐食，也可药用。我国已有 3 000 余年的栽培历史。它的根、茎、叶、花、果都有经济价值，其地下茎肥大而长，有节，中间有数个管状小孔，折断后有丝；生食或熟食均可，还可制成藕粉等加工食品。藕是广受老百姓喜爱的水生蔬菜之一，也是出口创汇的重要农产品。莲藕在我国分布十分广泛，资源丰富，从东北大地到海南岛，从东海之滨到西藏高原都有它的踪迹。它的主要栽培区在长江流域和黄淮流域，以湖北、江苏、安徽等省的种植面积为最大。

与稻田养虾、水芹田养虾模式类似，藕田养殖小龙虾可以分成两种模式：一是利用莲藕栽培冬闲季节开展的藕田小龙虾苗种繁育模式；二是莲藕生长旺季，利用藕田较好的生态环境，开展藕田小龙虾套养。前一种以虾为主，后一种以藕为主，各有侧重，争取莲藕种植和小龙虾养殖双丰收。对于藕田开展小龙虾养殖而言，藕田为小龙虾提供了较好的生态环境和丰富的饵料生物；小龙虾摄食活动既为藕田除草、除害，又疏松了土壤，增加了肥力。藕虾综合种养既增加了小龙虾产量，又降低了莲藕种植成本，可大幅度提高藕田产出率，是种植业与养殖业互相利用、互相补充的创新模式。随着小龙虾消费量的不断增加，我国传统莲藕种植区广泛开展了藕田小龙虾生态种养（彩图 26），取得了较好的经济效益。

1. 藕田套养小龙虾技术要点

藕田养殖小龙虾一般是粗放经营，冬春季节依靠原塘成熟亲虾自繁自育生产小龙虾苗种，莲藕发芽前，捕捞销售全部苗种和成虾，莲藕叶柄出水后，开展藕虾共作。莲藕发芽生长季节正是小龙虾摄食旺盛时期，幼嫩的藕芽及未出水面的荷叶、荷茎都是小龙虾喜食的饵料；荷叶冒出水面，叶柄粗壮，纤维含量提高，小龙虾对莲藕的危害大幅度减少，因此，解决好虾、藕种养矛盾，必须掌握以下技术要点。

（1）选择好小龙虾放养时机　藕虾共处一池，莲藕嫩芽易遭小龙虾损坏。解决的唯一办法就是在藕芽萌发到荷叶出水期间，将小龙虾和莲藕分离：一是在藕芽萌发前，将藕田所有小龙虾全部捕捞出池，保证藕田嫩芽和未出水的荷叶、荷茎不被损害；二是在荷叶全部出水后，按计划放入小龙虾苗种，这就要求有充足、优质的小龙虾苗种储备（一般在藕田一角，配套建设专门的小龙虾苗种繁育池）。

（2）控制好小龙虾放养数量　在藕虾共作模式下，要获得虾、藕双丰收，小龙虾放养数量一般不超过 4 000 只/亩。夏季，莲藕生长旺盛，荷叶遮阴严重，水体含氧量较低，有计划的放养可以促进小龙虾尽早上市，减少对莲藕生产的影响。在多年藕虾套养的藕田，小龙虾数量难以掌握。过多的在池小龙虾苗种一定会对莲藕嫩芽及叶、茎造成危害，需要认真对待。

（3）小龙虾苗种繁育配套　4 月，莲藕开始定植或萌芽，江苏地区水温达到 15 ℃以上，小龙虾已出洞觅食。6 月，荷叶全部出水，藕虾共作模式的小龙虾苗种才可以放养，而大部分正常季节的小龙虾苗种经过 2 个多月的生长可以上市销售，小龙虾苗种市场供应稀少。为保证藕田有充足、优质的小龙虾苗种，需要提前开展小龙虾苗种繁育或储备。江苏莲藕种植地区已探索形成藕虾共作模式的小龙虾苗种配套技术，取得了较好的生产效果。其具体做法为：在莲藕池一角，开挖藕田面积为 5%～10% 的小池，开展小龙虾延迟育苗工作，生产的小龙虾苗种比正常季节晚 30 天以上，荷叶出水后，将专门配套的小龙虾苗种捕捞计数，再按放养计划放入藕田开展藕虾共作；也可以利用藕田一角的小池塘提前暂养计划放养的小龙虾苗种，待荷叶出水后，打开相邻堤埂，让小龙虾苗种自行进入藕田，开展藕虾共作。

由于秋冬季藕田的莲藕茎叶枯萎，藕田沉积了大量有机质，加上藕田本身丰富的肥料基础，藕田有机碎屑多、底栖生物丰富，是小龙虾苗种繁育的良好场所。随着小龙虾养殖面积的扩大，利用藕田开展小龙虾苗种生产的种养户越来越多，依靠小龙虾自繁自育能力，加强冬季藕田水位、水质管理，不投喂任何人工饲料，早春即有3厘米以上大规格苗种捕捞。随着水温提高，小龙虾苗种规格越来越大，4月中旬一般可亩产小龙虾苗种100千克以上，在莲藕定植或发芽季节前完成小龙虾苗种捕捞，并利用藕田一角池塘提前储存足量小规格苗种。6月，荷叶出水面后，再放入藕田，实现了藕田“一藕两虾”的高效种养生产。

2. 莲藕栽培与采收

(1) 莲藕品种选择与繁育　由于莲藕的品种很多，藕虾综合种养的莲藕品种需要结合生产经营计划做出针对性选择。江苏地区一般根据藕田栽培水深选择莲藕品种，水深为50厘米以下的藕田可以选择浅水藕，多为早熟品种，如3735莲藕、珍珠莲藕、巨无霸莲藕、花奇莲藕等；水深为50～150厘米的藕田可以选择深水莲藕，一般为中晚熟品种，如雪莲藕、飘花莲藕、丰荷1号莲藕、杂交大白莲藕等；水深为150～220厘米的藕田需要选择超耐深水莲藕，如微山湖白莲藕等。

莲藕生产用种应专门建立生产用种的繁育基地，用种纯度应达95%以上；当同一田块连续几年用于繁种时，应选用同一品种。在更换品种时，应先种植其他种类作物1～2年，防止品种混杂，减低生产性能。对于连作种藕田而言，定植前挖除上一年残留的植株，并在生长期仔细比较花色、花形、叶形、叶色等性状，将不同植株或变异植株挖除；花期后，每10～15天巡查一遍，去杂并及时摘除花蕾和莲蓬；枯荷期后，挖除田块内仍保持绿色的个别植株；种藕采挖时，应对皮色、芽色、藕头与藕条形状等与所繁殖品种有异的藕枝及感病藕枝予以剔除；种藕储运时，同一品种应单独储藏、包装和运输，并做好标记，注明品种名称、繁殖地、供种者、采挖日期、数量及种藕级别等。

莲藕的繁殖方法较多，根据不同部位，大体有以下几种。

① 莲子繁殖。莲子外披一层坚硬的果壳，繁育时，先敲破果壳凹入的一端，再浸泡在26～30 ℃温水中催芽，待芽长出4叶1鞭后，便可定植于大田。繁殖初期，莲藕生长缓慢，计划当年结成有商品价值莲藕的种植户应设立专门的莲子繁育保护池，并提前30天开展莲子繁育工作。

② 子藕繁殖。子藕是指主藕上的分枝。有1～4节，具体分节数量与着生部位有关，靠近藕头子藕，节数少，藕梢部位的节数多。子藕均可切下单独作藕种繁殖，但以3节以上的作种较好。每亩需种藕50～75千克。

③ 藕头繁殖。用主藕顶端一节切下来作种，也可切下子藕顶端一节藕头作种。该法会影响剩余藕的商品性。

④ 藕节繁殖。从生有腋芽的藕节上切下5～6厘米的节栽种，这是利用藕节上的腋芽进行繁殖。该法会影响剩余藕的商品性。

⑤ 顶芽繁殖。将主藕或子藕顶端的芽连同基节切下，插在软泥土苗床中。扦插

时，如气温尚低，需用塑料薄膜覆盖，待顶芽的基节上长出不定根，顶端长出 2～3 片小叶，外界气温已稳定在 15 ℃以上时，方可定植于大田。定植方法：将不定根及莲鞭均埋入泥中，小叶露出水面，栽后浅水灌溉，以提高泥温，促使早发。该方法较烦琐，如掌握不好，则当年长出藕较小，没有商品性。

⑥ 莲鞭扦插。待田间莲藕上的芽伸出莲鞭，长到分枝后，将带有顶芽的两节莲鞭(上面保持两片叶子)，完整挖起移栽于大田中。栽培时，芽头及莲鞭均浅埋于泥中，但要使荷叶伸出水面。该方法用于补苗。

⑦ 微型藕繁殖。通过快速繁殖技术，在试管内诱导形成试管藕，先用试管藕在保护地内水培繁殖成 0.25 千克重的微型藕，再用微型藕定植于大田。该繁殖方法可用于繁殖无毒苗。该方法每亩只需藕种 25～30 千克。

目前整藕繁殖应用最多，但最经济、合理，应用前景最好的方法是子藕繁殖和微型藕繁殖。

(2) 莲藕的栽培与管理　根据莲藕不同繁殖方式，莲藕的栽培技术有很多种，本书仅就露地浅水藕与微型藕栽培技术做简要介绍，这也是莲藕种植户最常用的莲藕栽培方式。

① 露地浅水藕栽培与管理。

A. 整田及施肥：浅水藕多为低洼地栽培。选择水位稳定、土壤肥沃的低洼地田块，先每亩施腐熟粪肥 2 000～3 000 千克，生石灰 80 千克，再将田翻耕耙平。在气温回升到 15 ℃以上时，开展莲藕栽培。

B. 栽培：长江中下游地区一般在 4 月上旬开始藕种定植，华南、西南地区相应提前 15～20 天，华北地区相应延后 15～20 天。浅水田栽种密度因品种、肥力条件而定，一般早熟品种密度大，晚熟品种密度稀，瘦田密、肥田稀。株行距一般为 2 米 ×2 米或 1.5 米 ×2 米，每亩栽种芽头数 500～600 个。定植的方法是先将藕种按一定的株行距摆放在田间，行与行之间各株交错摆放，四周芽头向内，其余各行也顺向一边，中间可空留一行，田间芽头应走向均匀。栽种时，将种藕前部斜插入泥中，尾梢露出水面。种藕随挖随栽。

C. 水深管理：应按前期浅、中期深、后期浅的原则加以控制。生长前期保持 5～10 厘米的浅水，有利于水温、土温升高，促进萌芽生长。生长中期(6—8 月)加深至 10～20 厘米，到莲荷枯后，水深下降至 10 厘米左右。冬季藕田内不宜干水，应保持一定深度的水层，防止莲藕受冻。

D. 追肥：在莲的生育期内分期追肥 2～3 次。第一次在长出 1～2 片立叶时，第二次在封行前，第三次在结藕前。第一次每亩追施腐熟粪肥 2 000～4 000 千克或尿素 15 千克，第二次追施复合肥 20～25 千克，第三次追施尿素 10～15 千克。早熟品种一般只追 2 次肥。施肥前宜将田间水深降低；施肥后应及时浇水，冲洗叶片上留存的肥料，以防止灼伤叶片。

E. 转藕头：莲鞭在田间分布均匀或防止莲鞭穿越田埂。应随时将生长较密地方的莲鞭移植到较稀处，也应随时将田埂周围的莲鞭转向田内生长。由于莲鞭较嫩，操作时应特别小心，以免折断。

F. 折花打莲蓬：莲藕的多数品种都能开花结实。在其生长期内将花摘除，以利于营养向地下器官转移，也可防止莲子老熟后落入田内发芽造成藕种混杂。

② 微型藕栽培与管理。

A. 整地：选择土壤肥沃、灌溉方便的田块。宜在定植前 15～20 天，清除田间残存茎叶，翻耕 20～30 厘米，耙平，并加固加高田埂，使田埂高出泥面 1 米以上。

B. 施用基肥：每亩宜施钙镁磷肥 100 千克，腐熟粪肥 2 500 千克及生石灰 75 千克。

C. 种藕质量：要求种藕纯度达 95% 以上，且新鲜，顶芽和侧芽均完好，藕段上无大的机械损伤，不带病虫害。种藕无土，单根重 0.2～0.3 千克。

D. 种藕储运：种藕挖起后，如遇低温阴雨不能及时栽种，应集中堆放，高度堆放不超过 1.5 米，覆盖保温（15 ℃以上），洒水保湿。

E. 包装运输：需包装的种藕在挖起后要及时冲洗掉泥土，根据包装箱体的大小，削除过长的后梢，用 50% 多菌灵可湿性粉剂 800～1 000 倍溶液浸泡 1 分钟。在规格为 25 厘米 ×28 厘米 ×80 厘米的瓦楞纸箱内垫放聚乙烯塑料袋，将种藕轻放入纸箱后用清洁的珍珠岩填充防震，然后封箱打包。每箱藕净重 25 千克。可贮放 30～60 天。

F. 定植：气温稳定在 13 ℃以上时开始定植，露地栽培一般在 3 月下旬至 4 月上旬。定植田保持 5 厘米浅水，先排放，后定植，田四周的藕头朝向田内，离开田埂 0.5 米。株行距 2 米 ×2 米，排放方式可采用横队式和纵队式。定植深度约为 10 厘米，藕梢露出泥面呈 15° 斜栽。每亩用微型种藕 120～140 枝。

G. 水深管理：立叶长出之前保持 3～5 厘米浅水，封行后水位加深至 15 厘米。进入地下茎膨大期，水位降低至 5 厘米，成熟后保持 10 厘米左右的水深储藏越冬。

H. 莲藕密度管理：在立叶 3～4 片时，将生长稠密处的侧枝挖起，带土补栽到缺株、稀空的地方，以保持田间苗均匀。在莲藕生长期间，每周检查 1 次，如果发现莲鞭伸向田埂，应及时将其前端 1～2 节带根挖起，然后顺势将生长方向转至田内，并按原先的深浅埋入泥中。中晚熟品种在开花着果期间每隔 7～10 天摘 1 次花果，连续 3～4 次。

I. 追肥：早熟莲藕追肥 1～2 次，中晚熟莲藕追肥 2～3 次。当第一片立叶展开时，每亩施尿素 15 千克或腐熟粪肥 100 千克。当立叶长出 5～6 片时,每亩施复合肥 75 千克或尿素 20 千克和硫酸钾 10 千克。当晚熟品种根状茎开始膨大时,根据长势每亩再追施硫酸钾复合肥 20～30 千克。

(3)莲藕的采收与留种　青莲藕一般在 7 月采收。采收青莲藕的品种多为早熟品种,入泥较浅。在采收青莲藕前一周,先割去荷梗,以减少藕锈。在采收青莲藕后,可将主藕出售,而将较小的子藕栽在田四周,田内栽一茬作物(如晚稻),子藕在田周生长结藕,作第二年藕种或在采收时,只收主藕,而子藕原位不动,继续生长,至 9—10 月可采收第二茬藕。老熟藕在秋冬至第二年春季皆可挖取。采收有两种方式:一是全田挖完,留下一小块作第二年的藕种;二是抽行挖取,挖取 3/4 的面积,留下 1/4 不挖,存留原地作种。留种行应间隔均匀。如果是原地留种,翌年结藕早,早熟品种在 6 月即可采收青莲藕。老熟藕在终止叶开始衰败时收获。

3. 莲藕病虫害防治

(1)莲缢管蚜　该蚜虫在莲藕等水生蔬菜幼嫩叶片或叶柄、花柄上寄生,受害的叶片出现皱缩、黄化等症状。莲缢管蚜以卵在李属植物(如桃、李等)上过冬,翌年 4 月下旬孵化后产生有翅蚜,为害期为 4—5 月,7 月以后随气温升高,虫量下降,8 月中下旬蚜量再次回升。该蚜虫在藕田扩散方式有两种:一是通过有翅胎生雌蚜在田间飞行扩散;二是以无翅胎生雌蚜扩散,在水面或通过浮萍等向外做短距离扩散。当单位面积的虫口过大或叶片出现老化、黄化或失水时,蚜虫就会自行扩散。该蚜虫还为害浮萍、眼子菜、绿萍等水生植物。

防治方法:清除田间的水生杂草,特别是水生寄生植物。在藕虾共作田块,该虫为害程度大幅度降低。

(2)莲潜叶摇蚊　该虫在莲藕的整个生育期都能为害浮叶,受害浮叶上有多条长短不一的褐色虫道,一般长为 5～10 厘米。栽培初期,受害莲藕立荷生长缓慢,后期影响不大,该虫只在一片叶上完成幼虫期,并不转移为害。幼虫一旦入水,不能再次侵入。

防治方法:藕虾共作田块为害程度较低,不养虾藕田每亩用晶体敌百虫 25 克撒入田内可防治。前期手工摘去为害较重的叶片即可。

(3)稻食根叶甲(食根金花虫)　主要为害莲藕地下茎,该虫一年发生 1 代,成虫和幼虫都可越冬,翌年 5 月上旬开始为害莲藕。此时正值莲藕立荷初发期,地下茎迅速生长,稻食根叶甲幼虫以尾端小钩插入莲地下茎幼嫩部位固定身体,再用口器将地下茎咬成小孔取食。因幼虫只取食幼嫩部位,并随地下茎生长而向前转移,严重时,一条地下茎上有几十头幼虫。地下茎受害后,荷叶不能正常开展,从叶缘向中部逐渐枯死,全株形成一条枯死的立荷带。受害的植株生长缓慢,重者全株死亡。6 月以后各种虫态先后出现，7月成虫渐多。成虫不为害莲，主要取食其他水生杂草（如眼子菜、鸭舌草等），其中眼子菜是其重要的野生寄主。

防治方法：对虫害重的田块实行轮作，虫害重的相邻田块也不宜种藕。冬季排干积水，使越冬幼虫死亡，清除田间野生寄主，减少成虫取食及产卵场所。在5月初至6月上中旬发生虫害时，每亩用菜籽饼粉20千克耕入田中消灭幼虫。放养小龙虾可以大幅度减少该虫为害程度。

（4）斜纹夜蛾　该虫主要为害莲藕叶片，幼虫取食叶肉，留下表皮和叶脉，使叶片呈纱网状。该虫一年发生多代，7—9月对水生蔬菜为害最严重。成虫白天不活动，躲藏于植株茂密处的叶丛中，黄昏后开始飞翔取食。该虫幼龄一般为6龄，也有7龄或8龄，4龄以后食量大增，一片荷叶仅3～5头幼虫就可啃食光，且4龄幼虫开始出现背光性，白天躲在阴暗处，傍晚出来取食。老熟幼虫能浮水游泳，并上岸化蛹。

防治方法：幼虫在初龄时群集为害，应摘除虫叶，集中消灭幼虫。也可在幼虫分散前，以敌百虫类农药喷雾杀灭。

（5）莲腐败病　该病一般发生在6月中下旬或7月初。地上部分主要表现为整个叶缘一边开始死亡，叶片反卷，呈青枯状，似开水烫伤一般。叶柄的维管束组织变褐，最后整个叶片死亡，由病茎上抽生的花蕾瘦小，荷花不能正常张开而死亡。地下部分表现为地下茎维管组织变褐腐烂，茎节部着生的须根坏死，易脱落。由于病株结的藕小，其横切面中部变褐。

防治方法：该病应以预防为主。一是利用抗病品种及无病种藕，发病田的藕不能作种，否则引起新田发病；二是水旱轮作，发病重的田块可以实行水旱轮作3年，以减少发病；三是防治稻食根叶甲，病菌易从由该虫造成的伤口侵入；四是尽量减少地下茎的人为损伤。

4. 小龙虾苗种放养与捕捞

（1）藕田的改造与准备

① 藕田的选择。藕田大小不限，水深为1～1.5米，要求水源充足，水质良好，易于排灌，围埂保水性良好，无漏洞，在沿围埂开挖虾沟的同时，加高、压实藕田四周堤埂，排灌口及围埂四周设置防逃设施。

② 虾沟构建。在藕田中，挖掘“十”字形或“井”字形的虾沟，与排灌口相通。虾沟底口宽为1米，上口宽为3～6米，深大于80厘米，虾沟面积占藕田面积的10%左右，便于藕田管理和小龙虾捕获。通常“十”字形虾沟用于面积小的藕田，“井”字形虾沟用于面积较大的藕田。

③ 藕田消毒与施肥。使用漂白粉等氯制剂、生石灰进行全池消毒。消毒后，按莲藕栽培要求选择和使用肥料。

(2)小龙虾的苗种选择、苗种准备与苗种放养

① 苗种选择。放养的小龙虾苗种要求附肢完整、规格整齐、活动敏捷、生命力旺盛,最好来源于自我配套的人工繁育池塘。幼虾规格为3～6厘米。外购苗种在放养前用浓度为3%～5%的食盐水中浸泡消毒3～5分钟。

② 苗种准备。为防止小龙虾对早期莲藕芽叶的伤害,小龙虾放养时间应在大部分尖荷出水之后。就近采买的苗种由于来源复杂、规格不齐,“老头虾”比例大,损伤严重,放养效果不稳定。建议养殖户提前准备专塘配套自繁,以确保藕田有计划放养。

③ 苗种放养。经消毒处理的苗种在放养时应避免阳光暴晒,一般选择阴雨天或早晚。如果外购苗种长时间离水,放养时,应进行“缓苗”处理,然后经消毒处理后放养。放养数量一般为3 000～5 000只/亩。

(3)小龙虾的饲养管理

① 饲料投喂。藕田中含有丰富的小龙虾饵料资源,养殖过程基本不投喂。为了防止小龙虾为害早期莲藕芽叶,在放养后的头半个月内,可以适当投饵。投喂品种以苗种培育阶段投喂的饲料为主,适当搭配蚕蛹、杂鱼等动物性饲料。投放量为小龙虾放养质量的3%～5%。

② 水质调控。莲藕生长旺季,水体光照不足,含氧量低。为满足小龙虾生长需要,每15～20天换水1次,每次换水量占藕田总水量的1/5。当pH低于7.5时,用生石灰进行调节,保持透明度在40厘米以上。

③ 敌害防控。藕田与水芹田、水稻田一样,水鸟、老鼠对小龙虾危害较大。在日常管理中,采用各种方法加大对敌害的清除和防控。

(4)捕捞 在小龙虾规格达到商品规格后,即可用地笼捕捞。多年养殖小龙虾的藕田要准确估算留塘小龙虾亲虾数量,去除多余小龙虾亲虾,防止小龙虾过量繁育,造成莲藕栽培的失败。

典型案例

江苏省淮安市的荷藕种植面积超过15万亩,因小龙虾养殖效益较好,近年来利用藕田开展综合种养的面积越来越大,基本实现了全覆盖,广大种养户也创造出多种藕虾种养结合的新模式,较好地发挥了“一水两用、一田双收”的健康生态农业效应。

(一)莲虾共生

1. 主体信息

江苏省盱眙县穆店镇王某的莲业公司的莲虾共生面积达800亩。

2. 养殖成果

2022—2023 年，该公司平均亩产成虾 107 千克、虾苗 75 千克、莲子 253 千克，亩均收入 10 800 元。养殖期间，亩均人员工资 2 750 元、土地租金 900 元、饲料 1 360 元、肥料 654 元、水电费 85 元、其他费用 475 元，亩均成本 6 224 元。亩均利润达 4 576 元。

3. 特色做法

(1) 田间工程建设　该公司莲田水源充足、排灌方便，保肥、保水能力强，进排水设施齐全，50 亩为一个种养单元。

① 挖沟。入冬前沿莲田田埂内侧开挖环沟，环沟距田埂堤脚 1～2 米处，田中间开挖"一"字形或"十"字形田间沟，田间沟间距为 20 米。环沟上宽为 4～5 米、下宽为 2～3 米、沟深为 1.5～2 米，田间沟上宽为 0.9～1.2 米、下宽为 0.45～0.5 米、沟深为 0.7～1.2 米。

② 筑埂。利用开挖环沟挖出的泥土加固、加高、加宽田埂，田埂应高于田面 0.8～1 米。做好莲田田面平整工作，防止田面高低不平，影响莲藕生长。

③ 防逃设施。沿田埂在莲田四周设置防逃网，进排水口安装过滤网，进水口用 40 目筛绢布制成的长布袋套住，出水口采用 25 目的金属网片扎紧，防止野杂鱼或敌害生物进入。

(2) 消毒施肥　在莲种植前 10～15 天，每亩莲田用生石灰 100～150 千克，兑水熟化后，全田泼洒或选用其他药物对田面、环沟进行彻底清池消毒。施肥以基肥为主，莲种植前 7～10 天，每亩施有机肥 1 500～2 000 千克，施肥后采用机械耕整，融泥层达 20 厘米以上，有机肥一次施足，以减少后期施用追肥数量和次数。

(3) 莲种植　种植时间宜早不宜迟，3 月 16 日，当气温稳定在 15 ℃以上时进行。莲品种选择'太空莲 36 号'。该品种具有花果期、采摘期特长，莲蓬数多，结实率高等优点，籽粒圆滑有光泽，百粒重 100 克左右。莲种植前保持池塘水位为 8～10 厘米，每亩选种藕 200 支，周边距环沟 1 米，行间距为 4 米 ×3.5 米。每亩栽 50 穴左右，边厢每穴栽 3 支，中间每穴 4 支。栽时藕头呈 15° 斜插入泥中 10 厘米，末梢露出泥面，藕头朝向田内。

(4) 小龙虾养殖环境营造和亲虾放养

① 环境营造。在环沟内移植空心莲子草（水花生）、凤眼蓝（水葫芦），营造适合小龙虾生长的环境。

② 亲虾放养。7 月上旬，按雌雄比例 2∶1 投放成熟度好的后备亲虾，每亩投放 25 千克，规格为 40～50 只/千克。该时期成虾价格较低，此时投放亲虾可有效降低生产成本。

(5) 莲虾共生管理

① 饲料投喂。小龙虾饲料投喂视小龙虾的放养密度而定，并根据生长情况及时调整。养殖期间，遵守“开头少，中间多，后期少”的原则。7—9月，每天投喂2次，5:00左右和18:00左右，每天投喂量为存虾总量的5%～8%；10—11月，每天傍晚投喂1次，每天投喂量为存虾总量的1%～3%；12月至翌年2月，不投喂饲料，翌年3月开始根据小龙虾活动情况适量投喂。

② 水位调节。莲田全年水位按照“浅-深-浅-深”的原则进行管理。9—11月保持浅水位为30～40厘米，12月至翌年2月深水位为40～60厘米，3—5月浅水位为10～20厘米，6—8月深水位为40～80厘米。

③ 水质调控。采取定期换水方法调控莲田水质。8—10月高温季节每15～20天换1次水，先排后灌，每次换水量为原水量的1/3左右。每20天泼洒1次生石灰水，每亩使用生石灰5千克。

④ 适时追肥。莲立叶抽生后追施窝肥，每亩追施优质三元复合肥和尿素各10千克。接近封行时，再满田追施一次肥料，每亩追施优质三元复合肥和尿素各15千克。子莲盛花期还要再追施一次结籽肥，每亩追施优质三元复合肥和尿素各20千克，确保莲蓬大，籽粒饱满。追肥时，防止肥料落于叶片上，应及时用水冲洗。

⑤ 病虫害防治。选用无病种藕，栽植前用‘绿亨一号’2 000倍，或者50%多菌灵800倍溶液浸种藕24小时。在发病初期，选用上述药剂喷雾防治。虫害主要有斜纹夜蛾、蚜虫、藕蛆等。在防治病虫时要慎用农药，防止对小龙虾产生影响。如为斜纹夜蛾，则人工采摘3龄前幼虫群集的荷叶，踩入泥中杀灭；蚜虫在田间插黄板诱杀；作为小龙虾的食源，藕蛆无须防治。

⑥ 坚持巡田。每天坚持早、晚巡田，观察沟内水色变化和小龙虾活动、吃食、生长情况。如果发现病死虾，应及时清理。

⑦ 注重一三产业融合。该公司专门建设1口25亩的小龙虾垂钓池塘，4口莲子荷花采摘池塘，每年7—9月供游客采摘、垂钓，年增加收益近30万元。

⑧ 小龙虾收获。翌年3月中旬开始捕捞小龙虾上市销售，小规格可作为虾苗出售，15克以上可作为成虾出售，全年可出售成虾。7月上旬开始收获莲子，9月初基本结束。

(二)藕塘养殖小龙虾反季节销售

1. 主体信息

江苏省淮安市淮阴区马头镇牟某的农业公司通过成虾错峰销售、瞄准优质消费市场、小龙虾苗提前上市等销售策略，获得了较高的收益。藕虾共生面积为500亩。

2. 养殖成果

2023 年，该公司平均亩产小龙虾 190 千克(成虾 110 千克、虾苗 80 千克)，亩均收入 7 402 元。养殖期间，亩均成本 2 267 元，其中小龙虾亲本投入 660 元、肥料 272 元、人员工资 732 元、土地租金 450 元(半年租金计算)、其他费用 153 元。亩均利润达 5 135 元(不包含莲藕种植效益)。

3. 特色做法

(1) 适时采藕　进入 8 月开始采藕出售，一直卖到翌年 5 月，通过不断采收，稀疏藕的密度，促进藕快速生长。藕亩产 1 400～1 500 千克，价格为 3～3.4 元/千克。

(2) 亲虾放养　8 月中旬前后每亩投放规格为 30～50 只/千克的亲虾 15 千克。

(3) 水位、水质调控　①水位调控：8 月下旬至翌年 2 月，水位保持在 50～60 厘米，有利于水体温度保持稳定。10 月上旬，将水位降到 20～30 厘米，保持 3～5 天，然后将水位加到最高位，即 50～60 厘米，能够促使抱卵虾出洞繁育幼苗。翌年 3—4 月，水位保持在 30～40 厘米，有利于水温回升，促进小龙虾生长。②水质调控：10 月下旬至翌年 2 月底，培肥水质，每亩施发酵的粪肥 160 千克，水体透明度保持在 30 厘米左右，既能为虾苗提供丰富的浮游生物饵料，又能提高水体温度，促进小龙虾生长；3—4 月，保持水体透明度为 35～40 厘米，有利于小龙虾生长。由于藕田中的浮游生物、底栖生物、腐殖质等较为丰富，能够满足小龙虾摄食生长需要。整个小龙虾在养殖过程中无须投喂饲料。

(4) 错峰销售　一是年前不出售成虾，待到翌年正月开始捕捞上市，规格为 40 克左右的成虾销售价格高峰可达 140 元/千克，是淡季价格的 3～4 倍；二是小龙虾苗种提早上市，小龙虾苗种从 3 月中旬开始销售，一直出售到 4 月底，5 月初将所有塘口中的小龙虾用药物杀灭，以免破坏刚长出的幼嫩藕芽，从而影响藕的正常生长；三是找准销售市场，成虾主要瞄准上海、深圳等大城市，以获得更高收益。

(三) 藕塘小龙虾精细化管理

1. 主体信息

江苏省金湖县吕良镇姚姓种养家庭农场充分利用藕塘特有的资源优势，适时投放小龙虾亲虾，加强荷藕管理，开展藕田小龙虾苗种生产，取得了小龙虾苗种、荷藕双丰收。藕虾种养面积达 336.8 亩。

2. 养殖成果

2023 年，该家庭农场平均亩产小龙虾 110 千克(虾苗 75 千克、成虾 35 千克)、莲藕 1 212 千克，亩均收入 6 755 元。亩均成本 2 270 元，其中人员工资 180 元、租金 1 100 元、虾苗 200 元、饲料 450 元、肥料 200 元、渔药 30 元、农药 30 元、电费 50 元、其他费用 30 元。亩均效益达 4 485 元。

3. 特色做法

(1) 施足基肥　栽植荷藕前要施足基肥，基肥用量占总施肥量的60%以上，每亩施有机肥1 500千克、尿素15千克。5—6月，当大规格龙虾捕捞即将结束、荷藕开始长出立叶时，每亩追施尿素8千克；当荷叶基本长满塘面时，每亩再追施尿素15千克。

(2) 虾苗繁育及管理　8—9月，每亩投放规格为20～50只/千克的亲虾20千克。因藕田天然饵料丰富，每2～3天补充投喂1次饲料。如果遗留的小藕、藕茎比较多，此时就不投喂饲料。翌年早春发现有虾苗活动后，根据天气和温度适时投喂饲料，2月开始每2～3天投喂1次饲料，3月后每天投喂1次饲料，3月上旬开始捕捞虾苗、成虾上市。

(3) 加强荷藕管理　选用叶茎细短、长势迅猛、枝干发达、肉质脆嫩、优质高产的藕种。5月上旬将小龙虾全都捕捞出售，5—7月加强荷藕管理。一是控制水位，水位控制在30～50厘米左右；二是防治虫害，在5月20日之前每亩使用1次阿维菌素120克；三是定期施肥，在5月25日之前，每亩施复合肥100千克，6月25日前再亩施复合肥75千克。

(4) 适时销售　在1—2月藕价格相对较高时，出售荷藕，此时藕单价达3～4.4元/千克。春节前后的小龙虾销售价格较高，及时捕捞藕塘中的成虾销售。3月及时销售虾苗，同时降低藕塘内小龙虾苗种的密度，以促进小规格龙虾的快速生长。

(四) 放养亲虾模式的藕塘小龙虾苗种生产

1. 主体信息

江苏省淮安市洪泽区朱坝街道张姓家庭农场。该农场利用莲藕、小龙虾之间生态互补的特性开展藕田养虾，取得了较好的效益。藕虾种养面积达200亩。

2. 养殖成果

2023年，该家庭农场平均亩产藕1 750千克、小龙虾70千克，亩均收入达8 430元。养殖期间，亩投入种虾1 000元、饲料200元、人员工资960元、租金1 000元、肥料1 020元，水电费50元，亩均成本为4 230元。亩均利润达4 200元。

3. 特色做法

(1) 藕的种植与管理　2022年该家庭农场承包藕田200亩，3月开始平整田块，按每亩600千克移栽种藕，种植密度行距为2.5米、株距为0.9米。水位保持为0.2～0.3米，藕田四周环沟种植伊乐藻，伊乐藻的种植面积占环沟面积的30%。5月中旬亩施尿素40千克，同时亩用5%阿维菌素200毫升兑水喷洒全塘；6月上旬亩施氮、磷、钾比例为18∶8∶18的高效复合肥50千克，水位保持为0.5米左右；6月底再亩施氮、磷、钾比例为18∶8∶18的高效复合肥50千克；7—8月水位保持为0.8米，9月以后水位保持为0.3～0.5米。根据市场行情，8月至翌年4月灵活销售藕，同时留足藕种，2023 年末重复栽种。

(2) 亲虾投放　2022 年 7 月荷叶封行后，每亩投放外购亲虾 25 千克（雌雄比例为 3∶1)，亲虾规格为 20～30 只/千克。

(3) 饲料投喂　亲虾放养后不投喂饲料。2023 年 3 月上旬至 5 月中旬，投喂粗蛋白质含量为 36% 的小龙虾苗种配合饲料，每天投喂量为存塘虾总量的 5%～8%。

(4) 小龙虾捕捞　2023 年 2—3 月是小龙虾的高价期，将藕塘中产后亲虾捕捞出售。3 月中旬开始捕捞虾苗，一直到 5 月 20 日结束，虾苗售完后干塘、晒塘，为下一季莲藕生产做好准备。

(五) 放养虾苗模式的藕塘小龙虾苗种生产

1. 主体信息

江苏省淮安市淮安区漕运镇张姓家庭农场的藕虾种养面积达 150 亩。

2. 养殖成果

2023 年，该家庭农场平均亩产小龙虾 55 千克、荷藕 1 062 千克，亩均收入达 6 864 元。养殖期间，每亩投入虾苗 240 元、饲料 150 元、人员工资 500 元、租金 1 000 元、肥料 300 元，亩均成本为 2 190 元。亩均利润达 4 674 元。

3. 特色做法

(1)开沟种草　在藕田四周离田埂不少于 3 米处开挖环沟，沟宽为 4 米，深为 1 米，田面开挖“田”字形虾沟，沟宽为 0.5 米、深为 0.3 米。为了小龙虾的栖息、生长，在环沟中移栽轮叶黑藻、苦草等水草，适量放养螺蛳，让其自然繁殖，为小龙虾提供动物性饲料。

(2)加强防逃　藕田田埂内侧加设塑料薄膜防逃网，埋入土中 0.5 米，地面露出 0.5 米以上，用竹桩固定。进排水口均设置保护网，端口处加套 80 目网袋，防止野杂鱼入侵和小龙虾逃逸。

(3) 合理放养　6 月中下旬亩放养虾苗 4 000 只，规格为 160～200 只/千克。

(4) 错峰销售　小龙虾捕捞销售时间从 3 月 5 日开始到 4 月底结束，此时出塘价格高，可以获得更好的经济效益。

(5) 病害防控　藕田生态环境相对较好，坚持“预防为主，防重于治”的原则，在养殖过程中病害发生较少，避开“5 月瘟”病害高发期，小龙虾的成活率高。

(六) 藕 - 虾 - 螺蛳综合种养

1. 主体信息

江苏省淮安市洪泽区蒋坝镇李某从事藕虾综合种养 12 年，经验丰富，结合当地“蒋坝螺蛳节”的市场需求，创新性地开展了“莲藕 – 小龙虾 – 螺蛳”综合种养，综合效益可观。种养面积达 91 亩。

2. 养殖成果

2022—2023 年，李某家的藕田平均亩产莲藕 2 130 千克、小龙虾 75 千克、螺蛳 350 千克，亩均收入为 7 710 元。亩均成本 3 350 元，其中人员工资 250 元、苗种 1 200 元、饲料 600 元、肥料 250 元、药物 100 元、塘租 950 元。亩均利润达 4 360 元。

3. 特色做法

(1) 水草栽种　每年 3 月之前，在藕虾共生的田间沟和环沟中种植伊乐藻、轮叶黑藻等沉水植物，保持沟内水草覆盖率达 40%～60%。田间沟在藕塘中间，深为 0.5 米、宽为 1 米，便于水体流动，环沟在藕田四周比田间沟更加深和更加宽。

(2) 虾苗放养与管理　清明前后，每亩投放活螺蛳 200 千克，投放的螺蛳既可以净化水质，也可以通过自繁对外销售，增加收入。2022 年 5 月中旬，每亩投放规格为 30 只/千克的后备亲虾 25 千克（雌雄比例 2 : 1）。饵料投放在近岸浅水处，正常情况下按存塘成虾总量的 2%～4% 投喂，具体投饵量根据小龙虾活动、天气等情况综合考虑。2023 年 4 月开始起捕成虾和虾苗，捕大留小，5 月初荷藕开始生发新叶，为避免影响莲藕生产，应提前捕尽小龙虾。螺蛳从 3 月初开始捕捞，至 4 月中旬捕捞结束。

(3) 水质管理　藕塘水位调控遵循“浅 – 深 – 浅”原则，根据天气情况，合理调节水位，促进藕的正常光合作用和生长。高温季节水位调至 1.2 米左右，气温下降后逐渐降低水位，9 月中旬至 10 月底，保持水深为 0.3 米，越冬期间保持浅水位为 5 厘米或土壤湿润越冬。养殖期间定期泼洒微生态制剂调节水质。

(4) 藕的种植与管理　莲藕种植密度为行距 2.0～2.5 米、株距 0.7～0.8 米。6 月每亩施优质复合肥 50 千克，7 月每亩施尿素 70 千克。当荷叶基本长满水面时，每亩再追施尿素 30 千克，确保藕肥料充足，施肥时不要灼伤藕叶。当藕终止叶出现后（终止叶的叶背呈微红色，基部立叶的边缘枯黄），开始采挖出售，采取间行采藕的方式，以便留出种藕。

三、芡实田小龙虾养殖技术

芡实，又名鸡头米、水流黄、鸡头果、苏黄、黄实、鸡嘴莲，是睡莲科植物芡的成熟种仁，具有补脾益肾健胃、清火安神等功能，素有“水中人参”和“水中桂圆”的美誉，是传统的中药材和珍贵的天然补品。芡实产于中国南北各省，生在池塘和湖沼中。芡实喜温暖、阳光充足，不耐寒也不耐旱，生长的适宜温度为 20～30 ℃，水深为 30～90 厘米。主产区为湖南、广东、安徽、江苏等地。近几年，江苏淮安市芡实种植发展迅猛，至 2022 年年底，全市芡实种植面积已达 16 万亩以上，芡实田养虾成为促进农村经济发展的重要措施之一（彩图 27）。

(一)芡实与小龙虾轮作

1. 小龙虾养殖技术

芡实和小龙虾轮作的小龙虾养殖技术和池塘小龙虾主养技术相似。不同的是，在小龙虾养殖期间，受芡实栽培季节和管理的限制，应做相应调整。

(1)芡实田改造　选择水源充足、水质良好的芡实田进行改造，以30～50亩为宜。在芡实田四周离田埂2～3米处开挖环沟，沟宽为3～5米，深为10～1.2米，坡比为1∶3，挖出的土加高、加宽四周田埂，使田埂高出芡实田最高水面40～50厘米，埂宽为40～50厘米，在田块的最高处设置进水口，在最高处的对角最低处设置出水口，并在进排水口安装拦网(栅)，以防小龙虾逃逸。

(2)伊乐藻的移栽　伊乐藻是一种优质、速生、高产的沉水植物，具有抗寒、营养丰富等特点，通过光合作用释放大量的氧，还可吸收水中有害的氨态氮、二氧化碳和饵料的溶失物，达到调节水体溶解氧含量、净化水质、消除水中有害物质的目的。伊乐藻也是小龙虾的基础食物来源。小龙虾苗种投放前1月，在芡实田移栽伊乐藻，株距 × 行距为8米 ×10米。

(3)虾苗投放与捕捞　一般3—4月投放小龙虾苗种，虾苗的规格为160～200只/千克，亩放小龙虾4 000～5 000只。放养25天左右，开始用地笼捕捞上市规格的小龙虾，6月10日前捕捞结束。

(4)饲料投喂　选择小龙虾专用配合饲料，投饲量具体根据小龙虾的放养量而定。

(5)虾病防治　小龙虾病害防治坚持“预防为主，防重于治”的原则。虾种放养时要进行虾体消毒，小龙虾生长期间每隔15～20天使用1次生石灰化水全池泼洒，每次用量为10～15千克/亩，达到改善水质、增加水中钙离子含量、促进小龙虾蜕壳生长的目的。虾种放养后和小龙虾捕捞前20天，各使用1次阿维菌素防治小龙虾纤毛虫病。投喂的饲料要求新鲜、不变质，定期在饲料中添加一定量的大黄、大蒜素、复合维生素等药物，连续3～5天为1个疗程。

2. 芡实种植技术

(1)品种选择　芡实分为有刺的“刺芡”和无刺的“苏芡”。江苏地区以栽种“苏芡”杂交品种为主。

(2)催芽　为了延长芡实生长期、增加光合作用、提升产量，采用育苗移栽法。大棚育苗、露地育苗分别于3月中下旬、4月上旬开始选种、浸种(播前7～10天)。将种子用清水洗净，挑选籽粒饱满、色泽较深、健康的种子用水浸泡，保温催芽。在室内催芽时，采取“白天将种子放到太阳下增温，晚上放回室内保温”的方法促进催芽。

(3)苗床选择及播种　苗床选择背风向阳、地势平坦的低洼地。施底肥，并耕翻

在芡实田四周开挖环沟，环沟深为 1.0 米左右，上口宽为 3～4 米，
米，环沟总面积占芡实田面积不超过 10%。

逃设施　用聚乙烯网片沿池埂四周在内侧坡上设置防逃设施，网片一
～15 厘米，网片上端缝宽为 20 厘米的塑料膜，网片高出地面 50 厘米
设置双层聚乙烯网片制作的防逃设施，网目 40 左右。

植　水草为小龙虾的生长繁育提供了极为有利的生态环境，一般在
藻，行距 × 株距为 8 米 ×10 米。

苗种放养　小龙虾苗种放养分两次：第一次在 2023 年 3 月 10 日左右
为 160～200 只/千克，亩投放小龙虾苗种 25 千克，通过近 20 天的养
上市，此时市场小龙虾价格高，通货均价 60 元/千克以上；第二次 4 月
小龙虾苗种 20 千克，规格为 160～200 只/千克，养殖 20 天后，开始捕捞，
结束。

小龙虾饲料选用正规厂家生产的小龙虾专用配合饲料。3—4 月，饲
蛋白质为 36% 的饲料，5 月以后选用含粗蛋白质 32% 的饲料。3 月，每
投喂 1 次，每天投喂量为存塘虾总量的 1%～2%，从 4 月开始每天投喂
下午各 1 次，每天投喂量为存塘虾总量的 3%～5%，上午占每天投喂量的
每天投喂量的 70%，具体根据天气、小龙虾摄食情况灵活掌握。

质管理　保持水质"肥、活、嫩、爽"，定期加注新水，4 月 20 日以后，每隔 7
微生物制剂，如 EM 菌，每隔 1 周改底 1 次，如过硫酸钾。

实种植

苗。芡实品种选择白花苏芡实。3 月下旬至 4 月初将芡实种子催芽。催芽
种子浸没在水中，白天水温保持为 20～25 ℃，夜间水温不低于 16 ℃，经
天种子露白。催芽期间，经常用 27～28 ℃的温水进行冲洗，避免种子出现
种前 5～7 天，在田里挖掘 2.0～2.5 米^2，深为 15～20 厘米的育苗池。清
水 10 厘米左右，轻轻放下发芽的种子，每池育种 5 千克。育苗期间，不断水，
实苗生长加到 15 厘米左右。其间，保证芡苗心叶不被泥掩埋。

分苗。芡实种子播种后 1 个月左右，幼苗有 2～3 片箭形初生叶时开始分苗、
按照"5 千克的种子 0.2～0.4 亩幼苗田"的标准准备幼苗田。在育苗池移植
灌水约 15 厘米，清洗根部附着泥后，将幼苗按照行距 55 厘米、株距 35 厘米
幼苗田。移栽时，种子和"发芽茎"种植于土壤表层，不埋没心叶。苗田刚栽培
深为 15 厘米左右；幼苗发青后，水深逐渐加深到 30～40 厘米；定植前，逐渐加
田的最高水位，使芡实苗定植后能快速适应深水环境。

定植。在 6 月中下旬芡实苗圆盾状后生叶直径达 25～30 厘米时，开始定植(每

整平，做成平畦，灌水 10 厘米左右。一般每平方米播种 2 千克左右。待苗床水澄清后，将种子轻轻播撒到苗床上，防止种子陷入泥中太深，影响出苗。

(4) 小苗移栽　播种后约 1 个月，幼苗长出 2～3 片箭形初生叶时即可移苗假植。在秧田中灌水 15 厘米左右，洗净小苗根上的附泥，以株距 × 行距为 40 厘米 ×40 厘米移栽至秧田，切忌埋没心叶，影响发棵。

(5) 大田定植　定植前，首先进行清塘、整地；其次施足基肥，以腐熟农家肥为主，用量约 5 吨/亩，一般无须再追肥；最后消毒清塘。一般在 6 月初，当植株长出 4～5 张叶片、最大叶片直径为 25 厘米以上时，可进行插杆、挖穴和定植。起苗时，少伤根，洗去根土，有序摆放，运输时适当遮阴，严防暴晒。栽培时，不宜定植过深，株距 × 行距为 2.4 米 ×2.5 米，每亩移栽 120 株左右。在芡苗活棵后，还要进行 1～2 次补苗，以保证苗全、苗壮。

(6) 田间管理　芡实生长的不同时期需进行相应的水位调节。芡实定植后，保持浅水位为 15～25 厘米，以后随着分枝的旺盛生长，水深控制为 50～60 厘米；采收前 1 个月，水深下降至 35～40 厘米，方便管理和采收。要掌握"春浅、夏深、秋放"的原则。水质的好坏直接关系到芡实的生长。因此，应禁用污水灌溉，追肥慎用有机肥，保持水质良好，减轻病虫害。

(7)芡实病、虫、草害防治　芡实病害既有真菌、细菌性的病害，又有虫害，还有草害。

① 病害与防治。

A. 叶斑病：病原为睡莲拟叉梗霉，多在开花结果期发生，病菌孢子靠水流、气流和风雨传播。在叶面上产生圆形斑点，颜色由暗绿色转为深褐色，潮湿天气长出灰色霉层，严重时全叶腐烂。防治方法：增施磷、钾肥；发病初期用 70% 的甲基托布津 800～1 000 倍稀释液和 25% 的多菌灵 500 倍稀释液喷雾防治，交替使用，每周 1 次，共 2～3 次。

B. 叶瘤病：为真菌性病害，多在夏秋多雨季节发生。先在叶面上出现黄斑，继而凸起呈瘤状，上有红纹，使叶受重下沉，芡实不能出水开花，影响结果，造成减产。防治方法：增施磷、钾肥；发病初期用 70% 的甲基托布津 50 克加磷酸二氢钾 100 克，加水 40～50 千克稀释均匀，对病叶喷雾，每 5～7 天使用 1 次，共 2～3 次。

C. 炭疽病：病原为胶孢炭疽菌，又名睡莲刺盘孢菌。主要为害叶片，病斑呈褐色至红褐色，中部色较淡而略下陷，边缘色较深而稍隆起。斑块形状为圆形或椭圆形，直径为 2～7 毫米，后扩大并相互连接成不规则的斑块。高湿高温、雨水频发的年份和季节易发病；连作地的田块发病重；偏施过施氮肥，植株体内游离氨态氮过多，抗病力降低也易于感染发病。防治方法：用 70% 甲基托布津 800～1 000 倍溶液或 25% 多菌灵 400～500 倍溶液或 20% 三唑酮乳油 1 000 倍溶液或 36% 甲基硫菌灵悬浮剂 500 倍溶液或 50% 苯菌灵可湿性粉剂 1 500 倍溶液或 80% 炭疽福美可湿性粉

剂 800 倍溶液或 40% 腈菌唑水分散粒剂 5 000 倍溶液加 70% 代森锰锌可湿性粉剂 600～800 倍溶液，每隔 7 天喷洒 1 次，连续喷洒 2～3 次。

② 虫害与防治。

A. 长腿水叶甲：又名稻根金花虫、莲根叶虫、长腿食根叶甲、稻根叶甲、稻食根虫，其幼虫叫地蛆、藕蛆、食根蛆、车兜虫、饭米虫、饭豆虫、下涝虫等。成虫、幼虫均能为害作物，以幼虫为害造成的直接经济损失为甚。成虫为纺锤形，呈绿褐色，基色为淡棕色，有金属光泽的小甲虫，体长为 6～9 毫米，宽为 2～3.2 毫米。幼虫体长为 9～11 毫米，白色蛆状，头小，胴体渐向后肥大，稍弯曲，有胸足 3 对，无腹足，腹末有 1 对爪状尾钩。蛹为裸蛹，初呈黄白后转褐至黑褐色，外有红褐色的胶质薄茧，状似蝇类的围蛹。长腿水叶甲是为害芡实最严重的害虫。其主要以幼虫潜入泥土中集中根部为害，幼虫危害芡实时，以尾钩刺入根部，固着身体，再用口器咬根部取食，从而造成植株发育缓慢，叶片细小，发黄，大叶明显减少，花小，果苞生长缓慢，内结籽粒少、小。为害严重时，根发黑腐烂，须根小而短，植株难于固定于泥土中而全株浮出水面。其花柄不能伸长，果苞即使授粉，也无法在水中发育长大。

B. 莲缢管蚜：成蚜有 6 个不同态型，其中无翅胎生雌蚜、有翅胎生雌蚜是常见的 2 个态型。无翅胎生雌蚜卵圆形，长为 2.5 毫米，宽为 1.6 毫米，呈褐色至褐绿色或深褐色，额瘤不明显，被薄蜡粉，胸腹背面具小圆圈连成的网纹，腹管长筒形，中部、顶部缢缩，端部膨大。有翅胎生雌蚜体长为 2.3 毫米，宽为 1.0 毫米，体背全骨化，长卵形；触角、头、胸呈黑色，腹部为褐绿色至深褐色；额瘤不明显，腹管长筒形。卵为长卵圆形，长为 0.55～0.71 毫米，黑色。温度适宜，高湿的环境繁殖快，为害重，高温干燥天气不利于繁殖发育。长期积水、植株生长茂密的田块蚜虫密度高。大雨对它有冲刷致死作用。蚜虫发育与繁殖的适宜温度为 20～25 ℃，25 ℃以上生长受抑，繁殖缓慢，并转到潮湿的水生植物上越夏，33 ℃以上停止繁殖。为害特点是成虫、若虫常成群密集于芡实的叶片、花柄上刺吸汁液，被害叶片发生黄白斑痕，重者叶片枯黄、卷曲皱缩，花梗凋萎。

虫害的防治：种植前结合施基肥，撒施 50% 辛硫磷颗粒剂（3 千克/亩）。定植后最迟于为害初期结合追肥撒施 90% 敌百虫晶体（0.5～1 千克/亩拌细土或尿素撒施）或撒施茶籽饼粉（300 千克/公顷）来防治食根金花虫。可选用 40% 克蚜星乳油 800 倍溶液或 35% 卵虫净乳油 1 500 倍溶液或 20% 好年冬乳油 800 倍溶液或 50% 抗蚜威可湿性粉剂 2 000～3 000 倍溶液或 10% 吡虫啉可湿性粉剂 1 500 倍溶液或喷施敌百虫 400～600 倍溶液来防治蚜虫。菊酯类杀虫药慎用，会严重影响小龙虾套养成活率。

③ 草害与防治。

在芡叶封行前，根据杂草生长情况，除草 3～5 次，除草可结合壅根进行，即在除

草时应逐次将穴边泥土向穴中推进壅

（8）采收及留种　当果柄发软、果

10月上旬，每隔 4～7 天采收 1 次，一

在第 3～4 次采收时，选择性状优良的

（二）芡实与小龙虾兼作

芡实与小龙虾兼作就是指在芡实种

龙虾立体种养。

1. 虾苗投放

一般 6 月中下旬放养虾苗，虾苗规格为

7 月中旬开始用地笼捕大留小，将上市规格

种来源可以是在芡实田一角构建专门的苗种

是在虾、芡轮作养虾阶段捕大留小，储备好的

龙虾对芡实植株危害小，能获得更好的养殖效

2. 饲料投喂

除芡实田中天然饵料外，还需沿环沟投喂

虾具体摄食情况适时调整。在环沟上安装频振

少农药用量，也可以引诱聚焦各种昆虫，供小龙虾

3. 虾病防治

虾病防治方法和芡实与小龙虾轮作的虾病防治

典型案例

（一）小龙虾与芡实、黑鱼轮作

1. 主体信息

江苏省淮安市洪泽区岔河镇朱某利用芡实田休耕

栽培季节，套养黑鱼，合理且高效地利用同一块稻田的

综合种养效益。小龙虾与芡实、黑鱼轮作面积 500 亩。

2. 养殖成果

2022 年，平均亩产小龙虾 135 千克、芡实米（新鲜）8

值 8 189 元。亩均成本 4 080 元，其中人员工资 300 元、租

芡实种子 14 元、饲料 700 元、肥料 150 元、其他费用 200 元

3. 主要做法

（1）芡实田的选择　选择进排水方便、水源充足、水质

能好的芡实田。芡实田面积为 30～50 亩。

（2）开挖环沟

下口宽为 2～3 米

（3）设置防逃

端埋入地下 10～

左右。进出水口

（4）水草种

2 月初种植伊乐

（5）小龙虾

放养虾苗，规格

殖，3 月底起捕

中旬，亩投放

至 5 月底捕捞

（6）投饵

料选用含粗

天 17:00 左右

2 次，上午、

30%，下午占

（7）水质

天使用 1 次

（8）芡

① 育

时，将芡实

过 8～9

霉变。播

理后，灌

水深随芡

②

移植。

幼苗前

移栽入

时，水

深至苗

整平，做成平畦，灌水 10 厘米左右。一般每平方米播种 2 千克左右。待苗床水澄清后，将种子轻轻播撒到苗床上，防止种子陷入泥中太深，影响出苗。

（4）小苗移栽　播种后约 1 个月，幼苗长出 2～3 片箭形初生叶时即可移苗假植。在秧田中灌水 15 厘米左右，洗净小苗根上的附泥，以株距 × 行距为 40 厘米 ×40 厘米移栽至秧田，切忌埋没心叶，影响发棵。

（5）大田定植　定植前，首先进行清塘、整地；其次施足基肥，以腐熟农家肥为主，用量约 5 吨/亩，一般无须再追肥；最后消毒清塘。一般在 6 月初，当植株长出 4～5 张叶片、最大叶片直径为 25 厘米以上时，可进行插杆、挖穴和定植。起苗时，少伤根，洗去根土，有序摆放，运输时适当遮阴，严防暴晒。栽培时，不宜定植过深，株距 × 行距为 2.4 米 ×2.5 米，每亩移栽 120 株左右。在芡苗活棵后，还要进行 1～2 次补苗，以保证苗全、苗壮。

（6）田间管理　芡实生长的不同时期需进行相应的水位调节。芡实定植后，保持浅水位为 15～25 厘米，以后随着分枝的旺盛生长，水深控制为 50～60 厘米；采收前 1 个月，水深下降至 35～40 厘米，方便管理和采收。要掌握“春浅、夏深、秋放”的原则。水质的好坏直接关系到芡实的生长。因此，应禁用污水灌溉，追肥慎用有机肥，保持水质良好，减轻病虫害。

（7）芡实病、虫、草害防治　芡实病害既有真菌、细菌性的病害，又有虫害，还有草害。

① 病害与防治。

A. 叶斑病：病原为睡莲拟叉梗霉，多在开花结果期发生，病菌孢子靠水流、气流和风雨传播。在叶面上产生圆形斑点，颜色由暗绿色转为深褐色，潮湿天气长出灰色霉层，严重时全叶腐烂。防治方法：增施磷、钾肥；发病初期用 70% 的甲基托布津 800～1 000 倍稀释液和 25% 的多菌灵 500 倍稀释液喷雾防治，交替使用，每周 1 次，共 2～3 次。

B. 叶瘤病：为真菌性病害，多在夏秋多雨季节发生。先在叶面上出现黄斑，继而凸起呈瘤状，上有红纹，使叶受重下沉，芡实不能出水开花，影响结果，造成减产。防治方法：增施磷、钾肥；发病初期用 70% 的甲基托布津 50 克加磷酸二氢钾 100 克，加水 40～50 千克稀释均匀，对病叶喷雾，每 5～7 天使用 1 次，共 2～3 次。

C. 炭疽病：病原为胶孢炭疽菌，又名睡莲刺盘孢菌。主要为害叶片，病斑呈褐色至红褐色，中部色较淡而略下陷，边缘色较深而稍隆起。斑块形状为圆形或椭圆形，直径为 2～7 毫米，后扩大并相互连接成不规则的斑块。高湿高温、雨水频发的年份和季节易发病；连作地的田块发病重；偏施过施氮肥，植株体内游离氨态氮过多，抗病力降低也易于感染发病。防治方法：用 70% 甲基托布津 800～1 000 倍溶液或 25% 多菌灵 400～500 倍溶液或 20% 三唑酮乳油 1 000 倍溶液或 36% 甲基硫菌灵悬浮剂 500 倍溶液或 50% 苯菌灵可湿性粉剂 1 500 倍溶液或 80% 炭疽福美可湿性粉剂 800 倍溶液或 40% 腈菌唑水分散粒剂 5 000 倍溶液加 70% 代森锰锌可湿性粉剂 600～800 倍溶液，每隔 7 天喷洒 1 次，连续喷洒 2～3 次。

② 虫害与防治。

A. 长腿水叶甲：又名稻根金花虫、莲根叶虫、长腿食根叶甲、稻根叶甲、稻食根虫，其幼虫叫地蛆、藕蛆、食根蛆、车兜虫、饭米虫、饭豆虫、下涝虫等。成虫、幼虫均能为害作物，以幼虫为害造成的直接经济损失为甚。成虫为纺锤形，呈绿褐色，基色为淡棕色，有金属光泽的小甲虫，体长为 6～9 毫米，宽为 2～3.2 毫米。幼虫体长为 9～11 毫米，白色蛆状，头小，胴体渐向后肥大，稍弯曲，有胸足 3 对，无腹足，腹末有 1 对爪状尾钩。蛹为裸蛹，初呈黄白后转褐至黑褐色，外有红褐色的胶质薄茧，状似蝇类的围蛹。长腿水叶甲是为害芡实最严重的害虫。其主要以幼虫潜入泥土中集中根部为害，幼虫危害芡实时，以尾钩刺入根部，固着身体，再用口器咬根部取食，从而造成植株发育缓慢，叶片细小，发黄，大叶明显减少，花小，果苞生长缓慢，内结籽粒少、小。为害严重时，根发黑腐烂，须根小而短，植株难于固定于泥土中而全株浮出水面。其花柄不能伸长，果苞即使授粉，也无法在水中发育长大。

B. 莲缢管蚜：成蚜有 6 个不同态型，其中无翅胎生雌蚜、有翅胎生雌蚜是常见的 2 个态型。无翅胎生雌蚜卵圆形，长为 2.5 毫米，宽为 1.6 毫米，呈褐色至褐绿色或深褐色，额瘤不明显，被薄蜡粉，胸腹背面具小圆圈连成的网纹，腹管长筒形，中部、顶部缢缩，端部膨大。有翅胎生雌蚜体长为 2.3 毫米，宽为 1.0 毫米，体背全骨化，长卵形；触角、头、胸呈黑色，腹部为褐绿色至深褐色；额瘤不明显，腹管长筒形。卵为长卵圆形，长为 0.55～0.71 毫米，黑色。温度适宜，高湿的环境繁殖快，为害重，高温干燥天气不利于繁殖发育。长期积水、植株生长茂密的田块蚜虫密度高。大雨对它有冲刷致死作用。蚜虫发育与繁殖的适宜温度为 20～25 ℃，25 ℃以上生长受抑，繁殖缓慢，并转到潮湿的水生植物上越夏，33 ℃以上停止繁殖。为害特点是成虫、若虫常成群密集于芡实的叶片、花柄上刺吸汁液，被害叶片发生黄白斑痕，重者叶片枯黄、卷曲皱缩，花梗凋萎。

虫害的防治：种植前结合施基肥，撒施 50% 辛硫磷颗粒剂（3 千克/亩）。定植后最迟于为害初期结合追肥撒施 90% 敌百虫晶体（0.5～1 千克/亩拌细土或尿素撒施）或撒施茶籽饼粉（300 千克/公顷）来防治食根金花虫。可选用 40% 克蚜星乳油 800 倍溶液或 35% 卵虫净乳油 1 500 倍溶液或 20% 好年冬乳油 800 倍溶液或 50% 抗蚜威可湿性粉剂 2 000～3 000 倍溶液或 10% 吡虫啉可湿性粉剂 1 500 倍溶液或喷施敌百虫 400～600 倍溶液来防治蚜虫。菊酯类杀虫药慎用，会严重影响小龙虾套养成活率。

③ 草害与防治。

在芡叶封行前，根据杂草生长情况，除草 3～5 次，除草可结合壅根进行，即在除

草时应逐次将穴边泥土向穴中推进壅根。一般人工拔除杂草。

(8)采收及留种　当果柄发软、果皮开始变光滑即可采收。采收期为7月下旬至10月上旬，每隔4～7天采收1次，一般可采收10～12批。芡实一般自行选留种。在第3～4次采收时，选择性状优良的植株作为母株，让种子充分成熟后再采收。

(二)芡实与小龙虾兼作

芡实与小龙虾兼作就是指在芡实种植的同时进行小龙虾的养殖，实现芡实与小龙虾立体种养。

1. 虾苗投放

一般6月中下旬放养虾苗，虾苗规格为120～160只/千克，亩放养3 000只左右，7月中旬开始用地笼捕大留小，将上市规格的小龙虾捕捞上市，8月底捕捞结束。苗种来源可以是在芡实田一角构建专门的苗种繁育池，使用延迟育苗技术生产，也可以是在虾、芡轮作养虾阶段捕大留小，储备好的小规格虾，其中前者生长快、病害少，小龙虾对芡实植株危害小，能获得更好的养殖效果。

2. 饲料投喂

除芡实田中天然饵料外，还需沿环沟投喂小龙虾专用配合饲料，投饲量根据小龙虾具体摄食情况适时调整。在环沟上安装频振式杀虫灯，不仅可以杀死田间害虫，减少农药用量，也可以引诱聚焦各种昆虫，供小龙虾摄食，降低小龙虾饲料的投入。

3. 虾病防治

虾病防治方法和芡实与小龙虾轮作的虾病防治一致。

典型案例

(一)小龙虾与芡实、黑鱼轮作

1. 主体信息

江苏省淮安市洪泽区岔河镇朱某利用芡实田休耕季节开展小龙虾养殖，在芡实栽培季节，套养黑鱼，合理且高效地利用同一块稻田的时间、空间资源，取得了较高的综合种养效益。小龙虾与芡实、黑鱼轮作面积500亩。

2. 养殖成果

2022年，平均亩产小龙虾135千克、芡实米(新鲜)81千克、黑鱼40.5千克、均产值8 189元。亩均成本4 080元，其中人员工资300元、租金1 020元、虾苗1 700元、芡实种子14元、饲料700元、肥料150元、其他费用200元。亩均效益达4 105元。

3. 主要做法

(1)芡实田的选择　选择进排水方便、水源充足、水质良好、周围无污染、保水性能好的芡实田。芡实田面积为30～50亩。

(2)开挖环沟　在芡实田四周开挖环沟，环沟深为1.0米左右，上口宽为3～4米，下口宽为2～3米，环沟总面积占芡实田面积不超过10%。

(3)设置防逃设施　用聚乙烯网片沿池埂四周在内侧坡上设置防逃设施，网片一端埋入地下10～15厘米，网片上端缝宽为20厘米的塑料膜，网片高出地面50厘米左右。进出水口设置双层聚乙烯网片制作的防逃设施，网目40左右。

(4)水草种植　水草为小龙虾的生长繁育提供了极为有利的生态环境，一般在2月初种植伊乐藻，行距×株距为8米×10米。

(5)小龙虾苗种放养　小龙虾苗种放养分两次：第一次在2023年3月10日左右放养虾苗，规格为160～200只/千克，亩投放小龙虾苗种25千克，通过近20天的养殖，3月底起捕上市，此时市场小龙虾价格高，通货均价60元/千克以上；第二次4月中旬，亩投放小龙虾苗种20千克，规格为160～200只/千克，养殖20天后，开始捕捞，至5月底捕捞结束。

(6)投饵　小龙虾饲料选用正规厂家生产的小龙虾专用配合饲料。3—4月，饲料选用含粗蛋白质为36%的饲料，5月以后选用含粗蛋白质32%的饲料。3月，每天17:00左右投喂1次，每天投喂量为存塘虾总量的1%～2%，从4月开始每天投喂2次，上午、下午各1次，每天投喂量为存塘虾总量的3%～5%，上午占每天投喂量的30%，下午占每天投喂量的70%，具体根据天气、小龙虾摄食情况灵活掌握。

(7)水质管理　保持水质“肥、活、嫩、爽”，定期加注新水，4月20日以后，每隔7天使用1次微生物制剂，如EM菌，每隔1周改底1次，如过硫酸钾。

(8)芡实种植

① 育苗。芡实品种选择白花苏芡实。3月下旬至4月初将芡实种子催芽。催芽时，将芡实种子浸没在水中，白天水温保持为20～25 ℃，夜间水温不低于16 ℃，经过8～9天种子露白。催芽期间，经常用27～28 ℃的温水进行冲洗，避免种子出现霉变。播种前5～7天，在田里挖掘2.0～2.5米^2，深为15～20厘米的育苗池。清理后，灌水10厘米左右，轻轻放下发芽的种子，每池育种5千克。育苗期间，不断水，水深随芡实苗生长加到15厘米左右。其间，保证芡苗心叶不被泥掩埋。

② 分苗。芡实种子播种后1个月左右，幼苗有2～3片箭形初生叶时开始分苗、移植。按照“5千克的种子0.2～0.4亩幼苗田”的标准准备幼苗田。在育苗池移植幼苗前，灌水约15厘米，清洗根部附着泥后，将幼苗按照行距55厘米、株距35厘米移栽入幼苗田。移栽时，种子和“发芽茎”种植于土壤表层，不埋没心叶。苗田刚栽培时，水深为15厘米左右；幼苗发青后，水深逐渐加深到30～40厘米；定植前，逐渐加深至苗田的最高水位，使芡实苗定植后能快速适应深水环境。

③ 定植。在6月中下旬芡实苗圆盾状后生叶直径达25～30厘米时，开始定植(每

5 千克种子的厚苗定植 8～10 亩）。定植前，按照行距 × 株距为 2.3 米 ×2.3 米开洞，洞口上方为正方形（边长为 1.4 米左右），下锅底形，深为 15～20 厘米。开洞时，清除杂草，施适量基肥；1～2 天后，洞内泥水清晰后可移苗定植。芡苗种植在穴的中心，深度以心叶的顶部暴露在土外为适宜。定植后 7～10 天，芡实叶柄变青。

④ 田间管理。芡实苗栽培后至少要进行 1～2 次补苗工作，以保证全苗；栽培时水深不超过 30～40 厘米，成活后逐渐增加到 70～100 厘米，最深不超过 1.2～1.5 米。芡实苗的施肥方式一般采用肥球深施（封行前）或根外喷（封行后），肥球由泥土和肥料堆制而成。每 100 千克细土加 50 千克腐熟粪肥、20 千克尿素、20 千克过磷酸钙和 10 千克氯化钾。施肥时，将这些肥料混合均匀并捏成鹅蛋大的肥球均匀地塞入根系周围的耕作层。在芡实苗开花结实期，选择在晴天傍晚叶面喷 2～3 次磷肥（0.2% 磷酸二氢钾）和硼肥（0.1% 硼酸），可明显提高产量和质量。当 7—8 月水温超过 35 ℃时，为了降低叶面的温度，早上可经常向叶面喷水，促进开花结实。

（9）芡实病虫害的预防和治疗　在芡实栽培期间发生三种病害：一是叶斑病。症状：发病初期叶缘有很多圆形病斑，最初呈暗绿色，后来变成深褐色，有时有轮纹，容易腐烂穿孔，潮湿时病斑会产生鼠灰色霉菌层，病重时病斑可连接成片，使整个芡实叶腐烂。防治方法：在叶面喷涂甲基托布津（70% 湿性粉剂）剂 800～1 000 倍溶液或多菌灵（50% 湿性粉剂）400～500 倍溶液。二是叶瘤病。症状：病原为真菌，7—8 月发病较多。第一次发病时叶面出现淡绿色黄斑，后隆起肿瘤状，直径为 4～40 厘米，高为 2～8 厘米。防治方法：发病季节可在叶面喷雾甲基托布津 800～1 000 倍溶液和 0.2% 磷酸二氢钾。三是炭蛆。主要发生在植物叶片上，危害叶缘和叶尖，严重时大部分叶片枯黑死亡。防治方法：采用去除病株的病叶，喷 50% 多菌灵可湿性粉剂 600 倍溶液或 75% 百菌清可湿性粉剂 600 倍溶液防治，每 10 天喷 1 次，连续喷 2～3 次。

（10）投放鱼种　6 月 25 日左右投放黑鱼种，每亩投放 15 千克，规格为 2～6 尾/千克，进水口不再设过滤网，让野杂鱼进入芡实田，为黑鱼提供天然饵料。

（11）收获　8 月初开始采摘芡实，一直延续到 10 月底。其间，采摘 10～12 次。10 月底开始起捕黑鱼，规格为 0.75～1.5 千克/尾。

（二）芡实与小龙虾兼作

1. 主体信息

江苏省盱眙县河桥镇王某的小龙虾与芡实共生面积达 700 亩。

2. 养殖成果

2022 年平均亩产虾 152 千克、芡实 303 千克（湿重），亩产值 5 672 元。养殖期间，共投入人员工资 372 500 元、土地租金 551 400 元、其他费用 216 700 元（包含饲料 82 350 元），亩均成本 1 629 元。亩均利润达 4 043 元。

3. **技术要点**

(1)池塘准备　选择的芡实塘要求光照好,池底平坦,池埂坚实,芡实塘四周开挖好环沟,环沟上宽为 3 米、下宽为 2.5 米、沟深为 1.2～1.5 米。

(2)消毒施肥　在种植芡实前 10～15 天,每亩撒施发酵鸡粪等有机肥 600～800 千克,耕翻耙平,然后用 90～100 千克/亩生石灰消毒。为促进植株健壮生长,在 8 月盛花期追施磷酸二氢钾 3～4 次。

(3)芡实栽培

① 种子播种。2 月 18 日,选用新鲜饱满的种子撒在注水的塘内,保持水位在 40 厘米以下。

② 幼苗移栽。在种过芡实的地方,翌年不用再播种。因其果实成熟后会自然裂开,有部分种子散落塘内,翌年便可萌芽生长。当叶浮出水面,直径为 15～20 厘米时,便可移栽,移栽株距 × 行距为 1.5 米 ×2.5 米。移栽时,连苗带泥取出,栽入池塘中,覆好泥土,使生长点露出泥面,根系自然舒展,叶片漂浮水面,并随着苗的生长逐步加水。

③ 水位调节。从芡实入池 10 余天到萌芽期,水位保持为 40 厘米左右,随着分枝的旺盛生长,水位逐渐加深到 120 厘米,采收前 1 个月,水深降到 50 厘米。

(4)投放苗种　6 月 15 日放虾苗,虾苗规格为 80～100 只/千克,每亩投放 4 000 只左右。虾苗下塘前用 3% 食盐水浸泡 5～10 分钟,同时每亩搭配投放鲫鱼种 10 尾、鳙鱼种 20 尾,规格为每尾 20 克左右。

(5)投喂饲料　虾苗下塘后第三天开始投喂,选择环沟作投饲点,选用粗蛋白质含量 36% 以上的饲料,每天投喂 2 次,上午、下午各 1 次,上午的投喂量占每天投喂量的 30%,下午的投喂量占每天投喂量的 70%。具体投喂量根据天气、水质、虾吃食和活动情况灵活掌握。

(6)水位调节　当芡实幼苗浮出水面后,要及时调节株行间距,将过密的苗移到缺苗的地方。由于芡实的生长发育时期不同,对水分的要求也不同,调节水位是田间管理的关键。芡实、小龙虾共作田块以夏秋季为主,夏季水位要深,可促进叶柄伸长,6 月初水位升至最高,达到 1.2～1.5 米;秋季适当放水,能促进果实成熟;冬季蓄水可使种子在水底安全度冬。在不同时期进行水位调节时,兼顾小龙虾的要求。

(7)病害防治　防病主要是针对芡实而言的。该户芡实栽培发生的真菌性病害为霜霉病,使用代森锌液喷洒进行防治;发生的虫害是蚜虫,使用 40% 乐果 1 000 倍溶液喷洒。

(8)收获　8 月 5 日至 11 月 20 日,捕捞成虾上市销售,12 月 3 日至翌年 1 月 18 日打捞收获芡实。

(9)坚持巡田　每天早晚坚持巡田,观察沟内水色变化和虾活动、摄食、生长情况。

第四章　小龙虾稻田养殖

第一节　小龙虾稻田养殖概述

小龙虾稻田养殖是指利用同一块稻田在不同的时间段或同一时间段既开展水稻栽培，又开展小龙虾养殖的生产模式，又称稻虾综合种养。早在20世纪80年代，美国就开始了稻田小龙虾养殖。在不影响水稻产量的情况下，亩产小龙虾50千克左右。近年来，随着我国小龙虾养殖业的发展，江苏、湖北、安徽、湖南、江西等水资源丰富的地区充分利用沿湖、河、库的低洼稻田资源开展小龙虾养殖，实现了“一水两用、一亩双收”。与单纯“一稻一麦”相比，亩均经济效益增加1 500元以上，既增加了小龙虾市场供应，又促进了稻米产品品质的提高，获得了社会广泛认可。2022年全国稻虾综合种养面积已达2 350万亩，农业农村部下发了《关于推进稻渔综合种养产业高质量发展的指导意见》，江苏省淮安市出台了《淮安市小龙虾产业高质量发展实施方案》，利用稻田开展小龙虾生产已成为小龙虾产业增长的主要形式，也是适宜地区农村产业振兴的主要举措。

随着稻虾综合种养面积的进一步扩大和国家基本农田保护政策的进一步收紧，科研工作者和养殖户关于稻田养虾技术的研究成果和创新做法不断涌现，研发、形成了多种新模式。本章以江苏省淮安市稻虾综合种养技术为基础，结合湖北、安徽、江西等地的最新做法，总结与形成稻田养虾系列技术。

一、小龙虾稻田养殖的技术基础

1. 稻田是小龙虾良好的养殖环境

稻田是一个良好的生态系统，水稻栽培，必然要进行施肥、灌水等生产管理。这些措施在满足水稻生长发育的同时，也为水稻田中的其他动物、植物提供了优良的生长条件。在水稻栽培期间，各种底栖生物、环节动物大量繁殖生长，沉水植物、挺水植物不断萌发。随着水稻生长，水稻逐渐合行，形成了浅水、阴凉的环境，这些为小龙虾夏季生长发育，提供了优良的生态环境。小龙虾食性广泛，适应能力极强，放养到稻田后，可充分利用稻田中不断生长的动物、植物，使其生长发育状态良好。

2. 小龙虾是水稻栽培优秀的护理员

在单一水稻栽培时，稻田必须定期药物除草、杀虫。在一般情况下，在水稻栽培期间，须用药 5～7 次。频繁用药既增加了水稻栽培成本，又造成了稻米的药物残留。放养小龙虾后，稻田中除水稻外的一切动物、植物都是小龙虾摄食对象。杂草、害虫的大幅度减少既降低了杂草对稻田营养成分的争夺，又减轻了病虫害对水稻的侵袭。小龙虾在稻田中的生长发育不仅不会对水稻产生影响，还能对水稻生产起到较好的护理作用。

二、稻田小龙虾养殖的优点

1. 促进水稻更好的生长

小龙虾在稻田中活动可以疏松土壤，破碎土表“着生藻类”和氧化层的封固，加速肥料分解，增加土壤通气性，改善稻田墒情，促进水稻生长。试验表明，在水稻田放养小龙虾后，同样栽培面积的水稻平均亩产量可以提高 5%～15%。

2. 优化稻田能量和物质流动途径，降低营养流失

在稻田放养小龙虾后，被杂草和各种动物消耗的营养物质转换为小龙虾的营养物质，变废、变害为宝，提高了稻田投入品的利用效率。

3. 减少病虫害侵袭，降低农药使用量，提高水稻产品质量，保护生态环境

在稻田放养小龙虾后，小龙虾对水稻害虫的摄食可以减少水稻用药 3～4 次，这样既节约了用药成本，又减少了水稻的农药残留。此外，在稻田养殖小龙虾后，稻田及附近水体的摇蚊幼虫密度明显下降，幼蚊密度最多可下降 50%，成蚊密度也能下降 15%，减少了蚊虫对人类的袭扰。因养殖小龙虾收益较好，而大量使用农药、化肥可对小龙虾存活、生长产生明显影响，稻虾养殖户必然主动少施农药、化肥，以降低对环境的影响。生产实践表明，在稻虾综合种养模式下，农药、化肥用量均减少 50% 基本不影响水稻产量。

4. 增加小龙虾产量

稻田放养小龙虾无论是哪种养殖类型，小龙虾亩产量一般不低于 50 千克，高的小龙虾亩产量可以达到 150 千克以上。在不影响水稻产出的情况下，每亩可增加 2 000 元左右的收益。

5. 拓展了小龙虾养殖空间

在不占用粮食作物耕种面积的情况下，开辟了小龙虾养殖生产的新途径，拓展了水产品养殖业的发展空间。

三、稻田养殖小龙虾的基本要求

稻田属于浅水环境，稻田的正常水位为6～8厘米，深水时也不超过20厘米。在这样的条件下开展小龙虾养殖，必须因地制宜地创造既满足水稻栽培、生长要求，又符合小龙虾的基本生存、生活条件。

1. 开挖人工虾沟

虾沟是稻田中小龙虾活动、避暑、避旱和觅食的重要场所。稻田改造的主要内容就是开挖虾沟。

(1)规格　根据田块的大小酌情确定，20亩以上的田块建议虾沟上口宽2～6米，底宽1～2米，沟深1.2米以内。田间开挖虾沟的泥土应均匀撒于田中。田周泥土用于加高、加固围埂。

(2)分布　虾沟的排列方式应根据田块的形状而定，可按“回”字形或“十”字形(适用于长方形、正方形田块)分布，也可以按“一”字形(适用于长方形或其他不规则田块)布局。

(3)面积占比　累计虾沟面积不超过稻田总面积的10%。

(4)进水、排水设施　应结合开挖虾沟考虑，进水口建在四周围埂上，排水口建在进水口对侧虾沟的最低处，按照高灌低排的格局保证灌排通畅。进水口、排水口要用铁丝网或栅栏围住，设置成双重防逃设施。

2. 做好防逃设施

稻田养殖小龙虾应按池塘养殖要求建立防逃设施。稻田中的田埂没有池塘埂宽，建议稻田养殖采用聚乙烯网片加钙塑板的方法做成防逃网，最好再用聚乙烯网片覆盖在田埂内侧，网片下端埋入土中20～30厘米，上端高出田埂70～80厘米。

3. 禁用对小龙虾有危害的农药

在防治水稻病虫害时，必须使用各种药物。有些药物对小龙虾危害较大，稻田养虾必须禁止使用这些药物。对小龙虾毒性较强的农药见表4-1。

表4-1　对小龙虾毒性较强的农药

农药类别	农药品种	防治对象	种植业常用量及方法
有机磷	90%以上晶体敌百虫	麦黏虫、菜青虫、菜螟等	每亩用药50～100克，兑水喷雾
	80%敌敌畏乳剂	麦黏虫、菜青虫、小菜蛾等	每亩用药75～100毫升，兑水喷雾
	50%马拉硫磷乳剂	黏虫、蚜虫、稻蓟马等	每亩用药100毫升，兑水喷雾
	50%辛硫磷乳剂	麦蚜、棉蚜、菜青虫等	每亩用药25～30毫升，兑水喷雾

续表 4-1

农药类别	农药品种	防治对象	种植业常用量及方法
噻嗪酮	25% 稻虱净可湿性粉剂	稻飞虱、稻叶蝉	每亩用药 20～30 克，兑水喷雾
甲酰脲类	5% 抑太保乳油	菜青虫、小菜蛾、斜纹夜蛾	每亩用药 25～50 毫升，兑水喷雾
酰基脲类	5% 卡死克乳油	菜青虫、小菜蛾	每亩用药 25～50 毫升，兑水喷雾
微生物源	1% 阿维菌素乳油	蔬菜蚜虫、小菜蛾、夜蛾等	每亩用药 25～50 毫升，兑水喷雾
		蔬菜潜叶蝇	每亩用药 30～40 毫升，兑水喷雾
植物源	0.36% 苦参碱水剂	蔬菜蚜虫、菜青虫	每亩用药 50 毫升，兑水喷雾
有机氯	90% 杀虫单可湿性粉剂	玉米螟、螟虫、稻蓟马、菜青虫等	每亩用药 30～50 毫升，兑水喷雾
菊酯	20% 杀灭菊酯乳油	棉蚜、蓟马、绿盲蝽、菜蚜、菜青虫、小菜蛾等	每亩用药 10～20 毫升，兑水喷雾
复配农药	20% 螟蛉特乳油	水稻二化螟等	每亩用药 45 毫升，兑水喷雾
	25% 快杀灵乳油	稻蓟马、蔬菜蚜虫等	每亩用药 30～50 毫升，兑水喷雾
	16% 稻丰收	防治水稻后期病害	每亩用药 100 克，兑水喷雾
	50% 瘟克星可湿性粉剂	防治水稻稻瘟病	每亩用药 60 克，兑水喷雾
	10% 吡虫啉可湿性粉剂	各类蚜虫、飞虱、叶蝉等	每亩用药 15～20 克，兑水喷雾

4. 营造养虾环境

用作小龙虾养殖的稻田应在水稻收割后及时整田。机械翻耕前，最好使用有机肥肥田，每亩用量为 1 000～2 000 千克。如果使用化肥，一般在放养小龙虾苗前 7～10 天，将田沟注水 50～80 厘米，亩施用复合肥 50 千克、碳酸氢铵 60 千克。稻田施肥后，水稻生长旺盛，稻田中的饵料生物也多，可为小龙虾提供丰富的天然饵料。在稻田养虾大部分时间内，水稻和小龙虾可以和谐共生，但在水稻用药、烤田、收割时，小龙虾的适宜生存空间受到极大挤压。虾沟的建设为小龙虾提供了临时庇护所，但是原本散居在稻田各处的小龙虾同一时间集中在狭小的沟渠中增加了小龙虾互相伤害的概率。在虾沟等可能的空间栽培水草既可为小龙虾提供立体的栖息场所，又可起到降温的作用，大幅度提高了小龙虾的存活率。此外，在虾沟中栽草可为小龙虾苗种繁育提供必要的生态环境，对提高小龙虾苗种的成活率至关重要。当小龙虾密度较大时，还应该考虑增加人工增氧设施。增氧设施的合理使用可以促进小龙虾更好的生长。

四、稻田养虾类型

根据各地养殖实践，稻田养殖小龙虾的模式在总体上可以归纳为稻虾连作和稻虾兼作两种类型。各地根据生产实际可以单一使用，也可以配合使用。

1. 稻虾连作型

稻虾连作也称稻虾轮作，是指先种植一茬水稻，接着养殖一季小龙虾，在同一块田地上，利用不同的时间段，进行种植业和养殖业轮流生产。这种形式非常适合湖滨、江边等低洼稻田使用。水稻收割之后的低洼稻田虽然无法进行耐寒但怕涝的小麦等粮食作物的生产，加高水位后形成“稻田型池塘”，但这是小龙虾优良的养殖环境。目前，这种形式的稻田养虾在湖北、江苏、安徽应用较多，其他地区的冬季荒废的低洼稻田也可以使用。

2. 稻虾兼作型

稻虾兼作也称稻虾共作，是指利用同一块稻田，采用基本相同的时间段，边种植水稻，边养殖小龙虾，稻虾两不误，力争双丰收。根据各地气候和耕作方式不同，其又可以分为单季稻田小龙虾养殖和双季稻田小龙虾养殖两种。前一种养殖模式主要在江苏、安徽、四川、贵州、浙江等地，水稻品种可以是中稻，也可以是早稻；后一种模式一般在广东、广西、湖北、湖南等地，是指在同一块水稻田内种植两季水稻，养殖一季小龙虾，双季稻就是早稻和晚稻连种。

第二节 常见稻虾连作模式

在长江中下游地区等气候相对温暖的地方，许多邻近湖泊、河流的低洼稻田一年只种植一季水稻，9—11 月稻谷收获后，稻田一直被浅水覆盖，小麦等耐寒怕涝植物无法种植，这些田块一般都要空闲到翌年 5—6 月，土地资源浪费严重。随着小龙虾市场价格的提高，各地相继利用冬闲低洼稻田养殖小龙虾，获得了较好的效益。这种水稻、小龙虾错开季节，连续利用稻田的模式就叫作稻虾连作养殖。这种模式最先在湖北省潜江市、江苏省盱眙县获得成功，现已在各适宜地区广泛推广。稻虾连作模式易学易用，增收效果明显。随着小龙虾消费市场的扩大，各地纷纷将稻麦轮作田改造，也开展稻虾连作生产，取到了较好的经济效益。

一、稻田选择

1. 水源

开展稻田养虾的田块要求水源丰富、水质良好，水利设施配套齐全，排灌方便，确保雨季水多不漫田，旱季水少不干涸，周边无污染源，无有毒污水流入。保水能力强的低洼稻田更佳。

2. 土质

黏性土壤，土质肥沃、保持力强、渗漏少，最适宜养殖小龙虾。矿物质土壤、盐碱地以及渗水严重、土质瘠薄的稻田不宜养虾。

3. 面积

成虾养殖稻田适宜成块、成片开发，便于进排水、道路设施以及防逃设施统一规划、建设。从方便管理的角度来看，一个人适宜管理的稻田养虾面积为 40～100 亩。

4. 其他条件

稻田周围没有高大树木，要求水、电、路设施配套齐全，饵料、肥料来源方便，不受附近农田用水、施肥、喷洒农药的影响。

二、稻田改造

秋冬及春天，水温较低，小龙虾适宜养殖时间较长，稻田稍作改造即可进行稻虾连作模式。一般是在目标稻田四周，用稻田开沟的土堆起围埂，保证在小龙虾养殖全过程中蓄水高度达到田面以上 60 厘米即可（彩图 28）。在春季小龙虾养殖结束后，如果养殖户还计划在水稻栽培的同时，开展小龙虾养殖，则需要认真对待稻田改造。因为生产管理需要同时考虑小龙虾、水稻不同的需要。下面以稻虾连作的要求，介绍一般养虾稻田的改造方法，只进行稻虾连作的养殖户可以参照使用。

1. 虾沟开挖

沿稻田田埂内侧四周开挖环沟，环沟上口宽以 2～6 米为宜（具体多少应视稻田面积灵活掌握），深为 0.8～1.5 米，沟底宽为 1～2 米，田埂坡比为 1：(2.5～3)。田地面积大于 100 亩，须在稻田中间开挖“十”字形或“井”字形沟，沟宽为 0.5～1 米，深为 0.8～1.0 米。挖虾沟要考虑机械下田作业，在靠近生产道路一侧留 3 米左右不开挖，以作为机械进出田面的通道，并在该通道下埋水管，以方便环沟内水的流动。

虾沟建在堤埂坡脚内侧 1.5～2 米处，中间的稻田可作为小龙虾投饵平台，比稻田田面低 30 厘米左右更好，既方便观察小龙虾摄食情况，又有助于防止围埂泥土被雨水冲刷入沟，减缓环沟淤积程度（彩图 29）。虾沟既是小龙虾在水田干涸或烤田时保命的栖息地，又是稻田养虾管理的主要通道，是稻田养虾必备的养殖设施，必须根据稻田面积大小，合理规划，规范建设。为确保粮食生产不受太大影响，2017年，全国水产技术推广总站制定和发布了《稻渔综合种养技术规范通则》，该通则规定稻田虾沟面积应控制在稻田总面积的10%以内。

如果只进行稻虾连作生产，小龙虾养殖阶段不考虑水稻栽培管理，水稻栽培阶段不考虑小龙虾的养殖管理，虾沟的设置就显得不是特别重要。目前江西、江苏推广的“无环沟”稻田养虾就是在原来的稻虾连作技术基础上减少对稻田虾沟的开挖，只要求在小龙虾养殖阶段四周围埂保持60厘米以上的蓄水即可，虾沟宽度和深度都大幅度减少，甚至可以做到“无环沟”。这种方式既有利于“繁养分离、精准放养”小龙虾新养殖技术的推广，又可保障养虾的稻田起码可以栽培一季水稻，保障了基本农田不会出现“非粮化”问题，促进了小龙虾稻田养殖产业的高质量发展。

2. 围埂加固和进排水设施

稻田养虾四周的田埂应加宽、加高，将开挖环沟的泥土就近堆放到四周围埂上，加宽、加高围埂，保证围埂高度不小于1.0米（指高出田面），埂底宽为5～6米，顶宽为2～3米。在围埂堆土时，分层压实，要求稻田加水，高水位时不渗漏、不坍塌。

开展稻虾连作＋共作的稻田在环形虾沟内侧与田面结合处还要构建子埂，子埂高为30～40厘米、宽为40～60厘米，用于水稻栽培初期，田面保水及与小龙虾隔离（彩图30）。

稻田开展环沟、围埂建设的同时，做好供电、进排水设施的配套建设；有条件的种养户同时开展虾沟微孔增氧设备建设。

3. 防逃设施

养虾稻田防逃设施构建方法可以参考池塘主养防逃设施的做法，因为稻田养虾户一般采取连片开发模式，种养区面积较大，也有一些不一样的要求。一是材质，即应选用聚乙烯网片为主材，网高不小于80厘米，下端埋入土中10～15厘米，上端稻田内侧缝制15～20厘米的塑料薄膜，防止内涝时小龙虾外逃；二是位置，即成虾养殖的防逃网最好建在围埂内侧坡脚处，以防止小龙虾在围埂掘洞繁殖，为计划放养扫清障碍；三是进排水口防逃，即进水口用双层密网袋过滤进水，网目40以上，网袋长4米以上，既能防逃，又能预防野杂鱼卵及幼体进入稻田；排水口或溢水口也要用双层密网过滤，以防止小龙虾外逃，预防野杂鱼逆流进入。

三、养虾环境营造

稻虾连作是指在水稻收割后，立即开展小龙虾养殖生产，即在水稻收获之后，将稻田转换为小龙虾主养池塘，开展小龙虾专门化生产。

1. 虾沟消毒

新开挖稻田，待稻田清整结束，放小龙虾苗种前10～15天对虾沟进行消毒。先将虾沟降水至20厘米,按环沟面积,每亩使用生石灰75千克消毒,也可选用漂白粉等消毒剂替代。如果养虾超过1年的稻田计划保留环沟中的种虾或苗种,可选用茶粕进行消毒。

2. 水草栽种

新开挖稻田消毒3～5天后,在稻田及环沟内种植水草。常用水草有伊乐藻、眼子菜等,栽植面积占稻田总面积的30%～50%。水草栽种时,根部要用土压实,以便生根、长根,预防水草上浮。水草栽种后,可在种草近处施用适量钾肥,以促进种植的水草快速长根,水草生根后,再逐渐进水,以提高水位。

田面上的水草按东西向条状栽培,每条草带宽6～8米,条带间距8～10米。环沟沟底全部移栽水草,如果外埂与环沟间设置了平台,就在平台上移栽水草,平台和环沟水草密度宜稀,水草面积不超过50%。水草栽种时,应做好消毒,防止水草带入青苔和鱼卵。

3. 生物饵料培育

小龙虾苗种入田前,在虾沟施用腐熟粪肥,培养幼虾饵料生物,也可以引入水蚯蚓、螺蛳,以促进各种底栖动物繁殖,为小龙虾提供丰富的天然饵料。螺蛳投放量一般为8～10个/米^2。

四、小龙虾苗种准备与放养

1. 放养模式选择

在虾稻连作时,稻田小龙虾苗种放养有多种模式,其可以归纳为三种(表4-2)。

(1) 春季放养小龙虾苗种　水稻收割后,营造小龙虾养殖环境,翌年3—4月,直接以市场收购或专塘繁育的人工小龙虾幼虾进行放养,一般规格为160～ 200只/千克,第一年养殖的投放密度为4 000～5 000只/亩,养殖1年以上的稻田的投放密度应视稻田本身繁育的小龙虾苗种数量而定。小龙虾放养时,在注意虾种质量的同时,同一块田应放养同一规格的虾种,尽可能做到一次放足。

(2) 秋季放养亲虾,自繁自育　在头一年8—10月水稻种植期间,在虾沟中放养小龙虾亲虾,让其自行繁殖。根据稻田养殖计划产量和稻田条件,一般亩放成熟小龙虾亲本(雌虾在35克/只以上)5～25千克,雌雄比为(2～3)：1。养殖一年以上的稻田须视留塘亲虾数量确定补放数量。

(3) 秋季放养幼虾　在稻田附近开挖小龙虾专门繁育池,开展小龙虾专塘繁育,水稻收割后,将体长已经达到2～3厘米的小龙虾幼虾捕捞就近放入稻田,或者采购工厂卵黄苗,经20天左右强化培育,再将3厘米左右的幼虾捕捞、计数,按计划放养。第一年养殖的幼虾放养密度为4 000～6 000只/亩,养殖1年以上的稻田视留田小龙虾亲虾自身繁育能力适当补放苗种。为增加养殖计划性，促进成虾提早上市，建议养虾户先将存塘小龙虾全部清除，再按放养计划重新放养幼虾。

表 4-2　稻虾连作常见苗种放养模式

放养模式		放养时间	密度	放养规格 /（只 / 千克）	苗种价格 /（元 / 千克）	收获（35 克 / 只以上比例）	优缺点
春季放苗		3—4 月	4 000～5 000 只 / 亩	160～200	20～60（越早越贵）	60% 以上	苗种成本高、大虾多
秋季放养	亲虾	8—10 月	5～25 千克 / 亩	28	约 40	不超过 40%，以虾苗为主	种虾成本低，以苗为主，大虾比例低
秋季放养	幼虾	9—11 月	4 000～6 000 只 / 亩	4000～6000	—	90% 以上	以大规格虾为主

2. 虾苗选择与运输

（1）虾苗选择　选择身体呈青色、健康、活力好、规格整齐的虾苗。最好就近、点对点（不经中介）选购虾苗，以保证虾苗质量和控制成本。

（2）运输　运输时间最好控制在 2 小时以内。规格超过 3 厘米的幼虾在运输时可以采用干法运输，在苗箱底部铺垫水草，堆放苗种后，保湿、保温运输（彩图 31）。苗种规格越小，要求苗种堆放厚度越小，尽量减少由相互挤压而造成的损伤。

3. 亲虾选择与运输

（1）种虾选择　选择湖泊、池塘的小龙虾亲本，要求健康、附肢齐全，活力好，身体呈红色或褐色，有光泽、体表光滑无附着物，规格为 35 克 / 只以上（彩图 32）。雌雄亲虾最好来自不同群体。已经抱卵的亲虾在捕捞、运输等操作时附着的受精卵或仔虾易掉落、死亡，在挑选亲虾时，应予以剔除。

（2）运输　宜就近选购优良亲虾。运输时要在运输箱内垫水草，并保湿，保温不超 2 小时。运输过程可采取适当的降温措施，减少小龙虾的应激反应。

4. 放苗方法

在小龙虾苗种放养时，个体都会有不同程度的损伤，在投放之前应进行消毒。消毒方法是用 3% 的食盐水浸洗虾体 3～5 分钟。具体浸洗时间应视天气、气温及小龙虾苗种活力灵活掌握。浸洗后的苗种再用稻田水淋洗 2～3 次，然后选择浅水区稻草或水草较多的地方，让小龙虾自行进入水中。小龙虾具有较强的占地习性，要多点放养。经长时间干法运输的小龙虾由于失水严重在放养时不能先消毒处理，否则易造成苗种大批死亡。正确的做法是先将小龙虾进行“缓苗”处理，待小龙虾完全恢复体力后，再进行消毒处理。缓苗方法为将小龙虾苗种与运输网袋或虾荚一起浸入稻田水中，1 分钟 后提起，离水搁置 2～3 分钟，再浸泡 1 分钟，如此反复 2～3 次，待小龙虾完全适应水质和温度，鳃腔吸足水分并恢复体力后再按上述方法消毒。

5. 自繁自育稻田小龙虾留种与亲本优选

依靠自繁自育解决第二年苗种的稻田为满足第二年苗种需要可将当年养成的性成熟小龙虾留田作为亲虾，依靠小龙虾繁殖习性，自繁自育生产小龙虾苗种，一般留种数量为 20 千克 / 亩左右。当每条地笼商品虾产量低于 1 千克时（地笼放置密度为长度 10 米的地笼 2～4 个 / 亩，长度 20 米的地笼 1～2 个 / 亩），停止捕捞，剩下的小龙虾作为后备亲虾培育。

在自繁自育两年后，7—9 月开展小龙虾亲本优选工作，避免小龙虾种质退化。一般从自然水域或其他养殖区域选购 40 克 / 只以上的大规格亲虾投放到稻田中，投放量为 5 千克 / 亩左右。

五、饲料选择与投喂

稻田内被水淹没留存的稻草秸秆、稻蔸腐烂分解。在浅水环境、适宜温度、充足阳光等适宜的环境条件下，浮游生物、水生昆虫大量滋生；尚未死亡的水稻根须、稻谷也萌发生长，人工栽培的伊乐藻、菹草发芽生长 ；经水泡胀的散落稻谷、由稻草腐烂形成的有机碎屑都是小龙虾优质的饵料。因此，秋季放养模式的小龙虾在放养后一直到越冬中期一般无须投喂任何饲料。越冬期间，小龙虾基本不摄食或摄食量少；越冬后期，苗种数量较多的稻田可少量投喂配合饲料或煮熟的玉米、大豆等饵料。

春天，当水温回升到 10 ℃以上时，小龙虾开始觅食，应逐渐增加人工饲料投喂。为确保下一季水稻栽培不受影响，商品小龙虾也能有较高的销售价格，最好在 5 月 30 日前完成小龙虾捕捞销售。因此，开春后必须立即进行强化喂养。

一般选择专用硬颗粒饲料或膨化颗粒饲料作为小龙虾春季饵料，粗蛋白质含量最好在 30% 以上。每天投喂量一般为在田小龙虾总量的 2%～5%，具体投喂量根据天气、水质、饲料质量等确定。投喂方法：3 月中下旬，下午投 1 次；4—5 月日投 2 次，上午、傍晚各 1 次，傍晚投喂量约占全天投喂量的 70%。饲料一般投在沟边浅水区和水草空白区，投喂时做到匀、好、足。目前市场上已有的自制发酵饲料对养虾产生的效果较好，养殖户可参考发酵方法，探索实践。

六、水位控制

冬春季的小龙虾养殖池塘需要以控制水位高低的方法来调节池水的温度和透明度，构建小龙虾适宜的生长环境，一般遵循“低 - 高 - 低 - 高”波浪形水位调节原则。9—11 月，将稻田田面水位控制在 30 厘米左右，稻蔸大部分露出水面，可促进稻蔸再生，避免秸秆全部淹没腐烂，稻田水质过肥而缺氧会影响小龙虾的生长；12 月至翌年 2 月，在小龙虾越冬期间，将水位提高至 40～50 厘米，防止水位太浅，冻伤小龙虾苗种；越冬以后，随着 3 月气温回升，降低水位至 30 厘米左右，促进稻田水温提高，饵料生物繁育生长，如果水质清瘦，为防青苔发生，可适当施肥；4 月中旬以后，稻田水温逐渐升高，水温稳定在 20 ℃以上时将水位再提高至 50～60 厘米，使稻田内的水温稳定在 20～30 ℃，以利于小龙虾的生长，避免小龙虾提早硬壳老化。

七、敌害生物预防

小龙虾的敌害生物有肉食性鱼类（如黑鱼、黄鳝、鲶鱼等）、老鼠、水蛇、各种鸟类、水禽和蛙类等。肉食性鱼类可以在进水过程中通过密网拦截；鼠类应在稻田埂上设置鼠夹、鼠笼捕捉或投放鼠药毒杀；鸟类、水禽等主要是进行驱赶，也可采用防鸟网、稻草人和电子驱鸟器等方法；蛙类等主要依靠防逃网拦截，也可以人工夜间捕捉外放。野生水禽或其他鸟类不要使用药、网捕杀，以防触犯法律。

八、成虾适时捕捞

小龙虾有掘洞习性，当夏季水温过高或性成熟进入繁殖期常掘洞穴居，增加了捕捞难度，应适时捕捞销售。及时起捕达标的成虾为其他小龙虾更快生长腾出空间。经过 2～3 个月生长的稻虾连作的小龙虾成虾的起捕时间自 4 月开始，5 月底或 6 月初结束。一般采用虾笼进行诱捕，回捕率可达 80% 以上。开始捕捞时，不需要排水，直接将虾笼布放于稻田及虾沟内。当捕获量渐少时，再将稻田田面水排干，迫使小龙虾集中于虾沟，集中在虾沟放地笼，直至捕不到商品虾。捕捞工作应于 5 月底前结束。未达上市规格的小龙虾也可以留在虾沟中，以作为稻虾共作模式的苗种使用。捕捞时应注意以下几点。

(1) 适当放大地笼网眼　调节地笼网眼大小，可减少捕捞活动对小龙虾苗种的伤害，方便未达上市规格的幼虾误入地笼后迅速逃出。网眼为 1.5 厘米的地笼一般可捕捞 25 克以上的小龙虾。由于地笼网眼过小，在进笼的幼虾被挑拣后再回放稻田，小龙虾患病风险将大幅度提高。

(2) 及时倒笼出虾　刚下地笼捕捞时，小龙虾在池密度高，入笼速度快，如长时间不倒笼，易造成小龙虾因缺氧而死亡。为避免这种情况，出虾高峰期应及时倒笼出虾，预防“爆笼”死虾。其他时间也要将地笼袋头用竹竿悬挂在水面以上。当袋头聚集的小龙虾太多时，小龙虾可直接呼吸空气，避免因缺氧而死亡。

(3) 经常变换位置　每隔 3～5 天变换 1 次地笼布设位置，可提高捕捞效率。

(4) 投饵、动水诱捕　当天气不好，或者小龙虾市场急需时，可在地笼内投放小杂鱼、配合饲料等诱饵，地笼外不投喂，可提高小龙虾捕捞效率；降低稻田水位或用水泵使池水沿稻田围埂、虾沟流动，可以增加地笼捕捞量。

九、水稻栽培与管理

1. 水稻品种选择

受小龙虾养殖阶段的影响，稻虾连作模式的水稻栽培一般只安排种植一季。在品种选择上，要求生长期不超过 5 个月（6—11 月），各地可选择适合本地种植的优质水稻品种，或者推广试验适宜当地条件的水稻新品种，江苏淮安地区南部的盱眙、金湖两县选用‘徽两优 898’‘两优 688’等杂交稻，中部的洪泽、淮安两区选用‘淮稻 5 号’‘南粳 9108’等粳稻，种养户可参照维度选用。

2. 水稻栽培

在稻虾连作模式下，小龙虾捕捞完毕后，及时开展施肥、旋耕、耙匀、灭茬工作，为栽秧做好准备。如果只开展稻虾连作，小龙虾捕捞以后，就不用考虑小龙虾生存、生长问题，接下来的水稻栽培就和一般农田的水稻栽培一样；如果水稻栽培期间接续小龙虾、水稻共生操作，那就是稻虾共作模式。

十、稻后留茬与处理

水稻收割后，在稻田中适当保留水稻秸秆既可减少秸秆外运处理费用，又可解决秸秆利用问题，为小龙虾苗种提供隐蔽和栖息场所，在田的秸秆经科学处理能逐渐转化为小龙虾可食的饵料生物。

1. 留茬高度

水稻收割时，将收割机收割高度做适当调整，保留稻茬高度为 30 厘米左右。

2. 无害处理

刚收割后的水稻秸秆含水率高，浸水后容易快速腐烂。为防止留田秸秆沤水，引发水质快速恶化，水稻收割后，不要立即上水，等留田秸秆晾晒至半干再上水，稻田首次上水至田面以上 10 厘米左右，以后随着秸秆腐烂程度慢慢加水，以保持水质良好。当水位达到最高时，视水质状况或使用微生物制剂调节水质或少量换水改善水质，确保水质变化不会引起小龙虾不适。留茬水稻在浸水后逐渐返青既可缓解秸秆腐烂进程，减轻水质污染，又为小龙虾提供了部分植物性饲料。江苏淮安部分种养户的方法是将收割机上粉碎秸秆的装置卸去，让秸秆落在直立的稻茬上，以减缓上水后秸秆腐烂的速度。

春季的稻虾连作田易发生青苔。而经上述方法处理秸秆的稻田在春季基本未见大面积青苔。其原因应该是秸秆覆盖地表，遮住了光线，青苔孢子不易萌发。

典型案例

稻虾连作模式是稻田小龙虾养殖产量的主要来源，占比超过70%，这是因为在小龙虾养殖期间，稻田没有受其他经济作物的影响，小龙虾养殖环境营造更好，饲养管理更加精细。下面列举江苏地区开展稻虾连作取得较好效益的典型案例11个，从不同角度介绍养殖户开展稻虾连作种养的相关做法。

（一）基于“繁养分离”的无环沟稻虾轮作

1. 主体信息

江苏省盱眙县穆店镇某生态农业公司采用繁养分离、计数投苗的无环沟稻虾综合种养模式，在生产一茬小龙虾的同时，保证了原稻田水稻种植面积和产量。稻虾轮作面积达280亩。

2. 养殖成果

2022年平均亩产成虾161千克、水稻604千克，亩均产值达6 420元。养殖期间，饲料投入168 000元、动保产品投入10 020元、人员工资84 000元、土地租金215 600元、其他费用156 800元，亩均成本2 266元，亩均利润达4 134元。

3. 主要做法

（1）不开挖环沟　不在稻田内四周开挖环沟，仅保留稻田中原有的排水沟，确保烤田时水能彻底排干净。

（2）水草种植　11月底水稻收割后留茬40厘米左右，一周后种植伊乐藻，行距 × 株距为3米 ×6米，伊乐藻移栽时用竹竿等进行固定种植，防止蔓延。

（3）清野除杂　在小龙虾苗种投放前10天，用茶粕彻底清塘，用量为20～25千克/亩，并及时捞出死鱼。

（4）苗种放养　3月底到4月初投放虾苗，虾苗规格为240～400只/千克，每亩投放6 000只左右。虾苗投放前，在稻田中泼洒维生素C等抗应激药物，虾苗投放后第二天全池泼洒聚维酮碘进行消毒。

（5）水质调控　一是及时加注新水，保持水质清新；二是防止青苔滋生，2—3月气温低、水浅，容易长青苔，这时加深水位，使用腐殖酸钠，降低水体透明度，防止青苔滋生；三是坚持改底及调水，5月以后每隔一周使用过硫酸氢钾片改底1次，可以起到加快底部有机质分解、降低氨氮的作用，同时使用EM菌改善水质，每周使用1次。

（6）饲料投喂　饲料选用小龙虾专用配合饲料。虾苗投放的第1天，投喂少量饲料，第2天开始按存塘虾苗总量的1%投喂，后期根据摄食情况适当调整投喂量。4月底前选用含粗蛋白质36%的饲料，5月以后选用含粗蛋白质32%的饲料。饲料每天投喂2次，7:00～8:00，占每天投喂量的30%，17:00～18:00，占每天投喂量的70%。

（7）日常管理　一天巡塘2次，详细观察小龙虾摄食、活动情况，发现问题及时处理，并做好塘口记录。

（8）适时捕捞　5月初，采取捕大留小的方式陆续起捕成虾，6月中旬捕捞结束。

（9）水稻管理　水稻品种选择‘武香粳5245’，6月20日栽插秧苗，适时烤田，采用“基肥为主，追肥为辅”的原则进行施肥管理。

（10）水稻收割　水稻11月底收割。提前7～10天排水晒田，采用机械化收割。

（二）“设施化”的无环沟稻虾轮作

1. 主体信息

江苏省淮安市洪泽区朱坝镇姚姓家庭农场采用“设施化”的无环沟养殖新模式比常规模式更能精准控制小龙虾养殖密度。同时使用微孔增氧，提升养殖水体的含氧量；采用无人机投喂，节省人工成本。稻虾轮作面积达400亩。

2. 养殖成果

2023年，姚某农场平均亩产小龙虾155千克、水稻600千克，亩均收入7 630元。亩均成本4 200元，其中人员工资300元、虾苗800元、饲料900元、租金1 030元、渔药200元、其他费用970元。亩均利润达4 130元。

3. 特色做法

（1）稻田内侧坡面覆盖黑色塑料薄膜　稻田内保持原貌不变，不开挖环沟，仅在稻田内侧坡面覆盖黑色塑料薄膜，防止小龙虾打洞自繁（彩图33）。

（2）水草栽种　稻田清整后，2月底前完成伊乐藻等水草的栽种，水草种植行距10米、株距4米。水草栽种后立即开展肥水工作，每亩用黄腐酸钾5千克、氨基酸原粉5千克、红糖2.5千克混合后兑水泼洒，能有效控制青苔，促进水草的生长。

（3）虾苗投放　3月底前完成虾苗放养，亩投放虾苗6 000只，规格为200～240只/千克。在虾苗投放前3天，进行虾塘解毒，每5亩池塘全池泼洒1升有机酸。在虾苗投放前1天，全塘泼洒维生素C，以减少虾苗应激反应。在虾苗投放后，全塘用聚维酮碘泼洒消毒，防止病菌感染。在消毒完成48小时后，泼洒EM菌调节水质。

（4）饲料投喂　在虾苗下塘后的前3天，进行少量投喂；在虾苗下塘的3天后，投喂量调整为虾苗总量的3%，以后每周在前周投喂量的基础上增加1%，选用粗蛋白质含量为36%及以上的优质配合饲料。

(5)养殖管理　稻田无环沟的灌水深度最高为80厘米，根据具体情况调节水位。定期进行改底消毒，每15天左右进行1次。在阴雨天气及时开启微孔增氧设备，增加水体溶解氧含量。

(6)成虾捕捞　5月10日后开始捕捞成虾，至6月20日捕捞结束，应捕尽捕。成虾平均规格为30克/只。

(7)水稻种植　6月下旬进行插秧，后期正常开展水稻管理。11月水稻收割完成后进行旋耕晒田，准备下一年度的稻虾轮作。

(三)四周开挖降水沟的稻虾轮作

1. 主体信息

江苏省淮安市金湖县银涂镇纪某新开的稻虾种养田块，只在稻田四周开挖降水沟，未开传统的虾沟开展稻虾轮作，面积达309.43亩。

2. 养殖成果

2023年，纪某平均亩产小龙虾156千克、水稻亩产650千克、亩均收入8 239元。亩均成本3 546元，其中人员工资100元、租金1 000元、虾苗920元、饲料716元、肥料200元、渔药30元、农药100元、电费20元、其他费用460元。亩均利润达4 693元。

3. 特色做法

(1)开挖降水沟　沿稻田三面开挖宽为1米左右、深为0.8米的降水沟，开挖出来的土用于加宽、加高田埂，使田埂高于田面0.8～1米。不额外开挖虾沟。

(2)计数放养苗种　4月初亩放养虾苗5 000只，规格为160～200只/千克。5月开始捕捞成虾上市，至6月中旬捕捞结束。

(3)微生态制剂调控水质　4月20日后，每7天用1次微生态制剂调水。微生态制剂品种可选用乳酸菌、芽孢杆菌、光合细菌等。

(4)投喂配合饲料　全程使用粗蛋白质含量为30%以上的小龙虾配合饲料。

(5)智能化管理水稻　6月底栽种水稻(品种为'荃香优89')，完成水稻栽种后，使用无人机施用复合肥，15千克/亩。进入水稻破口期，将杀虫、杀菌药混合，使用无人机一次性喷洒，防治病虫害。

(四)"繁养分离"的稻虾轮作

1. 主体信息

江苏省淮安市盱眙县淮河镇卞姓龙虾生态养殖场采用"繁养分离"技术开展稻虾轮作，小龙虾苗种投放质量好，数量精准，且能保证小龙虾养成规格和产量，稻虾轮作面积达500亩。

2. 养殖成果

2022—2023年，该养殖场平均亩产成虾151千克、虾苗102千克、水稻603千克，亩均收入 6 721 元。养殖期间，饲料投入 201 000 元、动保产品投入 50 200 元、人员工资 150 000 元、土地租金 550 000 元、其他费用 402 300 元，亩均成本 2 707 元。亩均利润达 4 014 元。

3. 特色做法

在传统稻虾综合种养模式中，留塘虾自繁会导致小龙虾种质退化，虾苗密度难以控制，连续 2 年后，就很难养出大虾。而在"繁养分离"的稻虾轮作后，虾苗密度能得到控制，成虾规格大幅度提高。

(1) 科学划分养殖区域　养殖区划分为苗种繁育区和成虾养殖区，其中苗种繁育区面积占养殖总面积的 20%，成虾养殖区面积占养殖总面积的 80%。

(2) 苗种繁育区技术流程　苗种繁育区稻田面积控制在 5～10 亩，避免使用面积过大的稻田。2022 年 5 月中旬人工插秧，6 月初上水投放小龙虾苗种，放养密度为每亩 4 000 只左右。隔天开始投喂，饵料以小麦、黄豆、玉米为主，添加适量配合饲料。8 月初开始捕捞，至 8 月底结束，9 月初烤田，9 月中旬收割水稻，水稻收割后 1 周上水种草。虾苗于 2023 年 3 月初达到上市规格，则开始往成虾养殖区放苗，并对外销售产后亲虾及多余的虾苗。

(3) 成虾养殖区严格控制投苗密度　2022 年水稻收割后就上水种草，冬季以养草为主。2023 年 3 月开始下地笼捕捞稻田存虾并全部出售。当水温回升到 12 ℃左右，加深水位进行最后一次捕捞，然后用4.5%氯氰菊酯清塘。1 周后试水，若虾苗无异常，则进行解毒和肥水工作。具体操作：第 1 天用硫代硫酸钠兑水泼洒，第 2 天用有机酸兑水泼洒，第 3 天用黄腐酸钾进行肥水，第 4 天按每亩 6 000 只进行投苗。经过 35 天左右的养殖，开始捕捞销售。

(五)"繁养分离 绿色生态"技术应用下的稻虾轮作

1. 主体信息

2022 年，江苏省淮安市淮阴区高家堰镇朱某公司采用小龙虾"繁养分离"技术、水稻绿色生产技术开展稻虾综合种养，实现了小龙虾苗种精准投放、成虾产量可控、稻谷品质优良，取得了良好的经济收益。稻虾轮作面积达 500 亩。

2. 养殖成果

平均亩产虾苗 170 千克、成虾 60 千克、水稻 340 千克，亩均收入 10 581 元。养殖期间饲料投入 481 250 元、苗种 280 000 元、动保产品 63 050 元、人员工资 600 000 元、土地租金 500 000 元、其他费用 91 460 元(含地笼购置费、电费等)，亩均成本 4 031 元。亩均利润达 6 550 元。

3. 特色做法

(1) 苗种繁育　选择 174 亩稻田专塘繁育虾苗，池中的亲虾为上一年的存塘虾。

苗种繁育时间为每年的10月初至翌年的3月中旬，平均亩产虾苗170千克。

(2)成虾养殖

① 野杂鱼的清除及防控。2月底，先加深田块水位后，再排水，如此反复2次，以促进小龙虾出洞活动，然后带水用茶籽饼清除野杂鱼，并及时清理死鱼。进排水时，应在进水口套上由80目筛绢布制作的网袋，以防止野杂鱼进入塘口。

② 水草种植。种植水草时，田面水位保持10厘米以上，水草种植方向沿塘口长边方向种植，行距为10米、株距为8米。水草种植完成后缓慢上水，1周提高水位10厘米左右促进水草生长。

③ 苗种投放。3月初，每亩放养规格为120～220只/千克的虾苗4 000～5 000只。

④ 饲料投喂。苗种放养后投喂粗蛋白质含量为40%的小龙虾专用饲料，1个月后投喂粗蛋白质含量为36%的小龙虾专用饲料。

⑤ 水位、水质管理。3—4月，水位控制在30～35厘米，以利于水温回升，每15天左右使用1次微生态制剂，如枯草芽孢杆菌、EM菌等；5月水位控制在40～50厘米，每10天左右使用1次微生态制剂，调节水质。

⑥ 成虾捕捞。5月中旬开始捕捞成虾销售，6月中旬捕捞结束。

(3)水稻种植　苗种繁育塘口种植水稻品种为'甬优4949'，成虾养殖塘口种植水稻品种为'南粳9308'。采取生态、有机的种植方法，人工插秧，不使用农药化肥，平均亩产340千克。

(六)基于自繁早苗的稻虾轮作

1. 主体信息

江苏省淮安市金湖县金北街道朱某家庭农场采用繁养分离、早放苗的方式开展稻虾综合种养，同时充分利用"稻虾米"的质量优势加工销售稻虾大米，提高了稻虾种养的附加值，取得了良好的经济效益。稻虾轮作面积达370亩，其中虾苗繁育池为30亩。

2. 养殖成果

2022—2023年，朱某平均亩产小龙虾147.5千克、水稻577.5千克，亩均收入7 236元。亩均投入成本2 897元，其中人员工资150元、租金1 000元、虾苗1 000元、饲料500元、肥料100元、渔药30元，农药50元、电费20元、其他费用47元。亩均利润达4 339元。

3. 特色做法

(1)虾苗专池培育　专池培育虾苗，确保虾苗质量。虾苗培育池30亩，每年8—9月放养亲虾，亲虾规格为20～50只/千克，亩放亲虾15千克。翌年3—4月出虾苗，亩产虾苗200～250千克，规格为80～200只/千克。

(2)虾苗一次性放足　成虾养殖田块于3月中旬开始投放虾苗，虾苗规格为200只/千克左右，每亩投放30千克左右，每个田块虾苗一次性放足。

(3)适时捕捞,捕大留小　4月下旬开始捕捞,采用捕大留小方式,6月20日左右捕捞结束。

(4)提高水稻附加值　6月底前种植水稻品种‘徽两优898’‘扬两优813’‘两优9919’,减量使用低毒农药。生产的稻虾米售价比常规大米高3～5倍。

(七)放旱苗稻虾轮作效益好

1. 主体信息

江苏省淮安市洪泽区三河镇赵某农业公司通过种植水草、使用微生态制剂为小龙虾营造一个适宜的生态环境。此外每年对稻田彻底清整,小龙虾苗种密度可控,生产管理方便,小龙虾养成产量、规格双提升,取得了较高的经济效益。稻虾轮作面积达430亩。

2. 养殖成果

该公司2023年平均亩产小龙虾133.5千克、水稻525千克,亩均收入7 247.3元。虾苗投入300 000元、饲料240 000元、水电费及其他费用20 000元、人员工资120 000元、土地租金430 000元、药物64 500元、水稻种植77 400元、肥料106 100元,亩均成本3 158元。亩均利润达4 089.3元。

3. 特色做法

(1)晒田种草　10月底,水稻收割后用旋耕机进行旋田、晒田,晒田5～7天后开始上水泡田。翌年2月底前进行水草移栽。主要移栽的水草为伊乐藻。伊乐藻移栽的株距 × 行距为3米 ×10米。

(2)虾苗投放　3月中旬选择异地配对的亲虾所产的虾苗进行放养,每亩放6 000只,规格为200～240只/千克。

(3)日常管理　虾苗投放后开始投喂粗蛋白质含量为32%的饲料,5月以后选用粗蛋白质含量为28%的饲料。定期补充钙质,每亩每米水深用2.5千克磷酸二氢钙兑水全池泼洒或使用生石灰化水全池泼洒,每次每亩每米水深用3～5千克或按照0.5%的离子钙添加量与饲料搅拌后让小龙虾内服。另外,定期在饲料中添加酵母,提高饲料的转化率。

(4)蜕壳管理　在脱壳期到来之前适量使用“蜕壳宝”等产品,避免小龙虾发生蜕壳不遂。

(5)水质调节　定期使用微生态制剂,如枯草芽孢杆菌、EM菌等,10～15天每亩每米水深泼洒1次EM菌液1 000毫升。

(6)起捕销售　4月下旬开始起捕成虾,捕大留小,至6月初捕捞结束。捕捞结束后使用溴氰菊酯类药物彻底清塘。

(7)水稻种植　6月中旬开始整地插秧,人工栽插‘9108粳稻’秧苗。

（八）自繁苗与外购苗结合的稻虾轮作

1. 主体信息

江苏省淮安市洪泽区三河镇吕某小龙虾苗种采用自繁与外购相结合的方式，并进行计数投放，成虾规格整齐，产量稳定，取得了较好的效益。稻虾轮作面积达 306 亩。

2. 养殖成果

2023 年，平均亩产小龙虾 125 千克、水稻 592 千克，亩均收入 6 067 元。养殖期间，虾苗投入 200 000 元、饲料 168 000 元、水电费 10 000 元、人工费 50 000 元、其他费用 154 836 元，亩均成本 1 905 元。亩均利润达 4 162 元。

3. 特色做法

（1）自繁虾苗　利用稻虾养成田开展专池繁育虾苗，面积为 30 亩。根据经验来留存亲虾，2022 年成虾捕捞后期，当地笼中捕获的成虾质量少于 2.5 千克 / 亩，即不再捕捞，稻田中剩余成虾留作自繁亲虾，2023 年 3 月亩产虾苗 200 千克，平均规格 280 只 / 千克。

（2）虾苗投放　2023 年 3 月将专池繁育的苗种放入成虾养殖田，亩投放 3 000 只，4 月中旬从其他养殖户购进规格 200 只 / 千克的虾苗补充投放，每亩补充放养 1 000 只左右。

（3）投喂和捕捞　3 月开始投喂粗蛋白质含量为 36% 的小龙虾配合饲料，4 月中下旬将配合饲料粗蛋白质含量调整为 30%～32%。4 月初开始起捕成虾，捕大留小，至 6 月捕捞结束。

（4）栽种水稻　6 月中下旬开始整地插秧，人工栽插籼稻。

（5）病害预防　小龙虾的病害采取“预防为主”，3—6 月投喂饲料时拌 EM 菌等有益菌，每 10 天左右使用 1 次 EM 菌全池泼洒。进水口用 40 目网袋过滤，防止敌害生物进入。

（九）万亩稻田生态育苗基地

1. 主体信息

江苏省淮安市盱眙县黄花塘镇时集村的稻虾轮作面积达 11 000 亩。该村是盱眙县虾稻综合种养的发源地，也是当地小龙虾苗种的主要生产和供应基地。2008 年至今，以刘某为代表的 700 余户农民一直以水稻收割后的农田开展小龙虾苗种的生态繁育和养成，水稻种植季节正常开展水稻生产，稻虾种养两不误。

2. 刘某的养殖成果

2022—2023 年平均亩产成虾 105 千克、虾苗 110 千克、水稻 605 千克，亩均收入 5 908 元。养殖期间，亩均成本 1 800 元，其中饲料 1 500 元、动保产品 100 元、人员工资 80 元、其他费用 120 元。亩均利润达 4 108 元。

3. 特色做法

(1)设施配套　该村田块面积以3～10亩为主,依靠水库提水保障稻田用水,各家田块均设置防逃围网,配备小龙虾苗种交易市场,促进苗种销售顺畅。

(2)水稻管理　选择'荃香优89''荃优华占'等水稻品种,5月中旬栽插秧苗,适时烤田,采用"基肥为主,追肥为辅"的原则进行施肥。

(3)苗种放养　2022年6月水稻栽培后,6月底投放规格为160～200只/千克的虾苗,每亩投放1 000～2 000只,这批虾性成熟后部分作为下一年苗种繁育的亲虾。

(4)日常管理　虾苗投放后,做好稻田水质调控、饲料投喂和稻虾病害防治等日常管理工作。

(5)水稻收割　9月15日左右收割水稻。提前7～10天排水晒田,然后进行机械化收割。

(6)进水及水质调控　9月20日上水,根据留存秸秆对水质影响进行改底调水。当水质发黑发臭时,使用过硫酸氢钾片改底,可以除臭,加快有机质分解。当水质变清时,可以加深水位,使用腐殖酸钠,防止青苔滋生。

(7)幼虾培育　10月1日左右投喂豆浆,黄豆投喂量为1.5～2.5千克/亩;10月15日后开始投喂豆粕、菜籽饼,按存虾总量的0.75%～1.5%投喂;10月25日至稻田结冰之前,投喂含粗蛋白质36%以上的配合饲料,按存虾总量的1%～1.5%投喂;2023年2月初,气温回升到13 ℃以后,投喂含粗蛋白质36%以上的配合饲料,按存虾总量的1%～1.5%投喂。具体投喂量根据天气、水质、吃食和活动情况灵活调整。

(8)收获虾苗及成虾　从2023年2月15日至5月10日,下笼起捕,小规格的虾作为苗种销售,大规格的虾作为商品虾上市。

(十)繁养一体化模式下的稻虾轮作

1. 主体信息

江苏省淮安市淮安区漕运镇赵某采用"提早淹青、适时投喂、重视肥水"等措施,在传统的繁养一体化的模式下仍然取得了良好的收益。稻虾轮作面积达107亩。

2. 养殖成果

2023年,平均亩产小龙虾115千克、水稻510千克,亩均收入6 211元。养殖期间,每亩投入虾苗336元、饲料397元、渔药79元、塘口租金800元、其他费用485元,亩均成本2 097元。亩均利润达4 114元。

3. 特色做法

(1)提早淹青　2022年10月下旬完成水稻收割,留茬25厘米。11月初完成防逃网维修、稻田进水和水草移栽工作,水位保持为20～30厘米,促进水稻秸秆返青出芽,为留塘小龙虾提供天然饵料。11月底水位增至70厘米,并在稻田内四周分布草堆，为小龙虾过冬提供保暖条件。

(2) 适时投喂 上水后，如果稻田中的小龙虾幼苗较多，可在环沟内投喂粗蛋白质含量为 40% 的小粒径小龙虾配合饲料，满足幼虾摄食需要，保证安全过冬，提高苗种成活率。另外，在内埂以及田面水草附近，适当投喂大粒径颗粒料，满足成虾和亲虾摄食需要。

(3) 重视肥水 肥水能够促进藻类生长和繁殖，从而给虾苗提供充足的生物饵料，并能促进有机质分解。该户采用氨基酸肥水膏肥水，用量为每亩每米水深使用 500～1 000 克，用池水稀释 20 倍后均匀泼洒。2023 年 3 月后，根据水质情况，定期使用 EM 菌、芽孢杆菌等微生态制剂调节水质，促进养殖水体保持“肥、活、嫩、爽”状态。

(4)捕捞上市 4 月 15 日开始捕捞销售，捕大留小，地笼隔 3～5 天移动 1 次位置，提高捕捞效率，6 月 20 日捕捞结束。

(十一) 无人机应用下的稻虾轮作

1. 主体信息

江苏省淮安市涟水县唐集镇周某土地股份合作社应用无人机替代人工投喂饲料大幅度降低了生产成本，全程不使用农药、化学肥料，经济效益较传统麦、稻种植增收 6 000 元以上，实现了农业产业的机械化、绿色化、高效化和品牌化。稻虾轮作面积达 551 亩。

2. 养殖成果

2023 年，该合作社平均亩产成虾 150 千克、品牌稻虾米(丰禾香谷)350 千克，亩均收入 10 100 元。养殖期间，饲料投入 400 000 元、动保产品投入 120 000 元、人员工资 300 000 元、土地租金 560 000 元、设备五年折旧费用 100 000 元、其他费用 320 000 元，亩均成本 3 267 元。亩均利润达 6 833 元。

3. 特色做法

(1) 选择大规格亲虾 6 月底至 7 月初，在自留亲虾的基础上每亩外购优质亲虾 15～20 千克作为补充，亲虾规格在 35 克 / 只以上。

(2) 采用无人机投喂 饲料采用大疆 T40 无人机投喂，每台无人机可代替 8～10 名工人，大幅度降低了劳动成本，且饵料抛撒均匀，显著提高了工作效率。

(3) 使用高蛋白质饲料 饲料选用小龙虾专用配合饲料，粗蛋白质含量不低于 36%。

(4) 合理调节水质 高温季节，每隔 15 天左右交替使用 1 次光合细菌、生石灰，施用磷酸二氢钙以增加池水中离子钙的含量，促进小龙虾脱壳生长。每隔 30 天左右加注 1 次新水，换水后使用有机酸进行水质改良。

(5) 控制水位 9 月中旬排干环沟里的水，促进亲虾掘洞。11 月上旬，水稻收割后，晾晒 5～7 天，然后逐渐往环沟内注入新水。每天进水 8～10 厘米，直至淹没田面 5～10 厘米，刺激亲虾出洞，使虾苗尽快脱离母体。冬季田面水深 40～50 厘米。

(6)捕捞上市　2023 年 3 月初，先使用大网眼地笼捕捞亲虾，抢早市，市场价格高；再使用小网眼地笼捕捞虾苗，将虾苗分塘养殖，多余的虾苗对外销售。虾苗上市早，规格整齐且成活率高。

(7)生产优质稻米　水稻品种选用‘南粳 9108’，每年 7 月 10—20 日进行水稻插秧，在水稻种植中全程不使用化肥、农药。生产的稻米以“丰禾香谷”品牌对外销售。

第三节　成虾早上市的稻虾连作模式

在稻虾连作生产中，小龙虾养殖、水稻栽培虽然使用的是同一块农田，但在田块使用时间上不重叠，养种技术容易掌握。该模式推广最快，从发展情况来看，还存在一些不足。一是成虾上市过于集中，主要集中于 5 月至 6 月上旬，这是这段时间小龙虾市场价格全年最低的主要原因；二是平均养成规格小，35 克以上大规格成虾比例低，一般不超过 40%，直接影响了小龙虾养殖效益的提高。目前普遍采取的原田留种、自繁自育解决虾苗的做法直接导致了苗种大小不一、数量难以控制，小龙虾商品率太低。近年来各地大力推广稻田综合种养，养虾面积增加迅速，苗种需求旺盛，消化了大部分小规格小龙虾。当养虾面积逐步稳定，养殖户生产的大量小规格小龙虾都需要卖虾苗时，小规格小龙虾供应将会出现严重过剩的局面，因此，目前采用的以生产小规格小龙虾为主的稻虾连作模式存在较大养殖风险。

基于以上考虑，江苏淮安地区科研人员和养殖户一起探索出小龙虾早上市的稻虾连作模式。其小龙虾养殖技术、水稻栽培技术与正常的稻虾连作模式一样，只是需要做好以下关键工作。

一、繁养分开

实行小龙虾苗种繁育和养成时间、空间的分离（繁、养分开），可大幅度提高繁、养工作的计划性，提高小龙虾养殖成活率和养成规格。

这种养殖模式的重点是苗种的早繁工作。提早选择成熟小龙虾，利用工厂化繁育设施或专门的繁育土池，配合光照、水流、温度等诱导手段，可以实现冬前小龙虾苗种的生产与供应。由于秋季水温还较高，在水稻收割后的稻田，秸秆还田培育了充足的饵料生物，小龙虾苗种放养后，可获得较快生长。越冬时，一般规格将达到 120～160 只 / 千克，为小龙虾开春后快速生长并提早上市打下了坚实的苗种基础。

二、提早繁苗

在稻田一角配套建设土池专池繁育池（最好配备钢架塑料大棚），开展小龙虾早繁工作，也可以直接采购工厂化繁苗单位的小龙虾卵黄苗。

三、重视苗种强化培育

无论是自繁还是外购，都要在稻田一角配套建设小龙虾苗种强化培育池。为延长小龙虾苗种生长时间，培养池可配备建设钢架塑料大棚。当小龙虾幼虾经 20 天以上的强化培育达到 3 厘米以上时，再按计划放养到稻田，可大幅度提高小龙虾的养成成活率。

四、苗种计数下田

建议放苗量控制在每亩 4 000 只以内，优质的苗种加上较小的放养密度，春季小龙虾的养成规格可达 30 只 / 千克以上，产量达 100 千克以上。

五、配合饲料的选择与投喂

选择粗蛋白质含量为 30% 及以上的优质配合饲料。当水温回升到 12 ℃时，加强人工饲料投喂，尽量缩短养成时间。

六、适时捕捞

4 月上旬，开始捕捞成虾上市，5 月上旬前完成全部捕捞工作。这种养殖模式的放苗量可控，便于精准投喂与管理，上市早，养殖收益较高，又避开了小龙虾疾病易发的 5 月，养殖风险大幅度降低。5 月初之前，按计划完成第一茬小龙虾捕捞工作的养殖户还可以抓住 5 月中下旬小龙虾苗种价格最低的有利时机就近采购大规格优质虾苗，开展第二茬小龙虾的养殖。在水稻栽培之前，尚有 30～40 天的饲养时间，亩放 2 000～3 000 只，可生产 50～100 千克的大规格小龙虾，经济效益更好。

典型案例

1. 主体信息

江苏省淮安市盱眙县淮河镇养殖大户刘某的稻虾轮作面积达 120 亩。

2. 养殖成果

2023 年，小龙虾亩产 160 千克，亩均产值达 9 600 元。亩均成本 5 485 元，其中人员工资 350 元、租金 1 100 元、虾苗 2 600 元、水草 45 元、饲料 950 元、肥水 150 元、水电 90 元、其他费用 200 元。亩均效益为 4 115 元，水稻收益未做统计。

3. **具体做法**

(1)稻田条件　每块稻田面积为40亩,距离田埂内侧2.5～3米处,沿四周开挖环沟,环沟上口宽为3.0～5.0米,深为1.0～1.2米。环沟面积占稻田总面积的10%以内。挖出的土加固田埂,埂高0.8～1.0米,埂顶部宽大于0.5米,田埂基部加宽到1～1.5米,捶紧夯实。田埂和环沟两侧的坡比为(2～3):1。在环沟的一角铺设过道,便于农机具进出。

(2)防逃设施　稻田的进排水口设置小龙虾防逃网,进水口用由40目聚乙烯网片制作的长形网袋套住,排水口用25目的金属网片扎紧,并安装倒檐,防止小龙虾逃逸。进排水口设置在田块斜对角线上。田埂上设置防逃设施,材料采用聚乙烯网片,上口缝长度为30厘米的塑料薄膜,防逃网高为60厘米,下口埋入土地15厘米左右。

(3)清除野杂鱼　投放虾苗前10～15天,修整田埂、环沟,用茶粕进行清塘,用量为20～25千克/亩,并及时捞出死鱼。

(4)移栽水草　12月在环沟和田面上移栽伊乐藻,田面上的行距为10米、株距为8米。

(5)虾苗放养　2月初,按照每亩4 000只的密度放养虾苗,规格为1 000～2 000只/千克。放养前全池施撒维生素C,降低虾苗的应激反应。放养时将盛有虾苗的运输框倾斜放置在环沟边,让虾自行爬入水中。

(6)饲养管理　虾苗投放2天后开始投喂粗蛋白质含量为36%的配合颗粒饲料,2月至3月20日,每天下午投喂1次,每天投饲量一般为虾苗总量的1%～2%。3月下旬后每天投喂2次,饲料均匀投放在沟边浅水区和水草空挡区。每天投饲量一般为虾苗总量的3%～5%,上午投喂量占每天投喂量的30%～40%,傍晚投喂量占每天投喂量的60%～70%,具体投喂量根据吃食情况确定,通常以饲料投喂后2小时内基本吃完为宜。

(7)栽插水稻　水稻插秧期在7月初。采用浅水移栽、宽行密株的栽插方法,株距为16.7厘米、行距为16.7厘米或30.0厘米,增加虾沟内侧的栽插密度。

(8)水质管理　在养殖期间,每隔15天施用1次过硫酸氢钾进行改底,保证水体溶解氧含量在5毫克/升以上,pH 7～8,透明度保持在30厘米左右,氨氮含量为0.5毫克/升以下,亚硝酸盐氮含量在0.1毫克/升以下。

(9)水稻施肥和病害防治　水稻抽穗期施用1次复合肥,亩施用量为10～12.5千克。水稻病害防治选用高效低毒的农药和生物制剂,禁用菊酯类等杀虫剂,仅在定植5～10天施用1次除草剂,抽穗期施用1次杀虫剂。

(10)烤田　10月下旬水稻成熟时开始,缓慢排水,使大田田面露出,大多数小龙虾游到沟内,保持沟水水位在30厘米以上,并加强水质管理,水质过差或温度过高会造成小龙虾病害。烤田后要及时灌水，使小龙虾能及时恢复生长。

(11)收获　于3月下旬开始捕捞成虾上市，捕捞至6月底，应捕尽捕。10月底至11月初开始收割水稻。

第四节　稻虾兼作模式

稻虾兼作，又称为稻虾共作、虾稻共生，是一种传统的稻田养虾模式。这种模式要求对稻田进行必要的工程改造，以形成在水稻栽培期间小龙虾同时生长繁育的基本条件。在基本不影响水稻产量的情况下，稻虾兼作每亩稻田可增加小龙虾产量60～150千克。在目前的市场行情下，稻虾综合种养效益可增加1倍以上。

一、田块选择

宜选择水源充足、排灌方便、水质良好无污染、土质肥沃、保水性能强的黏性土壤田块进行小龙虾稻田养殖，面积从几亩到几十亩均可，面积大比较好，一般一块养虾稻田以40亩为宜。在规模开发时，必须统筹规划，建设进排水口、电力及道路交通等配套设施。

二、田间工程

养虾稻田田间工程建设包括田埂加固、进排水口的防逃设施、环沟、田间沟、子埂等工程，这是在稻虾兼作模式下养好小龙虾必须开展的工作。

1. 开挖虾沟

稻田水位较浅，夏季水温又高，再加上水稻栽培必须采取的烤田、施药等措施。在稻虾兼作时，必须开挖虾沟，这是养虾成功的重要保证。虾沟开挖方法应根据稻田大小和形状而确定，一般沿稻田田埂内侧四周开挖，呈“回”字形分布。面积较大的田块还要在田中间开挖，呈“田”字形、“井”字形分布。虾沟与田面之间还要设置子埂，方便田面的蓄水和水稻管理。养虾沟和田间沟面积占稻田总面积不超过10%(图4-1)。

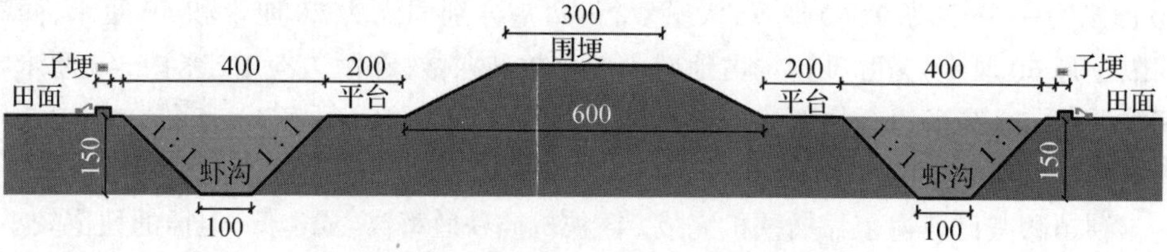

图4-1　虾稻共作建设工程剖面图(单位:厘米)

2. 加固围埂

利用开挖虾沟挖出的泥土加固、加高四周围埂，平整田面。在围埂加固时，每堆土 30～40 厘米，夯实一次，防止由雨水冲刷导致的围埂坍塌。

3. 设置防逃设施

稻田四周田埂上应建设防逃设施，进水口、排水口要用铁丝网或栅栏围住，防止小龙虾随水流外逃。进水口建在田埂上，排水口建在虾沟的最低处，按照高灌低排的格局，保证灌得进、排得出。防逃网最好设置在围埂内侧坡脚处或用网布护坡，预防小龙虾在围埂掘洞繁殖。

三、水稻品种选择与栽培

1. 水稻品种的选择

养虾稻田一般只种一季水稻。水稻品种要选择叶片开张角度小、抗病虫害、抗倒伏且耐肥性能强的品种。常用的水稻品种有徽优、汕优、协优系列等。目前有专门用于较深水体栽植的水稻品种，同一田块可以针对不同水深，栽培不同水稻品种，以获得更高的水稻产量。

2. 施足基肥

每亩施用农家肥 200～300 千克、过磷酸钙 10～15 千克，均匀撒在田面并用机械翻耕耙匀。采用测土配方技术，根据具体田块氮、磷、钾的不同含量，有针对性地添加不足成分，以获得更精准的施肥效果。当然，施用稻虾专用肥更好。稻虾专用肥是一种复合肥，是在氮、磷、钾科学配比的基础上添加了微量元素、腐植酸、黄腐酸等活性物质，采用缓释加工工艺，保障肥力平稳供应。稻虾专用肥被用作基肥在促进水稻生长的同时，不影响小龙虾养殖。

3. 秧苗移栽

一般在 5 月中旬开始移栽，也可以延迟到 6 月中下旬或 7 月初进行。插秧采用条栽与边行密植相结合，浅水栽插。移植密度一般为 30 厘米 ×20 厘米，确保小龙虾生活环境通风、透气性好。水稻具体栽插方法可以参考辽宁省盘锦市盘山县稻田养蟹采用的“大垄双行、边行加密”技术：以一亩地（长 28 米、宽 23.8 米）为例，常规插秧 30 厘米为一垄，两垄为 60 厘米，大垄双行，两垄分别间隔为 20 厘米和 40 厘米，两垄间隔也是 60 厘米，为弥补边沟占地减少的垄数和穴数，在距边沟 1.2 米内，40 厘米中间加一行，20 厘米边行插双穴。一般每亩插约 1.35 万穴，每穴 3～5 株。虾沟及田间沟中也可以种植深水稻。

秧苗移栽已普遍依靠插秧机完成。插秧机插秧效率高、成本低，但插的秧苗较小。如果操作不当，留田小龙虾会对秧苗造成较大破坏。依靠虾沟和田面之间的田埂将小龙虾苗种暂养在虾沟中，待秧苗生根分蘖后，再抬高水位，开展正常的稻虾共作生产。其间，密切关注天气变化，及时抽排稻田的雨水，有效管控田面水位，防止小龙虾入田破坏秧苗（彩图34）。

4. 田间管理

田间管理的主要任务是杂草控制、烤田（晒田）、合理施肥、虫害防治和换水与水位管理等。

(1)杂草控制　水稻返青封行前，稻虾兼作不能使用除草剂，主要依靠水浸控制杂草生长，并尽快提高水位，让小龙虾苗种进入田面觅食，以较好地控制杂草。使用30日龄以上大个秧苗（目前已有可以栽插大个秧苗的插秧机），秧苗封行快，小龙虾可以更早地进入稻田，杂草控制效果更好。

(2)烤田（晒田）　轻烤，即烤田时田块中间不陷脚，田边表土不裂缝和发白（彩图35）。田烤好后，及时恢复水位。烤田时间过长会对稻田中的虾存活产生不良影响。在烤田过程中，如发现虾有异常反应，则应立即注水。

(3)合理施肥　养虾的稻田在原则上应多施有机肥，少施化肥。插秧前，施足基肥；插秧后，根据水稻生长发育的不同时期，在田面追施复合肥或在叶面喷施生物微肥、生物钾肥。追肥做到“前期早施、中稳不疯长、后健不早衰”。

(4)虫害防治　小龙虾对有机磷、菊酯类的杀虫剂很敏感。水稻在用药时应避免选用。建议选用高效低毒的农药或生物制剂。施药时，严格把握农药安全使用浓度，并交替使用农药，降低抗药性，可将稻田分割成2～4个小区块，每天施用一个小区块，各小区块轮换施用农药。早晨露水大时，施用粉剂农药；下午叶片干燥时，施用水剂农药。施药前，适当加深田面水位至20厘米左右，选用孔径0.7毫米喷头，尽量将药喷施在水稻中上部，避免药物落入水中产生药害。在褐稻虱发生的高峰期，稻田水位控制在20厘米左右，可达到有效避虫的目的。在稻田田埂合适位置安装太阳能诱虫灯，可辅助水稻虫害防控，一般每10亩稻田安装一盏。

(5)换水与水位管理　除晒田外，平时稻田的水深应保持在20厘米左右，并经常灌注新水。稻田注水一般在上午10:00～11:00进行，保持引水水温与稻田水温接近。注水时要边排边灌，防止温差过大。6月底每周换水1/5～1/4，7—8月每周换水3～4次，换水量为田水的1/3左右。9月过后，每5～10天换水1次，每次换水1/4～1/3，保持虾沟水体透明度25～30厘米。在田间沟内，每15～20天用生石灰水泼洒1次，每次每亩用量为5～10千克，以调节水质。水稻收割前，应降低水位，硬化田面，便于水稻收割。

四、小龙虾放养

1. 放养模式

在稻虾兼作模式下，放养对象一般都是小龙虾幼虾：一种是水稻栽培后，待水稻活棵，直接向虾沟投放小龙虾幼虾，每亩放养幼虾 3 000～5 000 只，苗种规格为 100～150 只 / 千克；另一种是水稻栽插之前，在虾沟中提前储备苗种，待水稻栽插完成并返青后，再逐渐提高水位，开始正常的稻田小龙虾养殖。

2. 放养前的准备工作

① 清沟消毒。结合水稻插秧前的稻田整理，排干虾沟积水，清除过多淤泥，修整沟坡，然后用生石灰等清塘药物消毒，杀灭野杂鱼、敌害生物和致病菌。药物选择和具体清塘方法参考池塘消毒做法。

② 移栽水生植物。虾沟经消毒后立即移植轮叶黑藻、苦草，水草面积占虾沟面积的 20%～25%，以零星分布为好。已开展小龙虾养殖的稻田在尽可能保护好已有伊乐藻之外，还要移栽适合夏秋季生长的轮叶黑藻、苦草，促进虾沟良好生态环境的构建。

③ 灌水及过滤。进水口、排水口要安装竹箔、铁丝网及网片等防逃、过滤设施，进水口要用筛绢网过滤，严防敌害生物进入。

3. 苗种放养

小龙虾种苗在放养时要进行缓苗处理，然后进行消毒。在把握好种苗质量的同时，同一田块应尽可能放养同一规格的小龙虾，并一次放足。

五、小龙虾的饲养管理

在稻田中饲养小龙虾一般不投喂人工饲料。如果计划产量高，放养密度较大或稻田天然饵料不足，就可以投喂人工饲料，特别是在小龙虾生长旺季。每天坚持早晚巡田，实时掌握虾沟水色变化和小龙虾活动状况，及时采取针对性的管理措施。

1. 饲料选择与投喂

水稻在返青后应及时抬高田面水位，让小龙虾进入稻田觅食。放养后 15～20 天内，无须投饵。随着小龙虾蜕壳生长，稻田饵料不足时开始适量投喂。饲料以市售专用配合饲料为主，也可以用菜粕、麦麸、水陆草、瓜皮、蔬菜等饲料原料替代。每天投喂量为虾体重的 6%～8%，一般每天傍晚投喂 1 次，虾沟浅水处及虾沟两侧稻田为主要投饵地点。

2. 防逃、防敌害

坚持每天巡田，检查进水口、排水口筛网是否牢固，防逃设施是否损坏。汛期防止漫田，防虾外逃。进水、排水时要用40目筛绢网过滤，防敌害生物入田。平时要清除蛙、水蛇、泥鳅、黄鳝、水老鼠等敌害，以免其为害小龙虾。

六、捕捞

稻田小龙虾捕捞时机应视放养的幼虾规格而定。100～150只/千克的幼虾一般经30～40天饲养就可以上市销售。放养规格越大，起捕时间越早。如果幼虾放养规格不整齐，捕捞时就可采取捕大留小的方法，以促进小龙虾商品率的提高，其捕捞工具主要是地笼。如果小龙虾在田密度较高，刚开始捕捞时就可在夜间放置地笼，翌日清晨收集小龙虾；在密度下降后，可于傍晚放置地笼，翌日凌晨收集小龙虾。

典型案例

1. 主体信息

江苏省淮安市盱眙县官滩镇倪姓养殖大户道的稻虾共生面积达200亩。

2. 养殖成果

2022年平均亩产小龙虾62千克，亩均产值3 720元。亩均成本1 685元，其中人员工资125元、租金550元、虾苗440元、饲料320元、渔药100元、水电50元、其他费用100元。亩均效益2 035元，水稻收益未做统计。

3. 具体做法

(1) 田间工程　养殖塘口为常规稻田，每块稻田面积为50亩左右，在距离稻田田埂1.5～2米处，沿田埂内侧四周开挖环沟，上口宽为4～5米，深为1.3～1.5米，沟底宽为0.8～1米，田埂坡比为1∶2.5，环沟面积约占稻田总面积的10%。在田面中间沿着东西方向开挖一条宽1米、深0.6米的田间沟，便于投喂饲料和捕捞小龙虾。

(2) 进排水设施　进排水口选择在稻田相对两角，进水口于稻田最高位，排水口于稻田最低位。进水口用60目筛绢布制成约4米的长形网袋扎紧，以防敌害生物随水流进入稻田。排水口安装40目聚乙烯的双层密网，防止小龙虾逃逸。

(3) 防逃设施　为防止小龙虾逃逸，在田埂上设置一圈用塑料网片制成的高为90厘米的围栏，在塑料网片上缘缝制一条宽为30厘米的硬质、光滑的塑料板，每隔3～5米用竹竿固定，网片下端埋入地下约15厘米。

(4) 虾苗选择和投放　选择体格健壮、体色鲜亮、反应灵敏、无病、无伤的小龙虾苗，规格为160～200只/千克。在6月中旬，水稻定植1周后开始放养虾苗，亩放养25千克，在晴天早晨或阴雨天放养。放养时，将虾苗浸入水中1分钟，再提起放置地上5分钟，连续2～3次，并经消毒处理后，再将小龙虾倒入环沟四周岸边，让小龙虾自行爬入水中。

(5)水稻品种选择和田间管理　选用早稻品种——‘荃两优’丝苗，5月下旬采用人工或机械的方式栽种水稻，株距 × 行距为23厘米 ×26.7厘米。

① 施肥。在水稻生长的7月中旬和8月初，分别施1次氮肥和复合肥。其与水稻常规施肥方法相同，用量减少一半。

② 虫害防治。在水稻整个生长过程中，按照常规的病害防治方法，于8月10日施用康宽(20%氯虫苯甲酰胺悬浮剂)和5%井冈霉素(升水剂)各1次，其中康宽每亩施用10毫升，5%井冈霉素(升水剂)每亩施用100毫升。

③ 烤田。9月中旬，当田间水稻茎数达到目标茎数的70%～80%时，晒田7～10天。晒田标准为“禾褪色，田面干裂，白根露面”。

(6)水位管理　在整个小龙虾养殖期间，除烤田外，稻田水位保持在30厘米以上。

(7)饲养管理　虾苗投放15天后开始投喂配合颗粒饲料，配合饲料的粗蛋白质含量为30%。每天17:00～18:00投喂1次，饲料均匀投放在环沟和附近田面。每天投饲量为虾体重的3%～5%，具体投喂量根据吃食情况确定，通常以饲料投喂后2小时内基本吃完为宜。

(8)收获　8月中下旬开始捕捞销售，应捕尽捕；9月底收割水稻，10月初上水开展下一年度的小龙虾生产。

第五节　稻虾连作、兼作及与其他水产品种配合模式

稻虾连作、稻虾兼作是稻田养虾两种最经典的养殖模式。在生产应用时，这两种模式常常配合使用，即稻虾连作模式的小龙虾养殖结束之后，开展水稻栽培时，在稻田中放养小龙虾苗种，同时开展小龙虾养殖；水稻收割之前，利用稻田养成的性成熟小龙虾开展自繁自育；水稻收割之后，稻田立即进水，接续下一年的小龙虾苗种繁育及养殖，形成了稻虾种养周而复始的生产方式。随着小龙虾消费市场的进一步火爆，各地养殖规模快速扩大，科研人员、种养户在稻虾连作、稻虾兼作配合使用的基础上总结和形成了多种稻虾种养配合及其他水产动物套养的做法，稻田养殖的综合效益更好。

一、一稻两虾

1. 做法一

4月底至5月初，在虾沟放养大规格幼虾35千克/亩(按全部稻田面积计算)，规

格为 120～150 只 / 千克。6 月中下旬降水插秧，7 月底或 8 月初大部分小龙虾上市销售，少部分小龙虾留作种虾，亩产可达 100 千克。水稻收割后，进水开展小龙虾繁育及苗种培育，翌年三四月销售部分苗种，5 月将达到规格的商品虾和产后亲虾全部捕捞上市，每亩产量也可达 150 千克以上。清沟消毒后，再将捕捞的小规格小龙虾留种继续养殖，8 月初达到 40 克左右，全部捕捞，大部分小龙虾上市销售，少部分小龙虾留作种虾，如此循环往复。

2. 做法二

7—8 月在虾沟内放养小龙虾亲虾，每亩放养 35 克以上的成熟亲虾 20 千克，雌雄性比为 3∶1，自行繁殖、孵化。翌年三四月捕捞销售产后亲虾，出售虾苗，5 月商品虾捕捞上市，合计亩产可达 150 千克以上。6 月将小规格虾集中在虾沟暂养，水稻插秧后，继续开展小龙虾养殖，亩留幼虾 3 000～5 000 只，8 月大部分小龙虾上市销售，少部分小龙虾留作种虾，亩产可达 100 千克，如此循环往复。

3. 做法三

11 月，投放小龙虾秋季苗，亩投放规格为 3 厘米以上的小龙虾苗 3 000 只左右，经越冬培育和 4—5 月商品虾养殖，5 月底前全部捕捞出售。稻田重新消毒后，5—6 月放养第二批虾苗，可亩放养规格为 120～150 只 / 千克的小龙虾苗 5 000 只左右，8 月开始根据行情适时捕捞出售。需要注意的是，在收割水稻期间，虾在环沟须适当控制存虾量。

4. 做法四

3—4 月，投放工厂化育苗或土池育苗的大规格苗种，选择规格为 120～150 只 / 千克的小龙虾苗种，投放量为每亩 4 000 只左右，养殖至 4—5 月将达到商品虾规格的成虾陆续捕捞出售。稻田重新消毒后，5—6 月放养第二批虾苗，每亩可放养规格为 120～150 只 / 千克的小龙虾苗 5 000 只左右，8 月开始，根据行情适时捕捞出售。如果计划在春节期间出售(此时价格一般较高)，还要注意越冬期间的小龙虾管理：一是要适当加深水位，越冬期间的稻田平面水位加深至最大水位；二是适当投喂人工饲料，减少小龙虾掉膘程度。

做法三和做法四因没有小龙虾原田苗种繁育计划，所以要采取一定措施，防止小龙虾打洞繁育。一是秋冬季节加深水位，管理好水草，减少小龙虾打洞比例；二是用 40 目网布护坡，预防小龙虾在稻田围埂打洞；也可将防逃网安置在围埂上的小龙虾打洞位置处，既能达到防逃效果，又可阻止小龙虾在围埂上打洞。

二、一稻三虾

这种模式是在前面几种做法的基础上根据当地苗种供应和小龙虾市场行情，在确保一季水稻的前提下,多次投放小龙虾苗种,多次捕捞销售成虾的做法。虽然它的操作难度大,但综合效益更高。也有专家将其总结为“一稻三虾”。

“三虾”分别是指稻前虾、稻中虾和稻后虾。“稻前虾”是指4月初至6月底,放养幼虾,完成一茬成虾养殖;“稻中虾”是指在水稻栽培期间,投放小龙虾的大规格幼虾,利用夏秋季,完成一茬小龙虾养殖 ;“稻后虾”是指在水稻栽培后期,在虾沟投放成熟小龙虾,依靠自繁自育的特性,开展小龙虾苗种繁育,一般9月底前投放亲虾,翌年3—4月开展小龙虾苗种培育。5月底或6月初完成稻前虾捕捞,7月下旬至8月中下旬完成稻中虾捕捞,4月初完成产后亲本捕捞,虾苗在4月中下旬完成捕捞销售。每季虾的捕捞应遵循“茬茬清、全部捕净”的原则。种养户可根据当地气候条件和市场需求灵活选用。

近年来,稻田养虾发展速度很快,大部分取得了较好的经济效益。随着养殖规模的进一步扩大,小龙虾市场供应将越来越充足,稻田养虾的经济效益将不可避免地产生分化。熟练掌握小龙虾养殖技术、准确把握市场需求、设计好稻虾配合模式、错峰供应大规格小龙虾的种养户一定可以获得更好的经济效益。相反,机械模仿别人的做法,仍然依靠小龙虾自繁自育能力,主要生产小规格虾的种养户的养殖效益将逐步降低,因此,熟练掌握稻田养虾技术仅是养虾成功的一个方面,好的养殖模式、恰当的商品虾上市时间对获得更好的经济效益同样重要。“繁养分离,计划生产”新理念是稻田养虾的发展趋势。在稻虾综合种养区,建立配套小龙虾苗种繁育土池或工厂化繁育基地是稻虾综合种养产业健康、稳步发展的基础工作。

三、虾+稻+鳖

虾稻鳖综合种养模式是近几年发展起来的种养模式,也是虾稻连作的一种拓展。下面重点介绍稻鳖共作技术。

(一)稻田准备

1. 建立鳖防逃设施

防逃设施可使用石棉瓦和硬质钙塑板等材料结合网片建造。其设置方法为将石棉瓦或硬质钙塑板埋入田埂泥土中20～30厘米,露出地面高50～60厘米,然后每隔1米左右用一根木桩固定。稻田四角转弯处的防逃墙做成弧形,以防止鳖沿夹角攀爬外逃。在防逃墙外侧50厘米左右处用高1.2～1.5米的密眼网布围住稻田四周,在网布内侧上端缝制40厘米的塑料布。

2. 晒台、食台设置

晒台是鳖生长过程中的一种特殊生理要求,既可提高鳖体温,促进生长,又可利用紫外线杀灭体表病原,提高鳖的抗病力和成活率。晒台和食台尽量合二为一。具体做法是在环沟或田间沟中每隔10米左右设1个食台，台宽0.5米、台长2米，食台长边的一端在埂上，另一端没入水中10厘米左右。饲料投在露出水面的食槽中。

（二）田间沟消毒

环沟或“十”字沟、“井”字沟挖成后，在苗种投放前10～15天，每亩沟用生石灰100千克兑水进行消毒，以杀灭沟内敌害生物和致病菌，预防鳖生病。

（三）移栽水生植物

田间沟消毒3～5天后，在沟内移栽水生植物，如轮叶黑藻、水花生等，栽植面积控制为沟面积的25%左右，为鳖、虾提供遮阴和躲避的场所。

（四）水稻栽培

水稻栽培与管理和虾稻共作的方法相同。

（五）苗种的投放

1. 苗种的选择

鳖的品种宜选择纯正的中华鳖，该品种生长快，抗病力强，品味佳，经济价值较高。鳖种要求规格整齐，体健无伤，不带病原。放养时，须经消毒处理。建议鳖种规格为500～1 000克／只。虾苗最好选择附近的正规厂家生产的虾苗，运输时间少于1小时。

2. 苗种的投放时间及放养密度

鳖种的投放时间应根据鳖种来源而定。土池鳖种应在5月中下旬的晴天投放，温室鳖种应在秧苗栽插后的6月中下旬（水温稳定在25 ℃左右）投放，放养密度为50～100只／亩。鳖种必须雌雄分开养殖，否则自相残杀相当严重，会严重影响成鳖的成活率。由于雄鳖比雌鳖生长速度快且售价更高，有条件的地方建议投放全雄鳖种。在田间沟内还要放养适量的白鲢寸片，以调节水质。

3. 虾苗投放

虾苗一方面可以作为鳖的鲜活饲料，另一方面可以将养成的成虾进行市场销售，增加收入。虾苗放养时间一般在6—7月，投放量为5～10千克／亩。

（六）饲料投喂

鳖为偏肉食性的杂食性动物。为了提高鳖的品质，所投喂的饲料应以低价的鲜活鱼或加工厂、屠宰场的下脚料为主。温室鳖种要进行10～15天的饲料驯食，驯食完成后不再投喂人工配合饲料。鳖种入池后即可开始投喂，日投喂量为鳖体总重的5%～10%，每天投喂1～2次，一般以1.5小时左右吃完为宜，具体的投喂量视水温、天气、活饵（螺蛳、小龙虾）等情况而定。有条件的地方可以设置太阳能黑光灯杀虫器，为鳖和小龙虾的生长补充营养丰富的天然动物性饲料。

（七）病害防治

鳖的抗病力很强，在稻田很少生病，平时只需做好水质的调节工作，如定期加注新水、泼洒微生物制剂等，以保持良好水质。如发现生病的甲鱼，及时捞出，并对症下药。具体参考甲鱼的病害防治技术。

典型案例

1. 主体信息

江苏省淮安市淮阴区马头镇邵某在稻虾轮作的基础上继续稻虾共生种养，并投放大规格鳖开展仿生态养殖。在田小龙虾为鳖提供鲜活饵料，鳖经3～4个月的养殖，规格及品质可大幅度提高，销售价格翻番，获得了较好的经济效益（彩图36）。稻虾鳖综合种养面积达11亩。

2. 试验成果

2023年，平均亩产小龙虾175千克、鳖27.1千克，亩均产值达10 180元。亩均成本4 692元，其中人员工资545元、租金950元、甲鱼苗1 037元、饲料1 950元、动保产品120元、水电费90元。亩均效益为5 488元，水稻收益未做统计。

3. 具体做法

(1) 田间工程　养殖塘口为常规稻田。在距离稻田田埂1.5米处，沿田埂内侧四周开挖环沟，上口宽为2.4米、深为1.3米，沟底宽为0.8米，田埂坡比为1∶2.5，环沟面积约占稻田总面积的10%。

(2) 进排水设施　在稻田相对的两角设置进排水口，进水口位于稻田最高位，排水口位于稻田最低位。在进排水口管道终端分别套上40目网袋，以防止青蛙卵、野杂鱼卵及幼体进入养殖塘口。

(3) 防逃设施　为防止小龙虾和中华鳖逃逸，在田埂上设置防逃网，防逃网高度为90厘米，下端埋入地下25厘米。

(4) 水草移栽和日常养护　于11月下旬，水位保持在30厘米左右，全池移栽伊乐藻，行距为10米、株距为6米。在环沟内靠近田埂一侧移栽一行水花生。在伊乐藻移栽后10天左右，开始采用单株点肥的方式施用复合肥，亩施2千克。伊乐藻生根后用氨基酸和菜籽饼进行肥水。

(5) 小龙虾养殖管理

① 苗种选择。小龙虾苗种使用上一年度留塘虾的自繁苗。

② 饲料投喂。越冬期发现虾苗即开始投喂，每周使用豆粕与菜粕按1∶1混合的发酵料投喂1次，每亩使用发酵料1千克。2023年2月下旬开始选用粗蛋白质含量为38%的配合饲料投喂，每天投喂1次，投喂量控制在存塘虾苗总量的1%～3%，并根据虾苗规格和吃食情况及时调整粒径大小和投喂量。4月上旬至6月中旬，每天投喂2次，日投喂量控制在3%～5%。

③ 捕捞销售。4 月上旬捕捞虾苗销售，5 月中旬捕捞成虾销售，6 月下旬捕捞结束。

(6) 鳖养殖管理

① 苗种选择。苗种来源于中华鳖良种场，选择体格健壮、体色鲜亮、反应灵敏、无病、无伤的中华鳖苗种，平均规格为 0.8～1.2 千克 / 只。

② 苗种投放。完成水稻移栽 1 周后，开始放养鳖种，每亩放养 28 只，放养前做好体表消毒。

③ 饲料投喂。鳖以稻田内的天然饵料为食，适当投喂剁碎冰鲜鱼。

(7) 水稻栽培管理

① 品种选择与栽插。选用生育期短、茎秆粗壮的单季稻‘隆两优 1307’，平均株形为 1.2 米左右。水稻秧苗栽插前降低水位，田面水位保持 10 厘米左右。6 月底前完成水稻秧苗栽插，采用浅水、宽行密株的栽插方法。

② 施肥。水稻插秧 1 周后施用尿素，亩用量为 10 千克。在水稻分蘖期、拔节期，各喷施叶面肥(田秀丰多效智能营养液)1 次，喷液量以喷施茎叶为宜。

③ 病害防治。在“稻虾鳖”共生模式下，稻田病虫害较少，仅于水稻分蘖末期、破口期、齐穗期开展水稻稻瘟病防治。

④ 晒田。在整个水稻生长期间，晒田 2 次：第一次于 8 月初降水晒田，晒田 1 周后上水 20 厘米；第二次于水稻收割前半个月降水晒田，待水稻处于蜡熟末期至完熟初期，开始收割。

(8) 水位调控和水质管理　11 月至翌年 2 月水位保持在 50～60 厘米，并用氨基酸肥水膏进行肥水，3—4 月水位保持在 30～40 厘米，5—6 月保持稻田最高水位，水稻移栽以后，水位根据水稻生长进行调节。4—6 月每隔 10 天使用 EM 菌、芽孢杆菌等微生态制剂调水 1 次，保持养殖水体“肥、活、嫩、爽”。

(9) 收获　10 月初收割水稻，12 月捕捞中华鳖上市销售。

四、虾 + 稻 + 蟹

虾稻蟹综合种养模式是在稻虾连作的基础上开展河蟹成蟹养殖，从而提高了稻田单位面积产量及经济效益，也是近年来南方地区开展稻虾养殖拓展的另一高效综合种养模式。这里重点介绍稻田养蟹技术。

(一) 蟹种来源与放养

选择附近的正规扣蟹培育企业生产的扣蟹，扣蟹要求规格整齐、体质健壮、无残肢。4 月亩放养规格为 50～80 只 / 千克，扣蟹的放养量为 500～600 只。放养前，用 3%～5% 的食盐水浸浴 3～5 分钟。

（二）饲养管理

1. 螺蛳投放

稻田环沟宜投放螺蛳，7月投放螺蛳150～250千克/亩。投放前，用3%～5%的食盐水浸浴5分钟。

2. 水质控制

每隔7～10天加注新水1次，在不影响水稻生长的情况下，尽量提高稻田水位。每隔15天左右向田中泼洒生石灰水15～20克/米^3。

3. 饵料投喂

饵料选用配合饲料，根据河蟹的不同生长阶段选用含粗蛋白质不同的河蟹配合饲料，每天投喂1次，17:00～18:00，每天投喂量为蟹体重的3%～5%。实际投饵量视摄食及天气情况增减。

4. 日常管理

早晚检查蟹的蜕壳生长、吃食、活动等情况，发现问题及时解决。

5. 捕捞

9月下旬至10月下旬，在水稻收割前采用地笼捕捞、人工抓获等方法进行河蟹捕捞。

（三）病害防治

稻田养蟹由于环境好、密度稀，河蟹很少生病，但仍须做好疾病的预防工作。

典型案例

1. 主体信息

江苏省淮安市盱眙县黄花塘镇芦沟村卢某的稻田面积达120亩。

2. 养殖成果

2023年，平均亩产成虾270千克、河蟹55千克、水稻550千克，亩均收入11 325元。养殖期间，每亩饲料投入1 500元、苗种1 600元、动保产品投入300元、人员工资800元、土地租金800元、其他费用150元，亩均成本5 150元。亩均利润为6 175元。

3. 特色做法

（1）做好田块改造　水稻收割后立即开展田块改造工作，加高田埂，使田埂高出田面0.7～0.8米，埂顶宽大于0.5米，田埂基部加宽到1.2～1.5米，捶紧夯实。在田埂内侧2.5米处，沿田埂四周开挖环沟，环沟宽为5.0米、深为1.0米。环沟面积占稻田总面积的10%。

（2）提前栽种水草　水草是虾蟹养殖成功的关键因素之一。11月上旬开始翻整田块，施用适量基肥，每亩施有机肥100～150千克，施后机械耕整。田块翻整后开始进水，田间水深30厘米左右，进水口用由40目的聚乙烯网片制成的长网袋过滤进水，防止野杂鱼进入。进水后3天开始栽种水草，在水草品种选择伊乐藻。水草种植的行距 × 株距为10米 ×5米，环沟内加密栽种。在水草栽种后，第一时间完成肥水工作，每亩用黄腐酸钾5千克、氨基酸原粉5千克、红糖2.5千克混合泼洒，以有效控制青苔，促进水草的生长。随着水草生长，逐步抬高田间水位，冬季保持水位在50厘米左右。

(3)做好防逃设施　2月中旬前完成防逃网建设或修补，防逃网采用聚乙烯网片，网片上口缝制净高为30厘米的塑料薄膜，网片下端埋入土地15厘米左右，保持地上高度50～60厘米。进排水口也安装过滤网，防止小龙虾、河蟹外逃，野杂鱼或敌害生物侵入。

(4)第一茬成虾养殖

① 投放苗种。翌年2月下旬开始逐步降低田间水位，田间水位维持在30～40厘米，有利于加快水体升温，促进水草生长。3月上旬开始投放第一茬虾苗，每亩投放虾苗6 000只左右，苗种规格为320～400只 / 千克。

② 日常管理。在苗种投放后的第2天开始投喂饲料，选用粗蛋白质含量为36%的配合饲料，养殖期间的亩均投喂饲料为120千克左右。第一周每天投喂1次，18:00以后开始投喂，全池泼洒；第二周开始每天投喂2次，7:00投喂，18:00投喂，其中下午投喂量占每天投喂量的60%以上，每天的投饲量以翌日有少许剩余为佳。

③ 捕捞销售。4月中旬开始捕捞销售，至4月25日结束，捕捞期间正常投喂。每亩放置6条地笼，采取捕大留小的方式将规格20克以上的成虾全部捕捞销售。第一茬养殖亩均生产小龙虾120千克。

(5)第二茬成虾养殖　在第一茬成虾养殖捕捞结束后，立即开展第二茬成虾养殖，亩投放规格为200只 / 千克，投放量为虾苗30千克。放苗后的第二天开始投喂饲料，每天投喂2次，每天的投喂量逐步提高，仍选用粗蛋白质含量为36%的配合饲料，养殖期间的亩投喂饲料总量为160千克。5月下旬开始捕捞销售，至6月下旬结束，继续采用捕大留小的方式。捕捞期间继续做好投喂管理，以提高成虾的规格和产量，第二茬亩均生产小龙虾150千克。

(6)水稻栽种　水稻品种选用江苏里下河研究所培育的‘金香优100’，该品种具有高秆、抗倒、米质好、品质优、抗病强等优点，每亩用种量为1千克。6月15日栽秧，每亩使用有机肥100千克、复合肥25千克。

(7)河蟹养殖

① 河蟹苗种投放。3月中旬开始投放河蟹苗种，坚持就近购买蟹苗的原则，亩投放规格为60～80只 / 千克，投放量为蟹苗13千克，以公蟹为主。因和小龙虾一起养

殖,前期不额外投喂河蟹饲料。

② “六月黄”养成销售。因养殖品种以公蟹为主,公蟹具有生长速度快、增重率高等特点,通过加强营养投喂,6 月中旬捕捞筛选“六月黄”销售。“六月黄”销售占比达 60%。

③ 补充投放苗种。7 月上旬待“六月黄”销售结束后,及时补充河蟹苗种,规格为 30 ~ 40 只 / 千克,亩投放量为 300 ~ 400 只。选用粗蛋白质含量为 36% 的河蟹配合饲料沿环沟抛撒,每天上午和下午各投喂 1 次。

④ 捕捞销售。10 月底降低田块水位,将河蟹集中至环沟内,下笼捕捞销售,亩均产量为 55 千克,平均规格为 120 克 / 只。

(8) 做好水质调节　一是定期加注新水,每次 15 厘米左右。二是从 4 月开始定期使用 EM 菌、芽孢杆菌等微生态制剂调节水质,每 10 ~ 15 天使用 1 次,全池泼洒,水稻种植期在环沟内泼洒。三是配备微孔增氧设施和水车式增氧机,确保溶解氧充足。

(9) 地笼改造　因小龙虾和河蟹混养,前期如何捕捉小龙虾而不捕捉河蟹成为重要难题。卢某对捕虾的地笼袋头进行了改造,即捕虾时将露出水面的袋口敞开,在内缝制一圈塑料薄膜,螃蟹可以通过,小龙虾无法通过,以起到捕虾不捕蟹的作用。根据存塘河蟹规格的大小,适时调整塑料薄膜的宽度。

五、虾 + 稻 + 鳝

随着小龙虾养殖规模逐年增加,依靠“自繁自养”解决苗种生产的小龙虾养成规格越来越小,严重影响了种养户综合效益的提高。小龙虾养殖稻田套养黄鳝既能控制小龙虾繁殖数量,提高小龙虾平均养成规格,又能增加黄鳝收入,大幅度增加了稻虾种养的综合效益。因此,利用已有的稻虾综合种养田块开展黄鳝的套养越来越受到水产从业者的重视,稻虾种养户也自发地开展了各种套养模式的试验。湖北、安徽等地研究人员也开展了各种对比研究,稻虾综合种养田块套养黄鳝的技术逐渐成熟。现结合江苏省淮安市的试验情况和各地研究成果将相关技术介绍如下。

(一) 稻田选择与准备

1. 稻田选择

开展稻虾综合种养的田块均可以套养黄鳝。一般要求稻虾种养田块具备充足、良好的水源,旱季不涸、大雨不淹的进排水系统。稻田沿四周建有“回”字形或“L”形虾沟,虾沟面积合计不超过稻田总面积的 10%。稻田四周田埂夯实,防止虾鳝打洞逃逸,田埂内侧设置防逃设施。进水口和排水口均有密眼网防逃设施。

2. 鳝苗暂养设施

黄鳝具有性逆转的特殊繁殖习性,且怀卵量小。虽有人工繁育成功的报道,但尚不能规模化生产黄鳝苗种。因此，稻田放养的黄鳝苗种主要依靠野外捕捞。而野生捕捞的黄鳝因捕捞、运输方式的不同，放养成活率相差悬殊，一般在50%左右。为了提高放养成活率，养殖户应在收购黄鳝苗种前做好暂养准备。其方法是在稻田虾沟放置密眼网箱，网箱规格一般为80厘米 ×200厘米 ×100厘米；也可以在陆地搭建水泥、帆布、塑料薄膜材质的简易鱼池，暂养池配备微孔增氧和进排水装置，确保暂养水质优良、溶解氧充足，陆地暂养池的高度为80～100厘米，水深不高于30厘米。网箱或池中投放水花生、水葫芦或人工鳝巢（彩图37）。养殖面积和计划的不同，采购量也不同，暂养池一般要准备6～12个，每个面积为2～3米^2。

3. **稻田消毒和环境营造**

在黄鳝苗种放养前7天，每亩用生石灰40千克化浆均匀泼洒虾沟，进行消毒。虾沟分段适当堆放腐熟畜禽粪肥，以提前培育水蚯蚓等饵料生物；水面上放养水花生、浮萍，以营造良好的黄鳝苗种生长环境。

（二）黄鳝苗种收集与放养

1. **品种选择**

在我国自然水体中，黄鳝有多个地方种群，其中生长速度较快的深黄大斑鳝是人工养殖的首选对象。野生捕捞来的黄鳝应尽可能挑选体质健壮、体表无伤、体色深黄并杂有黑褐色斑点的深黄大斑鳝作为鳝苗。其次是浅黄细斑鳝。其他鳝苗，如青灰色鳝、浅白色鳝、浅黑色鳝因生长速度慢，生产意义不大。

2. **鳝苗暂养**

黄鳝苗采购或收集至养殖基地后，经食盐或高锰酸钾溶液消毒后放入暂养池，暂养池水深不超过30厘米。在暂养期间，要始终保持暂养水体溶解氧充足、水质良好。专人观察暂养池鳝苗的活动情况，及时将活动迟缓、体表有伤，或者泄殖孔红肿的黄鳝移出。在暂养期间，每天投喂1次蚯蚓、蛆蛹、螺蛳肉或剁碎的淡水杂鱼肉等鲜活饵料，投喂量视摄食情况而调整，一般不超过鱼体质量的3%。暂养时间以7天为宜。为防止黄鳝互相缠绕，在暂养池混养10%左右的泥鳅可以提高黄鳝暂养成活率。在黄鳝苗种放养大田后，坚持每天巡田，及时记录死亡数量，评估黄鳝放养成活率，为后续饵料投喂和日常管理做好基础台账。

（三）饵料准备与投喂

1. **饵料选择**

黄鳝是以动物食性为主的杂食性鱼类。自然界中，其主要饵料是蚯蚓、摇蚊幼虫、底栖生物、小鱼虾等；人工饲养时，经驯化后可摄食蝇蛆、剁碎的动物内脏、屠宰下脚料等；集约化养殖时，可将麸皮、米糠、豆饼、菜籽饼、鱼粉、豆渣等混合制成专用配合饲料，但仍需要搭配投喂鱼肉等鲜活动物饵料。配合饲料的使用减轻了黄鳝养殖的劳动强度，缩短了黄鳝养殖周期，蝇蛆、昆虫等动物饵料可提高黄鳝的免疫力。夏季可在虾沟饵料台附近悬挂黑光灯聚引羽化昆虫。诱虫灯距水面 5 厘米，蛾虫落入田水中供黄鳝捕食，可降低黄鳝的饲养成本；也可以配套开展“猪 - 沼 - 蚓”，或者使用餐厨废弃物生产黑水虻等方式生产黄鳝鲜活饵料。

2. 投喂方式

黄鳝饵料的投喂遵循“定时、定质、定量、定点”的四定原则。每亩稻田要设固定投喂点 3～5 个，投喂点一般在虾沟中，每个投喂点都用木框和密眼网做成 1～2 米^{2}的饵料台，吊放在水面下 15 厘米左右处；饵料台四周和顶部用结网片围挡，防止大规格小龙虾和水禽进入觅食。每天的投饵量根据气温、天气、水质状况等灵活掌握。当水温在 20～28 ℃时，每天投喂量为黄鳝总重的 6%～10%；当水温在 20 ℃以下或 28 ℃以上时，每天的投喂量为鳝鱼总重的 4%～6%，以翌日不剩饵为准。由于黄鳝昼伏夜出，投饵时间以 16:00～18:00 为宜；放养数量多，7—9 月为摄食旺季，应在上午加喂 1 次。

3. 虾鳝耦合

已经养殖小龙虾的稻田的田埂、虾沟、边坡都会有很多小龙虾洞穴。洞穴中的小龙虾经交配、产卵、孵化，水稻收割后，稻田上水，部分小龙虾苗种冬前就可以孵化出苗，但大部分抱卵虾于翌年春天孵化出苗，这是当前小龙虾养殖苗种生产的主要模式。这种“自繁自养”的方式必然会导致春天的稻田中大小规格的小龙虾同时存在，且苗种数量无法准确估算。放养黄鳝的稻虾田可以有计划地加大小龙虾亲本留田数量，有意识地增加小龙虾苗种繁育数量，确保不同规格的黄鳝都有充足而适口的活饵料。由于黄鳝的捕食，稻虾综合种养田块的中小规格小龙虾和病弱小龙虾得以清除，小龙虾的养成规格也获得提升。如果黄鳝苗种放养数量较大，而小龙虾繁育数量不足，则应该补充投喂其他黄鳝饲料。由于小龙虾会摄食黄鳝的人工饲料，要加强稻田巡查，观察两种动物的稻田分布、摄食情况，有针对性地做好投喂工作。

小龙虾饲料以商品配合饲料为主，投喂区域一般以虾沟为重点，稻虾轮作阶段的小龙虾是全田分布，用船，或者无人机进行带状投喂；当水稻栽插后，稻田还在养殖小龙虾时，小龙虾的喂养以虾沟及两侧投喂为主；黄鳝则以适口的小龙虾为主要饵料。水稻栽插后，在田的小龙虾个体较大，甲壳较硬，不利于黄鳝捕食，需要根据黄鳝在田质量投喂人工饲料，一般以剁碎的鱼虾、动物内脏为主。黄鳝和小龙虾都是昼伏夜出的摄食习性，两种动物的饲料投喂时间都以 16:00～18:00 投喂 1 次为宜。在补充投喂黄鳝饲料时，其投喂量为总体重的 2%～3% 即可。当阴天、闷热天、雷雨前后或水温高于 35 ℃、低于 10 ℃时不投喂。在虾沟悬挂黑光灯来诱虫也可部分解决小龙虾、黄鳝的饵料。

(四)日常管理

1. 水位调节

稻虾轮作的冬春季节,小龙虾养殖阶段无须为黄鳝调节水位。水稻栽插后,应根据水稻各生育期的需水特点,兼顾虾鳝的生活习性进行。苗期、分蘖期,稻田水深保持在6～10厘米;分蘖后期至拔节孕穗前,轻微搁田一次;自拔节孕穗始至乳熟期,保持水深6厘米;之后,灌跑马水与搁田交替进行。在搁田期内,虾沟的水深和田间沟的水深应控制在15厘米以上,并要经常更换新水。

2. 水质监测与管理

小龙虾和黄鳝都具有较强的环境适应性,也都有打洞和穴居能力。当环境不良时,两种动物都可以长期穴居生活。人工养殖应该营造适宜的水质和饵料条件,促使黄鳝出洞觅食生长。在环境营造上,除水位管理外,适当施肥和换水,促进水质"肥、活、爽"是水质管理的重要举措。稻田施肥推荐使用腐熟农家肥料,减少化学肥料的使用,尤其不使用碳酸氢铵、氨水等具有强刺激的肥料。施肥的基本原则是"基肥为主、追肥为辅,有机肥为主、化肥为辅",基肥占全年施肥量的70%～80%,在插秧前一次施足,每亩用量为800～1 000千克;追肥以尿素或复合化肥为主。使用化肥前,先将田面水位降低到虾沟5厘米以下,以促进虾、鳝进沟躲避;施用后,及时用氨氮、亚硝酸盐快速试剂进行水质监测,确保水质符合渔业用水使用标准。

3. 病虫害防治

(1)水稻病虫害防治　选用低毒无残留的药物,禁止使用对虾、鳝有害的菊酯类农药。如穗瘟病可用20%的三环唑可湿性粉剂;防治纹枯病可用50%的多菌灵可湿性粉剂,或者5%的井冈霉素液剂。

水稻病虫害在防治时一般宜采用深水施药。粉剂在早晨露水未干时喷施,液剂在阴天或晴天傍晚喷施,下雨天不施药;喷雾器喷嘴伸到叶下,由下向上喷,尽量喷洒在水稻茎叶上,减少农药落入水中;也可以将田水放干,把虾、鳝引诱到虾沟内再施药,待药力消失后再向稻田中注入新水,让虾、鳝重新回到田面觅食;还可采用分片施药的方法,即1块田分2天施药:第一天半块田;第二天另半块田。

(2)黄鳝疾病防治　在稻虾田套养黄鳝,放苗量少时,无须防治黄鳝疾病;在放苗量大时,需要特别重视疾病防控。黄鳝疾病主要有两种:①细菌性皮肤病。5—9月为流行季节。病鳝体表有大小不一的红斑,呈点状,充血发炎,游动无力,鳝头常露水面,病情严重者的表皮呈点状溃烂,并向肌肉延伸而死亡。防治方法为用生石灰清田,消灭病源;引用洁净水源,防止水质污染;每50千克鳝用磺胺噻唑0.5克与饵料掺拌投喂,每天1次,连用5～7天。②水霉病。操作不慎等导致体表受伤而被感染,肉眼可见伤处长霉。防治方法为及时加注新水;用 20 毫克 / 升小苏打溶液全田泼洒。

4. 巡查检查

小龙虾和黄鳝都可以离水做短暂迁徙,并有一定的障碍物翻越能力,因此田埂及进排水口的防逃设施要每天巡查,发现毁损,及时修复;还要防止小龙虾和黄鳝在田埂打洞逃逸;观察黄鳝摄食和生长发育状况,发现问题,及时采取相应措施。同时要防止禽、水老鼠、蛇类等敌害动物的侵害。

5. 生长监测与捕捞销售

黄鳝和小龙虾在稻田中都可以自繁自育,因此,已经投放小龙虾和黄鳝的稻田在翌年都有不同规格的虾鳝共存,需要实时了解虾、鳝的生长状况,并及时捕捞上市。小龙虾的捕捞全部使用地笼网完成,大规格黄鳝也会进入小龙虾捕捞地笼网,但中小规格的黄鳝捕捞一般采用"L"形竹编专用捕捞工具。小龙虾和黄鳝都可以根据市场需要捕大留小,小龙虾的适宜捕捞时间为 4—7 月,黄鳝的适宜捕捞时间为 8—10 月。

(五)效益评价

1. 综合效益提升显著

在套养黄鳝后,"自繁自养"稻虾综合种养田块每亩增加 1 000 元以上的经济收入,种养总效益可以稳定在 3 000 元以上。

2. 小龙虾养成规格变大

由于黄鳝捕食,稻虾种养田块的小龙虾捕捞规格明显变大。养殖试验表明,小龙虾由原来的 33 只 / 千克增大到 24 只 / 千克,平均增大 27.3%。

3. 增加了优质黄鳝供给

江苏省淮安市是淮扬菜发源地,"软兜长鱼"是"淮扬菜"的代表。当地的"长鱼"(即黄鳝)一直没有规模化养殖,餐饮所用食材主要来源于河南、湖北等地。稻田套养黄鳝引领了该地区规模化的黄鳝生态养殖,有希望填补本地"长鱼"优质食材空白。

4. 促进了种养模式优化

稻虾综合种养增加了黄鳝作为养殖对象,种养户更加重视农田有机肥和高效低毒农药的使用,促进了水稻种植绿色化,种养产品质量安全水平得到进一步提升。当黄鳝套养数量较多时,种养户利用畜禽粪便和稻田秸秆堆肥发酵生产蚯蚓,促进了畜禽废弃物的资源化利用,种养循环效益更高。

稻虾鳝综合种养是一种好的稻渔综合种养模式,目前还处于摸索试验阶段。小龙虾和黄鳝都具有捕食对方的能力和自身个体较小的特点,一方数量多,个体大,另一方成活率就一定会受到影响。如何做到双丰收,最终获得人们期待的高效益,将依赖于科技工作者和种养户今后的实践探索和总结。

典型案例

1. 主体信息

江苏省淮安市淮安区博里镇仇某家庭农场的道稻虾鳝综合种养面积达800亩。

2. 养殖成果

2022—2023年，该农场平均亩产成虾87.55千克、黄鳝12.06千克、水稻564.06千克，亩产值达7 987.5元。养殖期间，饲料投入700元、动保产品投入305元、人员工资500元、土地租金850元、其他1 107元，亩均成本3 463元。亩均利润为4 524元。

3. 主要做法

(1) 田埂加固及防逃设施设置　将田块四周田埂加宽、加高，田埂宜高出田面1.2米，顶宽为2米，底宽为3.0米，并将其夯实，以防坍塌和漏水，内坡要平整。在田埂内侧设置防逃设施。

(2) 虾鳝沟开挖　在田块四周内侧距田埂1米的地方开挖上口宽2.5米、下口宽1米、深1.2米的环形虾鳝沟。环沟面积占总面积的10%之内。

(3) 稻田养殖环境营造　在稻田四周环沟内及田面种植伊乐藻，环沟内种植一行水草，株距为5米，田面水草种植株距 × 行距为6米 ×10米，在环沟内投放少量的螺蛳，亩投10千克。

(4) 苗种放养　2022—2023年的4月1—10日投放虾苗，规格为200～250只/千克，每亩投放量为6 000只左右；2022年6月20—30日，投放黄鳝苗，规格为30～50尾/千克，每亩投放量为200尾左右。苗种规格整齐、无病无伤。鳝种选择体色黄色并夹杂有斑点的品种，该品种生长较快。

(5) 饵料投喂　小龙虾饲料选用小龙虾专用配合饲料，4月用含粗蛋白质36%的配合饲料，5月以后选用含粗蛋白质32%的配合饲料。日投喂2次，上午、下午各1次，上午投喂量占日投喂量的40%，下午投喂量占日投喂量的60%。黄鳝以小龙虾、稻田害虫及稻田中其他天然饵料为食，不另投饵料。

(6) 日常管理　在小龙虾养殖期间，每15～20天每亩用复合微生物制剂EM菌粉1 000克稀释后全池泼洒，以分解水体中的残饵等有机质，降低水中的氨氮等含量，调节和改善水质环境。同时每15～20天用100～200倍EM菌稀释液喷洒饲料，改善养殖对象的胃肠道内环境，增强食欲，促进生长，提高饲料利用率，提高水产动物免疫力，增强抗病能力。在黄鳝养殖期间，主要做好防逃及天敌的预防工作。定期检查防逃网，及时修补漏洞。同时保持田中水质清新，适时加注新水。

(7) 适时捕捞　从5月初开始，采取捕大留小的方式捕捞成虾，2023年7月开始采用地笼捕捞黄鳝。

(8)病害绿色防控　利用太阳能杀虫灯诱稻田害虫，黄鳝摄食害虫，减少水稻农药使用量。黄鳝能摄食体弱的小龙虾，降低小龙虾的病害发生率，减少水产养殖用药，达到了稻虾鳝综合种养病虫害绿色防控的效果。

(9)水稻种植　6月中旬，选择“南粳9108”品种，6月16—18日采用机器直播，亩播种10千克，遵循“前期以湿润为主，中后期以间歇灌溉为主”的原则，在秧苗1叶1心期亩追施复合肥10千克；在秧苗4叶1心期，亩追施复合肥8～10千克；在穗期，亩追施复合肥10千克。

(10)水稻收割　11月上旬收割。提前7～10天排水晒田，然后进行机械化收割。

六、虾＋稻＋鳜

虾稻鳜综合种养模式是在稻虾连作的基础上开展翘嘴鳜养殖的一种新型稻鱼综合种养模式。开展鳜鱼养殖的稻田必须带有环沟。同时水稻品种选用稻虾共生的水稻品种。这里重点介绍稻田养鳜鱼技术。

(一)鳜鱼种选择与放养

5月上中旬，选择本地培育的翘嘴鳜鱼种，规格为3～4厘米/尾，每亩放养量为30～50尾，如池中饵料鱼充足可适当加大放养量。鳜鱼种要求规格整齐、检疫合格。放养前，用3%～5%的食盐水浸浴3～5分钟。

(二)饲养管理

1. 饵料鱼投放与管理

鳜鱼以活鱼、虾为食，在每亩放养30尾鳜鱼种的情况下，鳜鱼以田中杂鱼为食，几乎不需要另外投喂饵料鱼。如果加大放养量，为了保证充足的饵料鱼供应，可以在4月初亩投放鲫鱼水花3～5万尾。鲫鱼水花投放后，第二天开始全池泼洒豆浆糊，最好连续泼洒10～15天。豆浆糊的制作方法是每亩每次用0.5～1.0千克黄豆，加水浸泡至豆瓣之间的凹隙胀平为宜，加20～30千克水磨成浆，豆浆不去渣。豆浆糊一般上午、下午各1次。

2. 水质控制

鳜鱼对水质的要求较高，每隔7～10天加注新水1次，在不影响水稻生长的情况下，尽量提高稻田水位。每隔15天左右向田中泼洒微生物制剂1次，经常开动增氧机，保持水质良好。

3. 日常管理

早晚巡塘，观察鳜鱼生长、吃食、活动等情况，发现问题，及时解决。

4. 捕捞

9月下旬至10月下旬，在水稻收割前采用地笼捕捞、人工抓获等方法捕捞鳜鱼。

(三)病害防治

由于翘嘴鳜放养量少,它们很少生病,但仍要做好疾病的预防工作。防治细菌、寄生虫病可分别用1毫克/千克的漂白粉、0.7毫克/升的硫酸铜与硫酸亚铁合剂(5:2)等全田泼洒。切忌使用敌百虫。

典型案例

1. 养殖主体

江苏省淮安市淮阴区马头镇陈某家庭农场的稻田养虾面积为332亩,其中开展稻虾鳜综合种养面积为80亩。

2. 养殖成果

2022—2023年小龙虾亩产165千克、鳜鱼亩产10.5千克,亩均产值8 512元。亩均成本5 485元,其中人员工资350元、租金1 100元、虾苗2 600元、水草45元、饲料950元、肥水150元、水电费90元、其他费用200元。亩均效益达3 027元。水稻收益未计入。

3. 主要做法

(1)开挖环沟　沿田埂内侧四周开挖环形沟,并在田面上纵向开挖"一"字形田间沟,田间沟宽20厘米、沟深20厘米,每条田间沟相距10米。

(2)多品种栽种水草　池塘清整结束后,于2月底至3月初开始种植水草。水草品种以伊乐藻为主,行距10米,株距6米。轮叶黑藻采用全池栽种老根的方式,亩均种植为5千克左右。

(3)小龙虾养殖

① 苗种放养。3月初开始放养第一茬虾苗,规格为200～240只/千克,亩投放量为5 000只,通过45天的养殖,4月20日左右起捕上市。5月上旬开始放养第二茬虾苗,规格为160只/千克左右,亩投放量为20千克,6月下旬开始捕捞,至水稻栽种前应捕尽捕。

② 合理投饵。选择小龙虾专用配合饲料进行投喂。在养殖前期,选用粗蛋白质含量为40%的饲料;在养殖中后期,饲料粗蛋白质含量逐渐降低至30%左右。根据水体透明度、小龙虾脱壳率、水草长势等情况灵活调整投喂量。投喂方式选用无人机,饲料投放更均匀,且省时省力。

(4)鳜鱼养殖　5月9日开始投放鳜鱼种,规格为3厘米/尾,亩投放30尾。4月初每亩稻田放养异育银鲫水花3万尾,作为翘嘴鳜饵料鱼。水稻收割前(9月底至10月初)10天,开始晒田,同时起捕鳜鱼,鳜鱼规格为500～600克/尾。

(5)水稻栽培　7月初完成水稻栽插,水稻品种选择'甬优4949',该品种秆高、抗倒伏、抗病性强、产量高，在高温季节能够保持水深 50～60 厘米，满足鳜鱼养殖的需要。人工插秧的秧龄在 30～35 天，机械插秧的秧龄在 15～20 天，采取浅水移栽、宽行密株的方法。

① 水稻施肥。在水稻的生长过程中，施肥 2 次：第一次在秧苗返青后，亩施氮肥 20 千克、复合肥 30 千克；第二次在水稻抽穗后，亩施氮肥 30 千克、复合肥 30 千克。

② 水稻用药。尽量少用药，在整个水稻生长期仅使用康宽和井冈霉素各 1 次，以防治水稻的病虫害。

③ 收割水稻。10 月初开始收割水稻，用自动收割机收割。

（6）水质管理　鳜鱼对水质要求较高，定期加注新水，保持水质"肥、活、嫩、爽"。同时在环沟的对角设置水车式增氧机，保持溶解氧充足。

七、虾 + 稻 + 罗氏沼虾

罗氏沼虾，俗称马来西亚大虾、金钱虾、万氏对虾等，素有淡水虾王之称。它的原产地集中在厄瓜多尔沿岸，是目前世界上养殖量最高的三大虾种之一。其壳薄体肥，肉质鲜嫩，味道鲜美，营养丰富。除富有一般淡水虾类的风味外，成熟的罗氏沼虾头胸甲内充满了生殖腺，具有近似于蟹黄的特殊鲜美之味。近年来，罗氏沼虾价格居高不下，市场销售火爆。罗氏沼虾池塘养殖最早、现存养殖量最大的江浙一带除继续池塘养殖外，开始在河蟹、小龙虾养殖池套养，取得较好的套养效果。下面介绍水稻与罗氏沼虾的立体种养技术。

（一）罗氏沼虾幼虾的放养

罗氏沼虾苗种经 1 个月的标粗培育，规格达到 3 厘米以上后，放入稻田虾沟，亩放养量为 4 000 只左右。

（二）饲养管理

1. 饵料投喂

罗氏沼虾有互相残杀的习性，因此，饲料投喂必须定时、定量。一般早晨、傍晚和夜间各投喂 1 次，每天的投喂量占虾体重的 5%～7%，全程使用罗氏沼虾配合饲料。

2. 水质控制

每隔 1～2 天加注新水 1 次，换水量为田水总量的 50%，加注新鲜水的时间应在 21:00～22:00 或凌晨 5:00～6:00，避免上游被污染的农田水进入虾田。及时开动增氧机，保持田水溶解氧充足。

3. 日常管理

早晚巡塘，观察罗氏沼虾生长、吃食、活动等情况，经常检查稻田进出水口的纱网是否破损，进出水口是否通畅；暴雨天气要注意疏通排水口，防止田水过满，引起倒塌。

4. 处理好养虾与水稻施肥的矛盾

施肥以基肥、有机肥为主，追肥以无机肥为辅的原则，追肥要少量多次，避免影响罗氏沼虾的生长。

5. 捕捞

当罗氏沼虾规格达 40～50 克 / 只时，就可以捕捞上市，捕大留小。在水温低于 15 ℃前，全部捕捞上市。

（三）病害防治

水稻病害防治的药物选用高效低毒的药物。水剂农药应选择晴天露水已干后喷洒在水稻叶面上；粉剂农药应选择晴天露水未干时喷洒在水稻叶面上。打农药时，先提高稻田水位，并保持边排边灌状态。在整个罗氏沼虾养殖期间，每 15 天用生石灰（20 千克 / 亩）化浆全田泼洒，以调节水质、预防虾病，促进虾蜕壳。另外，防止鸭、水鸟等罗氏沼虾天敌进入稻田。

典型案例

1. 主体信息

江苏省南京市六合区竹镇王某于 2023 年开展稻虾连作稻田套养罗氏沼虾试验，面积达 100 亩。

2. 养殖成果

平均亩产小龙虾成虾 146 千克、罗氏沼虾 52 千克、水稻 576 千克，亩均产值达 9 324 元。亩均成本 4 212 元，其中苗种 1 100 元、饲料投入 1 112 元、动保产品投入 200 元、人员工资 500 元、土地租金 1 000 元、其他费用 300 元。亩均利润为 5 112 元。

3. 主要做法

（1）稻田工程　选择在水源充足、水质清新、无污染、排灌方便的稻田，单个面积为 10 亩。稻田四周开挖环沟，沟宽 3～4 米、深 1.2 米，环沟面积占稻田面积的 10% 以内。将开挖虾沟的泥土用于夯实田埂，加高、加固田埂，使田埂高 60 厘米、宽 50 厘米。同时进排水口用 40 目的密网封好，以防虾外逃和野杂鱼、鼠等进入。

（2）水草移栽　2 月底移栽水草，田面移栽伊乐藻，株距 × 行距为 8 米 ×10 米，沟内种植水花生，每隔 3 米种植一束，并用竹竿固定在环沟中间。

（3）小龙虾养殖

① 苗种放养。3 月底，亩放小龙虾苗种 5 000 只，规格为 200～240 只 / 千克。放苗第二天用聚维酮碘全池消毒。

② 饲料投喂。放苗第一天投喂少量饲料，每亩投喂 1 千克，第二天开始正常投喂。4 月前选用含粗蛋白质为 40% 的饲料，5 月以后选用含粗蛋白质为 32% 的饲料。

③ 小龙虾捕捞。从5月1日起开始捕捞小龙虾，采取捕大留小的方法，至6月10日捕捞结束，将小龙虾全部捕捞干净。

(4)水稻栽培　选择高秆、抗倒伏、抗病虫害能力强的水稻品种'涌优6760'，6月中旬开始插秧。

(5)罗氏沼虾养殖

① 虾苗中间培育。中间培育在稻田一侧进行，开挖面积为200～300米^{2}的培育池，水深为0.5～0.8米，池底设置隐蔽物，培育密度为每平方米300～500只。饲料的粗蛋白质含量为38%左右，每天的投饵量占虾体重的20%。水质管理以肥、活、嫩、爽、清为佳，经30天培育，幼虾体长为3～3.5厘米。

② 虾苗放养。在6月下旬秧苗移栽成活返青时，即打开培育池埂，让培育池内的幼虾自行入田，每亩放养幼虾2 000～3 000只。

③ 饵料投喂。稻田养殖罗氏沼虾可适当投饵，饵料以人工配合饵料为好，选用含粗蛋白质为40%的配合饲料。饵料投放在虾沟及附近田面，每天的投饵量根据水温、罗氏沼虾的活动情况及摄食状况灵活掌握。

④ 病害防治。罗氏沼虾稻田养殖的主要防病措施有勤换水、勤施生石灰、调节水质和科学投饵等。一旦发现黑鳃病、虾壳溃疡病、纤毛虫病等，应及时诊断，辨证施治。敌害主要有鼠、蛇、鸟等。留存的小龙虾也会对脱壳软虾带来危害，要及时捕杀或驱离。

⑤ 收获。罗氏沼虾经3个多月的养殖已达上市规格，可根据市场行情适时捕获销售，长江以北地区在10月底前应全部捕捞完毕，以防止气温陡降造成罗氏沼虾冻死。

(6)日常管理

① 合理施药。选择高效、低毒、低残留的药物，禁止使用敌百虫、敌杀死、甲胺磷等菊酯类及含膦类药物。施药时，要降水施药，减少污染；水剂在下午喷施，粉剂在清晨有露珠时喷施；分块喷施；施药后加大水位，并保证12小时换水1/3～1/2。

② 科学施肥与烤田。养虾稻田用肥量少，确需施肥时应少量多次，并加大水位。烤田时，采取分块烤田。

③ 水位管理和水质调控。雨天要防溢，旱时要防干，盛夏田面水位保持在30厘米以上。平时注意调节水位，优化水质，定期泼洒生石灰水，以促进罗氏沼虾生长蜕壳。

第五章　小龙虾病害防治技术

第一节　病害检查

小龙虾病害检查方法的正确与否会影响人们对其病害的正确诊断。因此，必须掌握正确的检查方法和步骤。

一、检查方法

1. 肉眼检查法

病原体寄生在虾体后经常会表现一定的病理变化，有时症状很清楚，用肉眼就可诊断，例如水霉、大型的原生动物和甲壳类动物等。

2. 显微镜检查法(镜检法)

没有显著症状的疾病以及症状明显但凭肉眼判别不出病原体的疾病需要用显微镜检查。检查方法有以下两种。

(1)玻片压展法　用两片大小约为 6 厘米 ×12 厘米的玻片，先将要检查的器官或组织的一部分或从体表刮下的黏液或从肠管里取出的内含物等放在其中的一片玻片上，滴加适量的清水或食盐水(体外器官或黏液用清水，体内器官、组织或内含物用 0.65% 的食盐水)，用另一片玻片将它压成透明的薄层，即可放在解剖镜或低倍显微镜下检查，如发现病原体或某些可疑的病状，细心用镊子或解剖针、微吸管将其从薄层中取出，放在盛有清水或食盐水的培养皿里，待以后做进一步检查。

(2)载玻片压展法　用小剪刀或镊子取出一小块组织或一小滴内含物置于载玻片上，滴加一小滴水或生理盐水，盖上盖玻片，轻轻地压平后，先在低倍显微镜下检查，如发现寄生虫或可疑景象，再用高倍显微镜细心检查。

二、检查步骤

检查病虾一定要按顺序进行，以免遗漏。总的次序是先体外，后体内。大多常见的病害发生在体表、鳃和肠道三个部位，故在实际诊断中，这三个部位是检查的重点。

1. 体表

将小龙虾放在解剖盘里,最先察看其体色等情况,并留意外壳是否擦伤或糜烂,是否出血,是否有异常斑点等。

2. 鳃

鳃是特别容易被病原体寄生的器官,黏菌、水霉、鳃霉、各类原生动物、单殖类和复殖类囊蚴、软体动物的幼虫、甲壳类动物等在鳃上都可能找到。第一步,肉眼检查。察看鳃丝色泽有无发黑、发白、肥肿;有无污泥、是否糜烂,鳃盖是否完好。第二步,检查鳃组织。将左右两边的鳃完好取出,分开放在培养皿里,用小剪刀取一小片鳃组织,放在载玻片上,加少量清水,盖上盖玻片,在显微镜下检查。在取鳃丝检查时,最好从每边鳃的第一片鳃片接近两端的位置剪取一小块,因为这个地方寄生虫较集中。每边鳃至少要检查 2 次。

3. 肠道

检查肠道时,在肠道的前段、中段、后段各剪开一个小口,用小镊子从小口取出一些内含物放在载玻片上,加一小滴生理盐水,盖上盖玻片,在显微镜下检查病原微生物。每段肠道要检查 2 次,再用剪刀小心地把整条肠道剪开(留意不要把肠道内可能存在的大型寄生虫剪断),把肠的内含物都刮下来,放在培养皿中,加入生理盐水稀释并搅匀,在解剖镜下检查,检查肠内壁有无溃烂。

三、注意事项

① 供检查诊断用的小龙虾一定要用鲜活或刚死不久的,否则会因其死太久,组织、器官糜烂变质,原来所表现的症状无法辨别或病原体离开或死亡,从而无法准确鉴别。

② 在检查时,遵循由表及里、先头后尾的原则,在解剖过程中,所分割的器官应维持其完好性,分开放置,并维持其湿润,避免干燥。同时要避免各器官间病原体的互相污染。

③ 不能肯定的病变标本或病原体应留下,以备日后做进一步研究。

第二节　疾病预防

由于小龙虾发病初期症状不明显,不易被发现,待发现时病情已严重,不易治愈,大批死亡,给养殖者造成无法挽回的经济损失。因此,与鱼类疾病防治相同,小龙虾疾病的预防应遵循“无病先防,有病早治,以防为主,防治结合”的原则。

一、发生病害的原因

为了更好地掌握小龙虾的发病规律和虾病发生的原因，必须了解小龙虾致病的外在因素与内在因素，只有这样才能正确找出发病的原因。

1. 环境因素

影响小龙虾健康生长的主要环境因素有水温、溶解氧、酸碱度等。

(1)水温　温度是影响水生变温动物生长、发育、繁殖、分布的重要因子。小龙虾的生存水温为5～37 ℃，生长适宜水温为18～26 ℃。当温度低于18 ℃或高于32 ℃时，其生长率下降。养殖水域日温差不能过大，仔虾、幼虾日温差不宜超过3 ℃，成虾不要超过5 ℃，否则会造成重大损失。小龙虾为变温动物。在正常情况下，小龙虾体温会随着水体的温度变化而变化。当水温发生急剧变化时，机体容易产生应激反应而发生病理变化，甚至死亡。例如，在放养小龙虾虾苗时，如果温差高于3 ℃，小龙虾虾苗就很容易因温差过大而大批死亡。小龙虾在4～25 ℃温度范围内，环境温度越低，心率越小，代谢率会降低，甚至进入休眠状态。

(2)溶解氧　水质和底质会影响养殖池水的溶解氧，并直接影响小龙虾的生存与生长。当溶解氧不足时，小龙虾的摄食量下降，生长缓慢，抗病力下降；当溶解氧严重不足时，小龙虾就会因窒息而死亡。小龙虾对溶解氧有较好的耐受力，当水中溶解氧低于1毫克/升时仍能照常呼吸。但小龙虾在蜕壳、孵化、育苗期的需氧量会明显增加。为了保证小龙虾养殖的最大安全和健康，则需要保持水中溶解氧含量在4毫克/升以上。

(3)酸碱度　小龙虾生长适宜的pH为6.5～9，但在繁殖孵化期，pH应在7.0以上。酸性水质不但不利于小龙虾蜕壳、生长，而且会延长蜕壳时间或增加因蜕壳而死亡的概率。

(4)水体透明度　小龙虾生长要求池塘水质“肥、活、嫩、爽”，透明度一般控制在30～40厘米。这样的水质既有利于培育水中的浮游生物、底栖动物和水生植物，为小龙虾提供丰富的天然生物饲料，节约饲料成本，又能使水保持一定的磷、钙、钾含量，满足小龙虾蜕壳生长的需要。

(5)总硬度　由于小龙虾自身生长蜕壳的需要，其对水的总硬度的要求有所不同。小龙虾要求水体总硬度为50～100毫克/升。资料报道，当水质总硬度低于20毫克/升时，小龙虾蜕壳受到显著影响；当水质总硬度提高到50毫克/升以上时，小龙虾的生长状况明显好转，蜕壳较顺利，生长速度也快。

(6)重金属　小龙虾对环境中的重金属具有天然的富集功能。重金属通常通过小龙虾的鳃部进入虾体内，大量的重金属，尤其是铁蓄积于小龙虾的肝、胰、脏中，容易影响肝、胰、脏的正常功能。养殖水体中高含量的铁是小龙虾体内铁的主要来源。

尽管小龙虾对重金属具有一定的耐受力，但是一旦养殖水体中的重金属超过小龙虾的耐受限度也会导致小龙虾因中毒而死亡。工业污水中的汞、铜、锌、铅等重金属元素含量超标是小龙虾重金属中毒的主要原因。

(7)化肥、农药　在稻田养殖小龙虾时，一次性过量使用化肥(碳酸氢铵、氯化钾)可能会引起小龙虾中毒。虾中毒后开始不安，随后疯狂倒游或在水面上蹦跳，直至无力静卧于池底死亡。小龙虾对菊酯类农药尤其敏感(如敌杀死)，而预防水稻病害的许多农药都是菊酯类，因此，在养殖小龙虾时，切忌使用该类农药。

(8)其他化学成分和有毒有害物质　在小龙虾养殖中，由于饵料残渣、鱼虾粪便、水草腐烂等产生了许多有害物质，池水产生了自身污染物。这些有害物质主要为氨、硫化氢、亚硝酸盐等。例如，水体中的亚硝酸盐含量过高就会使小龙虾发生急性中毒，甚至死亡。

除了养殖水体的自身污染外，有时外来的污染更为严重。工厂和矿山的排水中富含有毒的化学物质，如氟化物、硫化物、酚类、多氯联苯等；油井和码头往往有石油类或其他有毒的化学物质，这些物质都可能引起小龙虾急性中毒或慢性中毒。

2. **病原体**

小龙虾生病的病原体有病毒、细菌、真菌、原生动物等。这些病原体是影响小龙虾健康生长的主要原因。当病原体在小龙虾身体上达到一定数量时，其就会导致小龙虾生病。

(1)病毒　目前，我国小龙虾病毒只发现对虾白斑[综合]征，近几年，江苏、浙江等地相继出现小龙虾因感染对虾白斑[综合]征而大批死亡的现象。据报道，将病毒感染的对虾组织投喂给小龙虾，可以经口将对虾白斑[综合]征传染给小龙虾，并导致小龙虾死亡，死亡率高达 90% 以上。

(2)细菌　细菌性疾病是与养殖环境恶化有关的一类疾病，因为大多数致病菌只有在养殖环境恶化的条件下，它的致病性才增强，并导致小龙虾各种细菌性疾病的发生。小龙虾的细菌病原主要有引起细菌性甲壳溃疡病的气单胞菌属、假单胞菌属、枸橼酸菌属；引起烂鳃病的革兰氏阴性杆菌。

(3)真菌　真菌是经常报道的小龙虾最重要的病原生物之一。小龙虾的黑鳃病、水霉病就是由真菌感染引起的。真菌感染有多种诱因，其既可以来自体内，也可以来自体外。体内诱因多是影响机体抵抗力的各种其他疾病；体外诱因，如抗生素、免疫制剂的应用及外伤等。感染途径有内源性感染、外源性感染及条件致病菌感染。

(4)原生动物　寄生在小龙虾体表的主要由累枝虫、聚缩虫、钟虫和单缩虫等原生纤毛虫。虽然原生纤毛虫成群附着于小龙虾体表不会造成小龙虾死亡，但会严重影响小龙虾的商品价值。

(5)后生动物　寄生在小龙虾体内的后生动物主要有复殖类(吸虫)、绦虫类(绦虫)、线虫类(蛔虫)和棘头虫类(新棘虫)等蠕虫。大多数寄生的后生动物对小龙虾健康影响不大,但大量寄生可能会导致小龙虾器官功能紊乱。

与小龙虾共生的后生动物包括涡虫类切头虫、环节动物和几种节肢动物。这些生物的附着很少会引起小龙虾发生疾病。如果水质恶化,这些生物的大量附着就可能导致小龙虾正常的生理状况受到影响而发生疾病。

3. 人为因素

(1)操作不规范　在小龙虾养殖过程中,需放养虾苗、虾种。小龙虾上市季节经常对小龙虾采取轮捕轮放、捕大留小的方式。这种方式往往在操作过程中由于动作粗暴而导致小龙虾身体受损,造成病菌从伤口侵入,小龙虾因此患病。

(2)从外部带入病原体　如果从天然水域中采集的水草、捕获的活饵或购买的饵料生物没有经过严格的消毒就被投放到小龙虾养殖水域,病原体就有可能被带入。

(3)投喂不合理　小龙虾生长需要合理的营养成分。如果投饵过少,不能满足小龙虾生长所需,小龙虾就会生长缓慢、体弱,容易患病。如果长期投喂营养成分单一的饲料,小龙虾缺乏合理的蛋白质、维生素、微量元素等,小龙虾就会缺乏营养,造成体质衰弱、免疫力下降。如果投饵过多,饵料在水中腐烂变质,水质恶化或投喂不清洁、变质的饲料,小龙虾也很容易生病。因此,合理投喂饵料是小龙虾健康生长的重要保障。

(4)水质控制不好　小龙虾喜欢清新的水质。在小龙虾养殖过程中,如果不及时换水或不定期使用水质调节剂,腐烂的水草不及时捞走,增氧设施使用不合理,就很难控制好水质,各种病原体就容易滋生。

(5)放养密度或混养比例不合理　合理的放养密度或混养比例有助于提高水体的利用率。如果放养密度过大,混养的品种、数量过多,水体的负荷加重,水质不容易控制,各种养殖水生动物的正常生长和摄食就会受到影响,抵抗力下降,发病率增加。

(6)消毒不严格　工具、食物、食台、养殖水体、虾体的消毒不严格会增加小龙虾的发病率。使用的工具不实行专池专用也能导致病原体重复感染或交叉感染。

(7)进水、排水系统不独立　进水、排水使用同一条管道往往会造成一池虾生病感染,所有虾池的虾都生病感染。

二、病害预防措施

在小龙虾的生产过程中,疾病预防是一项很重要的工作。在实际生产中,主要抓好以下几项预防措施。

1. 养殖池消毒

在虾种放养前，应对养殖池进行彻底清塘，杀灭池塘中的病原体。

2. 水草消毒

虾塘中移栽的水草应先消毒，再栽种。通常用10毫克/升的高锰酸钾溶液浸泡10分钟。

3. 虾体消毒

在小龙虾投放前，应先对虾体进行消毒，常用方法是用3%～5%的食盐水浸洗5分钟。

4. 工具消毒

凡是在养殖过程中使用的工具都必须先消毒，后使用。消毒时，一般用15毫克/升的高锰酸钾溶液或10毫克/升的硫酸铜溶液浸泡10分钟以上。接触病虾的工具更应该隔离消毒，专池专用。

5. 饵料消毒

投喂鲜活饵料必须经过严格的消毒程序，即一般先洗净去污，然后用5%的食盐水浸泡5分钟后，再投喂。如投喂冰鲜鱼，则须将冰鲜鱼解冻，洗净消毒后，再投喂。

6. 控制水质

保持水质清新就应在6—9月的高温季节，每7～10天加注新水1次，每次加至水深20～30厘米。减少粪便和污物在水中分解产生有毒、有害物质。早春与晚秋也要每隔10～15天加注新水1次，每次加至水深20～30厘米。控制好水体的pH。在藕田养虾或池塘养虾时，如果水草过多，pH往往过高，小龙虾的存活与生长受到影响，这时应及时采取换水、泼洒微生态制剂、捞取过多水草等措施控制好pH。

7. 药物预防

保持水质"肥、活、嫩、爽"，也可用药物调节。每隔10天全池泼洒微生态制剂或生石灰水1次，以消除水体中的氨氮、亚硝酸盐、硫化氢等有害物质，保持池水的酸碱平衡和溶解氧水平，使水体环境处于良好状态。

8. 提供良好的生态环境

提供小龙虾生长所需的水草：一是人工种植水草，并进行科学养护；二是利用天然生长的水草；三是利用水稻、水芹等人工种植的经济作物。

第三节　常见疾病与防治

小龙虾适应环境的能力较强，一些常规鱼类都不能生存的环境，小龙虾也能生存。在人工养殖条件下，由于养殖密度大、投喂不当、水质恶化等，小龙虾养殖过程中时常出现病害，影响养殖产量和效益。下面介绍几种小龙虾常见的疾病及防治方法。

一、对虾白斑[综合]征

1. 症状

感染后的小龙虾主要表现为活力低下、附肢无力，应急能力较弱。病虾分布于池塘边，体色较暗，部分头胸甲等处有白色斑点。解剖检查可见头胸甲易剥离，壳内有积水，鳃部无明显病理症状，肝、胰、腺呈橘黄色，比正常个体颜色深或伴有糜烂；胃肠道空或伴有肠炎；一些病虾有黑鳃症状；部分病虾肌肉发红或呈现白浊样。养殖池塘一般是大规格虾先感染死亡。

2. 预防

(1) 放养健康、优质的种苗　选择健康、优质的种苗，切断对虾白斑[综合]征的感染源。

(2) 控制适宜的放养密度　苗种放养密度过大容易导致水质恶化，溶解氧不足；氨氮、亚硝酸盐含量过高会造成小龙虾体质下降，抗病毒能力减弱。

(3) 投喂粗蛋白质含量高的优质配合饲料　饲料的粗蛋白质含量保持在 28% 以上，且水中稳定性良好。

(4) 保持良好的水质　定期使用生石灰或微生态制剂(如光合细菌、EM 菌等)，保持水体环境的稳定。

(5) 管理好水草　控制好水草面积，维护好水草活力，水草挂脏及时处理，漂草及时捞走。

(6) 捕捞出的虾不回塘　控制好地笼网眼，做到捕捞的虾全部售出，不回塘。

3. 治疗

① 用 0.2% 的维生素 +1% 的大蒜(打成浆)+2% 的强力病毒康加水溶解后，用喷雾器喷在饲料上，阴干 30 分钟以后，投喂。在发病塘口外用二氧化氯全池消毒，同时在饲料中添加增强免疫功能的中草药进行投喂，以有效控制病情。

② 如在养殖过程中发现死虾，及时捞取，并远离养殖塘口深埋死虾，杜绝病毒进一步扩散。

二、细菌性疾病

(一)烂壳病

1. 病原体

烂壳病主要由假单胞菌、气单胞菌、黏细菌、弧菌和黄杆菌感染虾体所致。

2. 症状

病虾体壳和螯壳有明显的溃烂斑点，斑点呈灰白色，严重溃烂时呈黑褐色，斑点中端下陷，出现较大或较多空洞，引起虾内部感染，严重时会引起死亡。

3. 流行特点

所有的小龙虾都易感染，发病高峰为5—8月。

4. 预防

① 小龙虾的烂壳病多由虾体创伤后细菌侵入伤口感染所致。因此，小龙虾苗种在运输和投放时操作要仔细、轻巧。由捕捞和运输不慎造成的伤残虾苗坚决不投。苗种在下塘前应进行消毒。

② 在虾池中施药、清残和进行其他操作时，要缓慢进行，尽量避免损伤虾体。

③ 经常换水，保持虾池水体清洁。

④ 坚持每天投足饲料，避免小龙虾因饥饿相互争食打斗而受伤。

⑤ 每间隔15～20天用生石灰化水在全池泼洒1次，使池水的质量浓度为25毫克/升。

5. 治疗

① 用生石灰化水趁热全池泼洒1次，使池水的质量浓度为25毫克/升，3天后换水，再用生石灰化水趁热全池泼洒1次，使池水的质量浓度为20毫克/升。

② 取50千克饲料，拌磺胺甲基嘧啶150克投喂小龙虾，每天2次，连用7天后，停药3天，再投喂5天。

(二)烂鳃病

1. 病原体

病原体为革兰氏阴性杆菌。

2. 症状

病虾鳃丝发黑、局部霉烂，造成鳃丝缺损，排列不整齐，鳃丝坏死，失去呼吸功能，导致小龙虾摄食减少、活力变差，最后死亡。

3. 预防

① 放养前，用生石灰彻底清塘，并经常加注清水，保持水质清新。

② 及时清除池中的残饵、污物，注入清水，保持良好的水体环境。

③ 定期使用底质改良剂，维护底质良好。每半个月泼洒15～20毫克/升的生石灰水或微生态制剂1次，交替使用，进行水质调节。

4. 治疗

① 用二氧化氯2～3毫克/升浸洗病虾10分钟。

② 用氟苯尼考、维生素C、大蒜素等制成药饵投喂。

③ 全池泼洒二溴海因 0.1 毫克 / 升或溴氯海因 0.2 毫克 / 升，隔天再用 1 次，结合内服虾康保 0.5%、维生素 C 0.2%、鱼虾 5 号 0.1%、双黄连抗病毒口服液 0.5%、虾蟹蜕壳素 0.1%。

④ 聚维酮碘 0.2 毫克 / 升全池泼洒，重症连用 2 次。

⑤ 在饲料中加入 2‰ 的复方新诺明或 0.5‰ 的磺胺嘧啶，每天投喂 1 次，连服 10 天。

（三）出血病

1. 病原体

病原体为气单胞菌。

2. 症状

病虾体表布满大小不一的出血斑点，特别是附肢和腹部较为明显，肛门红肿。螯虾一旦染上出血病，不久就会死亡。

3. 预防

平时做好水体的消毒工作。水深为 1 米的池子每亩水面用 25～30 千克生石灰加水全池泼洒，每半个月泼洒 1 次。

4. 治疗

外用药：每亩水体用 750 克烟叶温水浸泡 5～8 分钟后全池泼洒；内服药：盐酸环丙沙星，每千克饲料用 0.25～1.5 克拌饵投喂，连续喂 5 天。

（四）肠炎

1. 病因

肠炎的致病原因主要是虾受伤或劣质饵料引起细菌感染。

2. 症状

发病高峰期为 3—6 月，多感染大虾。病虾肠道内无食，有气泡，伴有肝脏萎缩、颜色发白、变浅、保护膜不清晰等症状。在感染初期，小龙虾表现为食欲减退，不进食，逐渐往浅水区、水草、岸边等靠近，应激能力减弱，遇人不躲避，趴伏岸边，行动迟缓，消化道出现肿胀充血，随着病情发展最终死亡。

3. 预防

放苗时，仔细操作，防止虾机械损伤，并做好消毒工作；不投喂劣质饵料；注重调水、改底；在发病高峰期提前用大蒜素拌饵投喂。

4. 治疗

选用碘制剂进行消毒，严重时隔天再消毒 1 次；控料，即投喂量减少至平时一半左右，并用肠炎灵等药物拌饵投喂，连喂 4～5 天。

三、真菌性疾病

(一)黑鳃病

1. **病原体**

黑鳃病多由真菌感染所致。

2. **症状**

小龙虾鳃由白色变为褐色或淡褐色,直至完全变黑,鳃组织坏死。患病的幼虾活动无力,多数在池底缓慢爬行。患病的成虾常浮出水面或依附水草露身于水外,不入洞穴,行动迟缓,停食,最后因呼吸困难而死亡。

3. **流行特点**

10 克以上的小龙虾易感染,发病高峰期为 6—7 月。

4. **预防**

① 放苗前清塘消毒,并经常更换池水,及时清除残食和池内的腐败物。

② 定期用 25 毫克 / 升的生石灰消毒。

③ 提供充足的优质青饲料。

④ 在成虾养殖中后期,可在池内有意放养一些蟾蜍。因为蟾蜍受惊分泌的毒素有利于该病的治疗。

5. **治疗**

①每立方米水体用漂白粉 1 克全池抛撒,每天 1 次,连用 2～3 天。

② 按 50 千克饲料拌土霉素 50 克投喂小龙虾,每天 1 次,连喂 3 天。

③ 每立方米水体用亚甲蓝 10 克全池泼洒 1 次。

④ 每立方米水体用强氯精 0.1 克或二氧化氯 0.3 克全池泼洒 1 次。

⑤ 患病虾每天用 3%～5% 的食盐水浸洗 2～3 次,每次 3～5 分钟。

(二)水霉病

1. **病原体**

病原体为水霉菌。

2. **症状**

初期症状不明显,当症状明显时,菌丝已侵入表皮肌肉,向外长出棉絮状的菌丝,在体表形成肉眼可见的“白毛”。病虾消瘦乏力,活动焦躁,摄食量下降,严重者会死亡。

3. **预防**

① 当水温上升到 15 ℃以上时,每间隔 15 天用 25 毫克 / 升生石灰水全池泼洒 1 次。

② 在捕捞、搬运过程中避免虾体损伤,黏附淤泥;每亩水体用 400 克食盐和 400 克小苏打合剂全池泼洒。

③ 用40%的甲醛溶液20～25毫克/升全池泼洒，24小时换水，换水量为一半以上。

4. **治疗**

① 用1%～2%的食盐水浸洗病虾30～60分钟，同时每100千克饲料加克霉唑50克制成药饵，连喂5～7天。

② 用0.3毫克/升的二氧化氯全池泼洒1～2次，第一次用药与第二次用药间隔36小时。

③ 用0.3～0.5毫克/升的亚甲蓝全池泼洒，连用2天。

四、寄生虫病——纤毛虫病

1. **病原体**

纤毛虫病主要由累枝虫、聚缩虫、钟形虫和单缩虫等固着类纤毛虫成群附生于小龙虾体表所致。

3. **症状**

小龙虾体表有许多绒毛状的污浊物，病虾呼吸困难，烦躁不安，食欲减退，多数病虾在池边缓慢游动或爬行。病情严重的病虾会引起死亡。

3. **预防**

① 经常更换池水，保持池水清新。

② 彻底清除池内漂浮物或沉积的杂草。

③ 做好冬季闲池的清淤工作。

④ 每月用0.6毫克/升的敌百虫全池泼洒1次。

4. **治疗**

① 每立方米水体用0.7克硫酸铜、硫酸亚铁(5∶2)全池泼洒1次。

② 每立方米水体用福尔马林30毫升，全池泼洒1次，16～24小时后更换池水。

③ 取菖蒲草若干小捆，浸泡于池水中，2～3天后捞起。

④ 甲壳净药物按说明书使用。

五、其他疾病

(一)软壳病

1. **病原体**

软壳病致病的主要原因是虾体内缺钙。间接原因包括：①池内日照不充足；②水体pH长期偏低(7以下)；③池底污泥太厚；④虾苗密度过大；⑤长期投喂某种单一饲料。

2. **症状**

小龙虾体壳薄软，螯壳不坚硬，体色不红，活动能力不强，觅食不旺，生长缓慢，打洞的能力和逃避敌害的能力减退。

3. **预防**

① 结合虾池消毒，每15～20天用25毫克/升的生石灰化水趁热全池泼洒1次。

② 及时割去虾池内蔓生过密的水草。

③ 坚持每年冬季清淤。

④ 把虾苗的投放密度控制在每平方千米面积10 000只以下。

⑤ 投喂饲料多样化，尽量多投些青饲料和鱼骨粉或在虾饲料中添加蜕壳素。

⑥ 每亩每米水深施用复合芽孢杆菌250毫升，改善水质，调节水体酸碱平衡。

4. **治疗**

① 在水体pH不高的情况下，每立方米水体取生石灰粉20克，全池均匀撒施1次。施用石灰粉10天内，如果更换池水，换水后再补施1次。如果水体pH过高(大于9)，再施用生石灰反而会影响小龙虾对钙的吸收。

② 用鱼骨粉拌新鲜豆渣或拌用热水浸泡开的豆饼、菜籽饼进行投喂，每天1次，连用7～10天。

③ 在饲料中添加鱼虾5号0.1%、虾蟹蜕壳素0.1%、虾康宝0.5%、维生素C 0.2%、营养素0.8%。

(二)蜕壳障碍病

1. **症状**

病虾蜕壳困难，多在蜕壳过程中或蜕壳后死亡。

2. **预防与治疗方法**

与软壳病相同。

(三)冻伤

1. **病因**

水温低于4 ℃，虾会冻伤。

2. **症状**

冻伤的虾头胸甲明显肿大，腹部肌肉出现白斑。随着病情加重，白斑也由小而大，最后扩展到整个躯体。病虾在初期呈休克状态，平卧或侧卧在浅水草丛里。严重时，病虾出现麻痹、僵直等症状，不久死亡。

3. **预防**

① 在早冬期，当水温降到10 ℃以下时，应加深水位至1米以上。

② 在越冬期间，可在池中施有机肥或投放稻草，促使水底微生物发酵，提高水温。

③ 在秋冬季节，投喂含脂肪多的饵料(如豆饼、花生饼等)或小龙虾越冬饲料。

六、敌害生物

(一)动物性敌害

1. 种类

动物性敌害主要有水蛇、青蛙、蟾蜍、老鼠、水蛆、鸟类、凶猛性鱼类以及鸭子。

2. 防治方法

① 建好防逃网。经常检查防逃网,有漏洞及时修补。

② 进水口、出水口用滤网,防止凶猛性鱼类混入。

③ 发现除鸟类以外的敌害生物及时捕杀。

④ 鸟类是保护对象,只能用恐吓、稻草人、电子驱鸟设备等驱赶。

(二)植物性敌害

植物性敌害主要是青苔。

1. 原因

前期清池、消毒不彻底,池底存有大量青苔孢子;三四月肥水不够,池底青苔孢子在水温回升和阳光照射下迅速萌发并生长;进水、种草时带入了青苔。

2. 防治

① 彻底清塘,清除过多淤泥,晒塘 20 天以上。

② 进水、种草时防止带入青苔。

③ 早春时,水位加至 60 厘米以上。

④ 早春时,注意肥水。若无青苔发生,可先用腐植酸钠肥水,进行遮光。

⑤ 青苔控制。少量时不捞;大量发生时,先捞取大量青苔,再用芽孢杆菌、乳酸菌发酵后拌沸石粉(无沸石粉可用细土)、漂白粉或草木灰撒在青苔集中处。

七、其他小龙虾异常情况

(一)夜间池坡小龙虾聚集

每年春天以后,高密度养殖池塘中常见大量成虾在夜间爬上田埂或池坡,翌日清晨重新回到水中。如果这种情况连续数天,大批死虾就会出现。

1. 原因

这种情况的原因较多:①虾苗放养密度过高;②水体缺氧;③水质或底质污染或恶化;④水草活力不好,有草腐烂;⑤虾密度高,水草少,水中缺少隐蔽物;⑥饵料不足。

2. 防治

分析具体原因,采取针对性措施,加强改水、改底,改良生态环境,提供量足质优的饵料。

（二）成虾无病症死亡

在养殖过程中，发现成虾死亡，死虾外观未见病症。

1. 原因

成虾交配产卵耗能过多、体质下降；营养不良、蜕壳不遂；底质恶化；其他原因。

2. 防治措施

为小龙虾提供优质饵料，重视亲虾营养强化，维护好底质，及时捞走漂草，防止漂草腐烂沉底。

第四节　用药注意事项

一、选用合适的药物

药物的选择正确与否关系到小龙虾疾病防治效果的好坏及养殖效益的高低，因此，我们在选择药物时应遵循以下原则。

1. 有效性原则

选择的药物应针对小龙虾的病症，并且能快速治愈疾病，用药后的有效率达70%以上。

2. 安全性原则

一是药物对小龙虾是低毒或没有毒性的；二是药物对水体环境的污染要小或没有污染；三是对人体的健康影响程度也较小。使用过药物的小龙虾在出售前应有一个休药期，对国家明令禁止的药要杜绝使用，如孔雀石绿、六六六、敌敌畏、呋喃丹等。

3. 廉价性原则

在选用药物时，尽量选用成本低、疗效好的药物。许多药物成分相似、疗效相当，但价格悬殊，要科学合理选择药物。

二、科学计算用药量

小龙虾疾病防治用药分内服药和外用药两类：内服药的剂量一般按小龙虾的体重计算；外用药按小龙虾生存的水体体积计算。用药量是否准确直接影响药效的发挥。用药剂量不够，杀不死病害，既浪费钱，又治不好病；用药剂量过大，易出现小龙虾中毒现象。因此，用药一定要严格掌握剂量，既不能随意增加剂量，又不能随意减少剂量。

1. **内服药**

首先,比较精确地估算养殖水体中小龙虾的总质量,根据用药标准,计算给药量的多少;其次,根据天气、小龙虾的吃食情况确定小龙虾的投饵量;最后,将药物均匀混入饲料,制成药饵进行投喂。在通常情况下,我们制作的药饵量要小于投喂药饵前的投喂量,只占正常投喂量的80%左右,这样有利于药物被小龙虾全面摄入,确保疗效正常发挥。

2. **外用药**

先准确计算水的体积,再按用药的质量浓度计算用药量。如水的体积为1 000米^3,用药的质量浓度为0.5毫克/升,则用药量为500克。

三、按规定的剂量和疗程用药

当计算好药物的剂量后,就要按疗程用药。一般内服药3～7天为一个疗程,外用药3天为一个疗程。为了保证用药的效果,在每次用药时,至少要用一个疗程,否则疾病易复发。

四、正确的用药方法

为了防治小龙虾的疾病,在科学确定药物和剂量后,还须选用正确的用药方法,以保证药物的疗效,最大限度地发挥药物的效能。常用的小龙虾给药方式有以下几种。

1. **全池泼洒法**

全池泼洒法是指根据小龙虾的病情及水体的体积计算药物剂量,配制好特定质量浓度的药液向虾池内全池泼洒,使池水中的药液达到一定的质量浓度,从而杀灭小龙虾身体及水体中的病原体。全池泼洒法的优点是杀灭病原体较为彻底,预防、治疗效果好。其缺点是用药量大,在杀死病原体的同时,也杀死了水体中的浮游生物,对水质有影响。

2. **浸沤法**

浸沤法就是将药物材质捆扎浸沤在虾池中,杀死水体中及虾体外的病原体。浸沤法优点是操作简单、用药成本低。该方法的缺点是只适用于虾病的中草药预防。

3. **内服法**

内服法就是指将预防或治疗小龙虾疾病的药物或疫苗掺入小龙虾喜欢摄食的饲料,小龙虾通过摄食饲料,药物进入体内,从而杀灭小龙虾体内的病原体。该方法用于预防疾病或虾病初期的治疗。一旦小龙虾失去食欲,该方法就不起作用了。

4. 药浴法

药浴法是指将小龙虾集中在较小的容器中，放在按特定方法配制的药液中进行短时间强迫浸浴，以杀灭小龙虾体表及鳃上的病原体。它适用于小龙虾苗种放养时的消毒处理。药浴法的优点是用药量少、药效好，不影响水体中浮游生物的生长。其缺点是不能杀灭水体中的病原体。

5. 生物载体法

生物载体法即生物胶囊法。生物载体法就是利用饵料生物作为运载工具将一些特定的物质或药物摄取后，再由小龙虾将饵料生物捕食到体内，经消化吸收而达到治疗疾病的目的。这类载体的饵料生物有丰年虫、轮虫、水蚤、蝇蛆及面包虫等。常用的生物载体是丰年虫。

第五节　常用的水质、底质的改良剂及使用方法

“养虾先养水”，水质好坏直接影响水生动物的健康。养殖水质管理是日常养殖工作的重点之一。水质、底质的改良剂是指通过添加具有物理活性或者化学活性的药品，降低养殖用水中影响虾类生长繁殖的有害物质（如氨氮、亚硝酸盐、硫化物、悬浮物等）的量，从而使水体更适合小龙虾养殖的需要。渔业生产中的水质、底质的改良剂依据的作用原理和来源主要有物理活性水质、底质的改良剂，化学活性水质、底质的改良剂和微生态制剂，三者在生产中可联合应用，也可单一使用。在生产中，使用水质、底质的改良剂既能为水生动物创造良好的生存环境，降低疾病的发生率，又能促进虾类生长，提高养殖质量，增加养殖效益，保护自然生态环境。

一、常见的水质、底质的改良剂

1. 物理活性水质、底质的改良剂

物理活性水质、底质的改良剂通常具有极大的比表面积，孔隙多，主要靠强吸附性将有毒物质、有害物质吸附到海绵孔隙中，从而达到降低氨氮、硫化氢、亚硝酸盐含量的作用。水产生产常用的改良剂有沸石粉、麦饭石、活性炭、明矾等。

(1) 沸石粉　沸石粉是含有钙、镁、钾、铁、铜、锰等多种水产动物生长发育所需的常量元素和微量元素的铝硅酸盐非金属矿物质。常见的多为白色、粉红色，也有红色或棕色。沸石粉失去结晶水后，表面疏松如多孔的海绵体，具有极强的吸附性、离子交换性和催化性，可以吸附大量的有毒物质（如 NH_3-N、NH_4^+、CO_2、H_2S 等）。定期向养殖水体中撒施沸石粉能有效吸附和降低水中的氨氮、有机物和重金属离子等有毒

物质、有害物质，降低硫化氢毒性的影响，调节水体的pH，提高水体光合作用强度，增加水中溶解氧，同时可以增加水中微量元素的含量，起到优化养殖生态环境，促进水生动物发育，改善水生动物肉质的效果。在生产实践中，沸石粉通常与生石灰间隔使用，一般苗种下塘后2～3个月开始使用，用量为40～65毫克/升。

(2)麦饭石　麦饭石是一种以天然氧化硅为主，含钾、钠、钙、镁、铜等多种元素和氧化硅、氧化铁等金属氧化物的矿物质，内部含有众多的孔隙和通道，对细菌和色素具有极强的吸附作用。麦饭石主要用于净化水质，具有消除水中污物，排除生物体内的毒素，提高酶类的活力，增加水中溶解氧，防止小龙虾缺氧和发生疾病的作用。麦饭石有较强的吸附作用和阳离子交换能力，对细菌的吸附能力在6小时内可达96%，对有毒金属（如铅）的吸附力达98%。本品使用量无严格限制，一般用量为全池撒施150～300毫克/升，每隔10～15天使用1次。

(3)活性炭　活性炭具有极强的吸附氨氮、氯、硫化氢、藻类毒素的功效。当养殖水体中的绿藻、蓝藻大量产生并释放毒素时，使用活性炭可以达到清除污染的效果。生产中常用活性炭吸附柱过滤养殖用水，从源头清除水中的氨氮、氯、硫化氢及藻类毒素。

(4)明矾　在明矾分子中，相当多的活性基团具有长链线性结构，有较好的溶解度，能快速与悬浮颗粒表面相结合，对剩余饵料或蛋白质胶体、杂质粒子的絮凝沉淀作用是不可逆的。在生产中，通过对这类有机絮凝剂的分子改性，性能可符合应用的要求。改性后的有机絮凝剂作用机理是在含有悬浮固体粒子的水体中加入絮凝剂，絮凝分子的极性基团与固体粒子的表面以氢键的形式相吸附。絮凝剂的长链分子的侧链酰胺基是活性基团，数以万计的可被吸附的活性基团与固体粒子黏结，就像在固体之间架起桥梁，成为粗大、结构很好的固粒而沉降下来。该产品的特点是作用快。在一般情况下，加入药剂3～5分钟后，就可看出明显的沉淀物形成，并缓慢沉降下来。

2. 化学活性水质、底质的改良剂

化学活性水质、底质的改良剂有各种氧化剂、离子交换剂、重金属离子络合剂、絮凝剂等。作用的主要原理是氧化水体中的各种离子或与水体中的各种离子进行离子交换以及对水体中有毒物质、有害物质进行络合，降解为对环境无二次污染的化合物，达到改良水质、底质的作用。使用时，常常有特异性，对组合配方的其他水质、底质的改良剂有选择性。

(1)过氧化钙　过氧化钙是白色或淡黄色、无味、微溶于水的粉末状结晶，溶于水后产生氢氧化钙并释放氧气，是养殖生产中最常用的水质、底质的改良剂。它不仅可以增加水中的溶解氧，调整水的pH，降低水体中氨氮、亚硝酸盐和硫化物的含量，抑菌抑藻，澄清水质，还可以增加水的硬度，补充水生动物生活所需的钙，使底质疏松透气，迅速分解底泥中的有机物，降低耗氧量。它通常被用于池塘的增氧和水质、底质的改良，用量一般为300毫克/升。

(2)腐殖酸钠　腐殖酸钠是一种高分子、非均一的芳香族，是多羟基、羧酸的钠盐，外观为黑色粉状、晶状固体；溶于水，呈碱性。它具有吸附、絮凝、黏结、离子交换、络合、螯合等多种功能；可防止池塘老化，强力吸附和分解水体中的有害物质，络合水体中的重金属离子，改良水质；稳定水体pH，改善养殖环境，改良和活化底质；活化水体，增加溶解氧，维护水体生态平衡，促进水生动物健康成长。目前在小龙虾养殖中，腐殖酸钠多于早春作为肥水剂用于防青苔。应注意的是，当无青苔时，可肥水遮光，防青苔生长；当养殖池塘中已有大量青苔时，此时再使用腐殖酸钠反而给青苔提供大量营养促使其暴发。

(3)过硫酸氢钾　过硫酸氢钾是一种无机过氧化物，溶于水后经由链式反应释放活性氧，并通过高能活化剂经由链式反应而产生各种高能量、高活性的小分子的自由基、新生态原子氧、氧自由基、羟基自由基、硫酸自由基等多种活性成分，从而成为高效氧化消毒剂，具有广泛杀灭水体中的细菌、芽孢、病毒、真菌等微生物，分解有机污染物，氧化降解残留农药，除藻等功效。过硫酸氢钾使用安全，不会带来新的污染。它原本作为人类饮用水消毒剂使用，现已被广泛用于水产养殖。

3. 微生态制剂

微生态制剂能将水体中过量的有机物、排泄物、残余饲料等含有的有机氨分解为无害的氮及氧化氮而逸出，从而降低氨氮、亚硝酸盐的浓度。矿化塘泥促进腐化底土的厌氧菌(如硫化细菌、硝化细菌、还原菌)的代谢作用，防止塘底释放出有毒气体，净化水质、底质，修复养殖水体微生物生态。常见的微生态制剂有EM菌、光合细菌、芽孢杆菌、硝化细菌、乳酸菌等或多种菌的混合制剂。

(1) EM菌　在水产养殖业中，应用较广泛的微生态制剂由光合细菌、乳酸菌、酵母菌等多种有益菌种培养而成，为一类复合微生物群落。EM菌中的有益微生物经固氮、光合等一系列分解、合成作用能使水中的有机物质形成各种营养元素，以供自身及饵料生物的繁殖、生长，同时增加水中的溶解氧，降低氨、硫化氢等有毒物质的含量，从而达到净化水质的目的。

(2)光合细菌　光合细菌是一类能进行光合作用原核生物的总称，可在厌氧、光照条件下进行光合作用，利用太阳能获得能量，但不产生氧气。将其施放在养殖水体后可迅速消除氨氮、硫化氢和有机酸等有害物质，起到改善水体、稳定水质、平衡水体酸碱度的作用。光合细菌在水质较肥时施用可促进细菌及有机物的转化，以避免有害物质的积累。

(3) 芽孢杆菌　芽孢杆菌属芽孢菌属，革兰氏阳性菌，是一类好气性细菌。该菌无毒，可直接利用硝酸盐和亚硝酸盐，从而起到净化水质的作用；还能抑制其他细菌的生长，进而减少，甚至消灭病原体对水产养殖动物的影响。由于芽孢杆菌繁殖速度快，是好气性细菌，使用时尽量开动增氧机。水产上常见的种类有枯草芽孢、地衣芽孢、短小芽孢、侧孢芽孢等。一般市售芽孢杆菌多为由 2 种以上芽孢组成的复合菌种。

(4) 硝化细菌　硝化细菌可分为亚硝化细菌和硝化细菌两大类群。硝化细菌是一种好氧菌，是水体中降解氨和亚硝酸盐的主要细菌之一。在 pH、温度较高的情况下，分子氨和亚硝酸盐对水生生物的毒性较强，而硝酸盐对水生生物无毒害。硝化细菌就是将分子氨和亚硝酸盐降解成硝酸盐，从而达到净化水质的作用。

(5) 乳酸菌　乳酸菌是一类能利用可发酵的碳水化合物产生大量乳酸的细菌的统称，厌氧或兼性厌氧，属革兰氏阳性菌。这类细菌在自然界分布极为广泛，具有丰富的物种多样性，至少包含 18 个属，共 200 多种，在 pH 为 3.0～4.5 的酸性条件下仍能生存，具有促进机体生长、维持肠道菌群平衡、抑制有害菌群生长、改善免疫能力的作用。水产上常见的种类有乳杆菌属、链球菌属和双歧杆菌属等，目前多用作发酵饲料，也可与芽孢杆菌合用，活化后用于底质改良的效果更优。

二、水质、底质的改良剂的使用注意事项

1. EM 菌等微生态制剂

一是使用时不能与消毒剂、抗生素合用；二是尽量做到长期使用 ；三是注意保存期，打开包装后尽快使用；四是在使用过硫酸氢钾等具杀菌作用的改良剂后，等杀菌作用消失后才可使用 ；五是使用量一定要准确。

2. 光合细菌

水温 20 ℃以上使用效果好；与沸石粉吸附后合用可提高效果；在酸性水体中使用时，可先用生石灰，再用光合细菌；按说明书使用的剂量加倍使用效果更好。

3. 芽孢杆菌

使用时注意增氧；用前要用池塘水、红糖活化，根据水温活化 2～5 小时；当用芽孢杆菌改底时，活化好的菌液拌沸石粉、麦饭石等物理性改良剂后使用效果更佳；当用无沸石粉、麦饭石等改良剂时，可选用池塘边上的细土。

4. 乳酸菌

因发酵可产生酸性物质，当水体 pH 高时可用；在拌料使用时，按说明书密封发酵。

5. 沸石粉、麦饭石等改良剂

使用后，吸附的氨氮、有机物等有害物质并没有从养殖环境中转移，只不过从水

体中转移到了池塘底部，这时应配合使用过硫酸氢钾等强氧化性底质改良剂进行改底，并在24小时后使用微生态制剂进行环境维护。

6. 过硫酸氢钾等强氧化性改良剂

过硫酸氢钾等强氧化性改良剂具有良好的杀菌效果。经检查养殖池底质恶化后使用这些物品，池塘底部会处于少菌或无菌的状态，此时应在其杀菌作用消失后及时使用芽孢杆菌等有益菌，培育其成为优势种群，以抑制有害菌的繁殖。

三、简易判断养殖池底质好坏的方法

许多养殖户没有专业检测底质好坏的专业设备，也不具备专业检测技术，现提供一种现场简易判断养殖池底质好坏的方法。

取池塘2～4个点，用一长竹竿插进底泥中再取出，“望、闻、切”三个步骤检查竹竿上的底泥。“望”是看底泥颜色，如底泥颜色发黑、脏物多，表明底质恶化；“闻”是闻底泥味道，如有臭味等刺鼻气味，表明底质恶化；“切”是用手摸、捏底泥，如果底泥黏、滑，很可能底质恶化或正在恶化。当检查发现底质恶化时，先施用过硫酸氢钾等强氧化性底质改良剂进行处理（如底质恶化严重，可3天后再施用1次强氧化性底质改良剂），待杀菌作用消失后，再使用微生态制剂进行底质改良。

第六章　小龙虾的捕捞与运输

第一节　小龙虾的捕捞

小龙虾生长快，从放养到收获只需很短的时间，但个体之间的差异很大。即使放养时规格整齐，收获时规格仍然有差异。为了提高池塘单位面积产量，降低水体的生物承载量，同时减少在养殖过程中由个体差异大引起的自相残杀现象，应及时将达到上市规格的小龙虾捕捞上市。

一、捕捞工具

小龙虾常见的捕捞工具有地笼、虾笼、虾球、手抄网和拖网。

1. 地笼

常见的是用网片制作的软式地笼（彩图 38），每只地笼为 20～30 米，由 10～20 个方格组成，方格用外包塑料皮的铁丝制成，每个格子两侧分别有两个倒须网，方格四周有聚乙烯网衣，地笼的两端结的连接处的网眼较大，小虾可逃出。结网中间用圆形圈撑开，供收集小龙虾之用。进入地笼的虾由倒须网引导进入由结网形成的袋头，最后倒入容器销往市场。淮安地区的养殖户发明了专门捕大留小的地笼（彩图 39）。

2. 虾笼

用竹篾编制直径为 10 厘米的“丁”字形筒状笼子，两端入口设有倒须网，虾只能进不能出。在笼内投放味道较浓的饵料，引诱小龙虾进入，进行捕捉。通常傍晚放置虾笼，清晨收集虾笼，倒出虾，挑选出大规格小龙虾进行销售，小规格小龙虾放入池中继续养殖。不同网目的虾笼能捕捞不同规格的虾，养殖户可根据自己的需要购买不同网目的虾笼。

3. 虾球

用竹篾编制直径为 60～70 厘米的扁圆形空球，内填竹屑、刨花等。顶端系一根塑料绳，用泡沫塑料作浮子。捕虾时，将虾球放入养殖水体，定期用手抄网将集于虾球上的小龙虾捕捞起来即可。

4. 手抄网

手抄网有圆形手抄网(图 6-1)和三角形手抄网(图 6-2)。三角形手抄网是把虾网上方扎成四方形,下方为漏斗状。捕虾时,不断地用手抄网在密集生长的水草下方抄虾。因为小龙虾喜欢攀爬在水草上,故该种方法适用于小龙虾密度较大的水域。

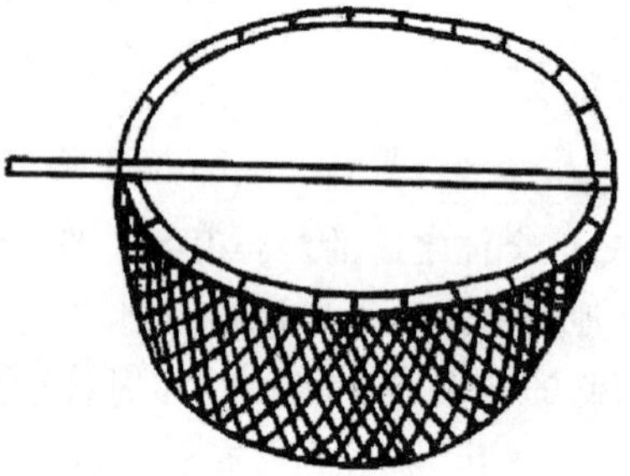

图 6-1　圆形手抄网

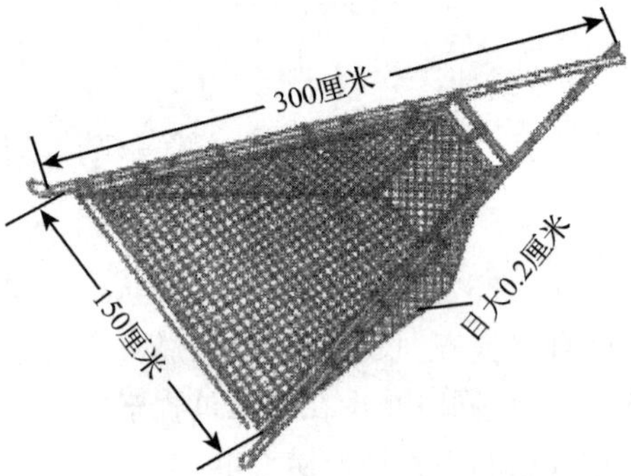

图 6-2　三角形手抄网

5. 拖网

拖网由聚乙烯网片组成,与捕捞夏花鱼种的渔具相似。拖网主要用于集中捕捞。在使用拖网前,先降低池塘水位,以便操作人员下池踩钢绳,一般水位降至 80 厘米左右。

二、注意事项

① 在小龙虾捕捞前,禁止泼洒或内服任何药物,如使用药物,须休药期满才能捕捞。

② 合理控制地笼的网目,以免网目太小损伤小龙虾,网目太大影响捕捞效果。地笼下好后,袋头必须高出水面,以利于小龙虾透气,避免小龙虾在笼中拥挤缺氧而死亡。地笼下好后,要定期观察,如笼中的小龙虾数量过多,应及时倒出小龙虾,以免因小龙虾过多而窒息死亡。

③ 地笼使用 1 周后,应彻底清洗、暴晒,以利于提高捕获量。

④ 小龙虾捕捞后要及时分拣,剔除杂物,将不符合商品虾规格的小虾及时放回池塘中继续养殖(温度高时勿回塘,易引发病害),切忌挤压与离水时间过长。

第二节　小龙虾的运输

近几年来,随着小龙虾人工养殖的迅速发展,小龙虾的苗种(虾苗、虾种)运输与成虾(商品虾、亲虾)运输成了小龙虾生产经营过程中的一个重要环节。如何不断提高运输成活率,降低运输风险,成为每个小龙虾生产经营者所关心的共同问题。

一、运输前的准备

1. 制订周密的运输计划

在进行小龙虾运输前,应制订周密的运输计划。根据运输对象的数量和规格,目的地距离的远近,在保证成活率高、运输成本低的前提下,确定运输路线、方法和措施。

2. 认真做好运输前的检查

认真检查运输、包装、充氧等工具及材料是否齐全,并经过检验与试用,确定没有任何问题后方可使用,包括运输工具、车辆、包装材料、氧气、药品和应急物品(如增氧灵等)。

3. 调查运输线路的水源和水质情况

针对沿途可能遇到的各种问题,拿出切实可行的解决方案。如路途较远,就需事先定好换水、换气的地点,准备好充足的水源、气源,保证小龙虾在运输途中能及时得到补充。

4. 协调好交接工作

应尽早通知接货方,组织人力、物力做好接应工作,及时转运、放养、销售。

5. 不同季节运输,还应根据气候条件采取适当措施

天气寒冷,做好防冻伤措施;天气炎热,适当在外围加冰袋降温,还应做好防雨等措施,以确保安全运输。

二、苗种运输

1. 干法运输

多采用钢筋网格箱、塑料箱或泡沫箱运输。先在容器中铺上一层水草,然后放入虾苗,再铺上一层水草。虾苗的承载量视运输箱大小而定。正常的市售塑料箱(规格为 45 厘米 ×30 厘米 ×10 厘米)放小龙虾苗种为 2.5 千克左右。如用泡沫箱运输,就需在箱体侧和箱底各开数个小孔,防止小龙虾苗种因窒息而死亡。在整个运输过程中,保持水草湿润,温度相对稳定。一般每隔 1 小时,喷水 1 次。

① 在小龙虾苗种运输过程中,切忌挤压,小虾苗外壳较薄,很容易受伤。

② 从养殖池中捕捞的小龙虾苗种在装箱运输前,先在水泥池中暂养排污 4～6 小时。如虾苗小于 3 厘米则直接装箱。同一运输箱中的小龙虾苗种规格尽量一致。

③ 在运输到达目的地后,应将虾苗连同箱子一起放入水中浸泡 1～2 分钟,再提

出水面静放 3～5 分钟，如此反复 2～3 次，使小龙虾鳃部充分吸水。

2. 带水充氧运输

一般用装运鱼苗的双层尼龙袋充氧运输，尼龙袋规格为 60 厘米 ×42 厘米。包装方法：第一步，在尼龙袋中放入 1/3～2/5 的水及少量的水草或一小块网片，再将小龙虾虾苗按每袋 0.5～1 千克放入尼龙袋。装虾时，一是轻拿轻放，避免损伤虾苗；二是袋中所用水必须是经曝气 1 小时以上的清新水；三是小龙虾苗种应在水泥池中暂养排污 4～6 小时。第二步，排空袋中空气，充足氧气后，扎紧袋口。第三步，将扎好口的尼龙袋放入泡沫箱，如需保持低温，还应在箱两侧放 1～2 个冻好的瓶装矿泉水或冰袋，然后上盖，用胶带封好。

在实际生产中，由于尼龙袋带水充氧运输效率低、运输成本高，较大规格的小龙虾一般采用干法运输。但工厂化生产的小龙虾卵黄苗（1～2 龄仔虾）必须采用带水充氧运输方法。

三、成虾运输

小龙虾的成虾运输可分为亲虾运输和商品虾运输，由于要求不一样，运输方法有所不同。

1. 亲虾运输

由于亲虾是用来繁殖虾苗的，运输亲虾要格外慎重。亲虾运输一般采用干法运输。与运小龙虾苗种相似，用聚乙烯网布的钢筋网格箱、塑料箱或泡沫箱运输（彩图 40）。

（1）运输前的准备　挑选性成熟的亲虾，规格为 35 克 / 只以上，体格健壮、附肢齐全。如亲虾规格太大，则价格高，成本也高；如亲虾规格太小，雌虾怀卵量少，虾苗品质差。亲虾最好现捕、现挑，不要暂养。

（2）运输方法　第一步，将新鲜、干净的水草铺在钢筋网格箱、塑料箱或泡沫箱底部，厚度为 2～3 厘米。第二步，将用清水冲干净的亲虾轻轻放入箱中，每箱装亲虾 5 千克左右，亲虾装好后，再用新鲜、干净的水草铺在亲虾上面，盖上盖子。用亲虾原池水彻底喷淋亲虾。如用泡沫箱装运小龙虾，应事先在泡沫箱底部及侧面开几个小孔，泡沫箱底部不要积水。第三步，将装好箱的亲虾整齐堆放在车厢内，虾箱不要堆放得太高，一般控制在 3 层以内。每堆箱之间保持 10～15 厘米的距离。为了保证运输过程中小龙虾不受挤压，堆与堆之间的缝隙用水草塞满。

（3）运输注意事项

① 在运输过程中，每隔 1 小时喷水 1 次，保持亲虾体表湿润。

② 运输亲虾最好选天气凉爽的早晨或晚上，切忌高温时运输。

③ 若要用冰降低气温，切忌将冰直接撒在亲虾体上，而是将冰放在密封的车厢内，先降低气温，从而达到降低亲虾体温的目的。

④ 尽量缩短亲虾运输时间，确保亲虾的成活率。

2. 商品虾运输

(1) 干法运输

① 商品虾选择。选择体质健壮、反应灵敏、达到上市规格、刚捕获的小龙虾，剔除死虾、病虾及不达规格的小龙虾。

② 运输容器。竹筐、泡沫箱、塑料箱均可。

③ 运输方法。先将小龙虾冲洗干净后放入容器内，在虾的最上面铺上塑料编织袋，浇上少量水后，撒上一层碎冰，合上盖子封好。在一般情况下，一个装虾的容器需放碎冰 1～1.5 千克。如用泡沫箱装小龙虾，应事先在泡沫箱上开数个小孔。

④ 运输注意事项。一是准确计算好运输时间。在正常情况下，运输时间控制为 4～6 小时。如果时间太长，就应中途打开容器浇水、撒冰，防止小龙虾因长时间处在高温、干燥环境下造成的大批死亡。如果中途没有条件打开容器浇水、撒冰，就应在装箱时加大冰块的投放量。二是装虾的容器不要堆积得太高，正常以 3～5 层为好，以免堆积得太高，压死小龙虾。三是保持小龙虾一定的湿度和温度，相对湿度为 70%～100% 可以防止小龙虾脱水，降低运输过程中的死亡率。运输小龙虾的水温应控制在 1～7 ℃，这样可使小龙虾处于休眠状态，可以减少氧气的消耗，避免碰伤等，有利于提高运输过程中的成活率。如果小龙虾处在 7 ℃以上、相对湿度低于 70% 的环境，小龙虾存活的时间就最多不超过一天。四是小龙虾的死亡率应控制在 5% 以内，若超过该比例，则要改进运输方法。

(2) 带水运输　小龙虾的带水运输法就是在运输容器中装水运输，一般采用活水车、塑料桶(帆布袋)、尼龙袋为装运容器。在小龙虾长途运输时，采用带水运输法可获得较高的小龙虾成活率，一般可达 95% 左右。

① 运输前的准备。在运输前，先将捕获的小龙虾停止投饵，暂养 2～3 天，使其排空肠道，提前适应高密度的运输环境，以保持运输过程中的水体不被污染，提高小龙虾的运输成活率。

② 运输方法。采用活水车运输方法，即活水车车厢内安装活水箱，并配备 2 台小柴油机、1 台增氧泵、2 只氧气瓶、贮冰箱及增氧设施等。活水箱一般由玻璃钢板材制成，箱体长、宽、高根据车辆长、宽、高而定。箱内隔成 3～5 格用于叠放盛装小龙虾的钢筋网格箱。网格箱规格一般长 × 宽 × 高为 60 厘米 ×40 厘米 ×15 厘米。网格箱用圆钢做架子，外包聚乙烯网片，长的一边缝上拉链，小龙虾装好后，拉上拉链，以防止小龙虾逃逸。运输时，先将活水车内装满溶解氧充足的清新水，再将小龙虾装入网格

箱(每个网格箱装小龙虾 8～10 千克),并叠放在车厢内,同时开动增氧泵增氧。一般一只活水箱可叠放 80 只虾笼,装运小龙虾 600～800 千克,一辆活水车可运输小龙虾 1 800～4 000 千克。这种方法更适合大批量运输大规格小龙虾苗种。

③ 运输注意事项:在运输前,检查氧气瓶是否充满,各项设施是否正常工作。在运输过程中,要有专人押车,经常检查增氧设施是否正常工作,确保不停地送气增氧,以提高小龙虾的运输成活率。

(3) 封闭式充氧降温运输　根据运输距离的远近,将 1～2 只工业用氧气瓶分别用特制的角钢框架固定在靠近驾驶室的集装箱两角处,一般一瓶氧气可连续用 3～4 小时。运输前,依次将减压阀、分流管、细软管、增氧盘接好备用。

将称重后的小龙虾装入网格箱内,一般每只箱装小龙虾商品虾 6 千克左右,亲虾则降低密度,每箱装 5 千克左右。为保持运输途中小龙虾体表湿润,减少碰撞、挤压损伤,在虾箱内应放置适量的干净、湿透的水草(如伊乐藻、水花生等)。运输前,用虾池水浇透虾箱 2～3 次。

虾箱按"回"字形叠放至集装箱双开门处。虾箱叠放不超过 6 层,每叠箱与箱周围留 4～5 厘米的空隙,空隙处用洗净的水花生或伊乐藻填实,防止运输过程中的撞击。"回"字形中间的空白处放一个角钢制作的框架,框架内放置装有冰块的泡沫箱,泡沫箱内装 100～150 千克的冰块。将气石直接放在泡沫箱与冰块的空隙中,打开氧气瓶阀门,调节好气流,开始增氧,关好车门,即可运输。为保持集装箱内适宜的氧气浓度,在集装箱门的连接处预留一个小孔,其他地方用密封条封好。该种运输方法适合高温天气运输。

(4) 其他运输方法

① 编织袋运输法。用蛇皮袋或塑料网兜装运小龙虾。用蛇皮袋装运小龙虾时,先在袋底铺 1～2 厘米干净、新鲜的水草,再放入干净的小龙虾,每袋装小龙虾为袋容量的 1/3～1/2,一般为 10～15 千克,并用细绳在袋口顶部扎紧。不要在蛇皮袋中留有空间,否则小龙虾反复爬动易降低运输成活率。装运前,用清水喷淋袋面 1 次。在运输过程中,每隔 1～2 小时用清水喷淋袋面 1 次,整个运输过程中应保持虾体湿润。

在用塑料网兜装运小龙虾时,每袋装小龙虾为袋容量的 1/3～1/2,一般为 5～10 千克,用余下的网兜紧贴小龙虾顶部打成结。装运前,在运输车底部铺上新鲜、干净的水草,再将小龙虾整齐排放在车厢内。小龙虾装好后,在小龙虾上面再铺一层新鲜、干净的水草,并用清水彻底喷淋水草 1 次。在运输过程中,每隔 1～2 小时用清水喷淋水草 1 次,整个运输过程中应保持虾体湿润。用蛇皮袋或塑料网兜装运小龙虾不适合长途运输,一般运输时间在 3 小时以内。

② 蒲包运输法。首先,将蒲包洗净并充分吸水,将冲洗干净的小龙虾轻轻放入蒲

包内，小龙虾容量约为蒲包的 1/2，然后将蒲包上口扎紧。其次，将装有小龙虾的蒲包放入木箱或泡沫箱中，并加盖。蒲包与蒲包之间放入少量水草，以免小龙虾互相挤压。木箱或泡沫箱箱壁留有透气孔。在运输途中，每隔 2～3 小时用清洁水喷淋 1 次，保持虾体湿润。如果在夏天高温季节，则在木箱或泡沫箱中放置 1～2 瓶冰冻的矿泉水或冰袋，降低运输温度，提高小龙虾运输成活率。蒲包运输小龙虾的运输量较少，适合短途运输，小龙虾成活率高。

参 考 文 献

[1] 舒蕾. 小龙虾的生态养殖[J]. 农家顾问,2010(3):47-49.

[2] 郭龙. 淡水龙虾饲养新法[J]. 农家之友,2010(3):46.

[3] 占家智,羊茜. 稻田养虾要抓十个要点[J]. 渔业致富指南,2007(4):33-34.

[4] 魏善国. 龙虾稻田生态养殖技术[J]. 现代农业科技,2010(4):343-344.

[5] 吕建林. 克氏原螯虾繁殖生物学及胚胎和幼体发育研究. 华中农业大学硕士论文,2006.

[6] 龚世园,吕建林,等. 克氏原螯虾繁殖生物学研究. 淡水渔业,2008,38(6).

[7] 姚兴存,张定国. 整只冻煮熟龙虾的生产技术. 中国水产,1998(7):40.

[8] 杨德清. 壳聚糖在造纸工业中的应用. 华东纸业,2007(2):106-110.

[9] 刘宏超,杨丹. 从虾壳中提取虾青素工艺及其生物活性应用研究进展. 化学试剂,2009,31(2):105-108.

[10] 严淑兰,陆大年. 甲壳素/壳聚糖的应用. 广西纺织科技,2009,29(2):38-40.

[11] 刘洪亮,陈丽娇. 对虾虾头、虾壳副产品综合利用的研究概况. 福建水产,2011,33(2):65-69.

[12] 王勇. 淡水小龙虾的综合利用. 安徽农业科学,2006,34(17):4406-4407.

[13] 王卫民. 软壳克氏原螯虾在我国开发利用的前景. 水生生物学报,1999,23(4):375-380.

[14] 龚世园,何绪刚. 克氏原螯虾繁殖与养殖最新技术. 北京:中国农业出版社,2011.

[15] 羊茜,占家智. 稻田养小龙虾关键技术. 北京:金盾出版社,2010.

[16] 唐建清,陈肖玮. 轻轻松松学养小龙虾. 北京:中国农业出版社,2010.

[17] 夏爱军. 小龙虾养殖技术. 北京:中国农业大学出版社,2007.

[18] 农业农村部渔业渔政管理局联合全国水产技术推广总站,中国水产学会. 中国小龙虾产业发展报告. 2018.

[19] 周鑫. 淡水小龙虾高效养殖模式攻略. 北京:中国农业出版社,2015.

[20] 曹英伟,陈霞,魏文燕,等. 渔用水质底质改良剂的研究现状及开发前景. 河南水产,2012(2):41-42.

[21] 全沁果,张泽伟,隐没铭,等. 小龙虾的综合利用研究进展. 食品研究与开发,

2019,40(3):213-219.

[22] 赵祥杰,朱雨,杨荣,等. 小龙虾资源综合利用研究进展. 农业与技术,2019,39(5):28-29.

[23] 农业农村部渔业渔政管理局联合全国水产技术推广总站,中国水产学会. 中国小龙虾产业发展报告 .2019.

[24] 舒新亚,龚珞军. 淡水小龙虾健康养殖实用技术. 北京:中国农业出版社,2006.

[25] 韩晓磊,谢雨,李小蕊,等. 水产养殖,2013,34(1):37-40.

[26] 赵维信,李胜. 克氏原螯虾大颚器对卵巢发育的影响. 水产学报,1999,23(3):229-232.

[27] 李庭古,罗刚,徐国成. 不同水温对克氏原螯虾受精卵孵化的影响. 渔业现代化,2005(6):34-35.

[28] 朱玉芳,崔勇华,戈志强,等. 重金属元素在克氏原螯虾体内的生物富集作用. 水利渔业,2003,23(1):11-12.

[29] 郭晓鸣,朱松泉. 克氏原螯虾幼体发育的初步研究. 动物学报,1997,43(4):374-381.

[30] 姜仁良,谭玉钧,吴嘉敏,等. 中华绒螯蟹血淋巴中 20- 羟基蜕皮酮、17 β- 雌二醇和睾酮含量的变动. 水产学报,1992,16(2):101-106.

[31] 姜华,宁淑香,杨文新,等. 壳聚糖对 MDMV 的防效与玉米叶片防御酶活性的关系. 辽宁师范大学学报(自然科学版),2002,25(1):72-75.

[32] 程明哲,苏拔贤,宋英良,等. 虾头几丁质酶的研究. 热带海洋,1996,15(2):68-73.

[33] 程明哲,苏拔贤,吴青,等. 虾头透明质酸酶的研究. 热带海洋,1995,14(3):86-89.

[34] 叶生梅. 龙虾虾壳蛋白质提取条件的研究. 化学与粘合,2003(3):126-127.

[35] 夏士明. 克氏原螯虾虾壳中类脂和蛋白质的提取方法. 水产科技情报,2003,30(6):270-271.

[36] 史永旭,姜涌明,赵国骏. 虾头蛋白质的提取及营养分析. 江苏农学院学报,1996(3):62-63.

[37] 马闯,苏政波,张新明,等. 利用酶法提取虾肉蛋白、甲壳素和壳聚糖. 山东食品发酵,2004(4):44-47.

[38] 隋伟,张连富. 酶解虾加工下脚料工艺的研究. 中国调味品,2005(12):54-57.

[39] 江尧森,殷邦忠,王家林. 对虾头的营养成分和利用. 食品科学,1985,6(1):20-23.

[40] 周凤建,强晓刚,常国亮. 小龙虾高效养殖与疾病防治技术. 北京:化学工业出版社,2020.

附 录

稻渔综合种养技术规范
（SC/T 1135.1—2017）
第1部分：通则

1 范围

本部分规定了稻渔综合种养的术语和定义、技术指标、技术要求和技术评价。

本部分适用于稻渔综合种养的技术规范制定、技术性能评估和综合效益评价。

2 规范性引用文件

下列文件对于本文件的应用是必不可少的。凡是注日期的引用文件，仅注日期的版本适用于本文件。凡是不注日期的引用文件，其最新版本（包括所有的修改单）适用于本文件。

GB 2763 食品安全国家标准 食品中农药最大残留限量

GB/T 8321.2 农药合理使用准则（二）

GB 11607 渔业水质标准

NY 5070 无公害农产品 水产品中渔药残留限量

NY 5071 无公害食品 渔用药物使用准则

NY 5072 无公害食品 渔用配合饲料安全限量

NY 5073 无公害食品 水产品中有毒有害物质限量

NY 5116 无公害食品 水稻产地环境条件

NY/T 5117 无公害食品 水稻生产技术规程

NY/T 5361 无公害食品 淡水养殖产地环境条件

SC/T 9101 淡水池塘养殖水排放要求

3 术语和定义

下列术语和定义适用于本文件。

3.1

共作 co-culture

在同一稻田中同时种植水稻和养殖水产养殖动物的生产方式。

3.2

轮作 rotation

在同一稻田中有顺序地在季节间或年间轮换种植水稻和养殖水产养殖动物的生产方式。

3.3

稻渔综合种养 integrated farming of rice and aquaculture animal

通过对稻田实施工程化改造，构建稻渔共作轮作系统，通过规模开发、产业经营、标准生产、品牌运作，能实现水稻稳产、水产品新增、经济效益提高、农药化肥施用量显著减少，是一种生态循环农业发展模式。

3.4

茬口 stubble

在同一稻田中，前后季种植的作物和养殖的水产动物及其替换次序的总称。

3.5

沟坑 ditch and puddle for aquaculture

用于水产养殖动物活动、暂养、栖息等用途而在稻田中开挖的沟和坑。

3.6

沟坑占比 percentage of the areas of ditch and puddle

种养田块中沟坑面积占稻田总面积的比例。

3.7

田间工程 field engineering

为构建稻渔共作轮作模式而实施的稻田改造，包括进排水系统改造、沟坑开挖、田埂加固、稻田平整、防逃防害防病设施建设、机耕道路和辅助道路建设等内容。

3.8

耕作层 plough layer

经过多年耕种熟化形成稻田特有的表土层。

4 技术指标

稻渔综合种养应保证水稻稳产，技术指标应符合以下要求：

a) 水稻单产：平原地区水稻产量每 667m^2 不低于 500kg，丘陵山区水稻单产不低于当地水稻单作平均单产；
b) 沟坑占比：沟坑占比不超过 10%；
c) 单位面积纯收入提升情况：与同等条件下水稻单作对比，单位面积纯收入平均提高 50%以上；
d) 化肥施用减少情况：与同等条件下水稻单作对比，单位面积化肥施用量平均减少 30%以上；
e) 农药施用减少情况：与同等条件下水稻单作对比，单位面积农药施用量平均减少 30%以上；
f) 渔用药物施用情况：无抗菌类和杀虫类渔用药物使用。

5 技术要求

5.1 稳定水稻生产

5.1.1 宜选择茎秆粗壮、分蘖力强、抗倒伏、抗病、丰产性能好、品质优、适宜当地种植的水稻品种。

5.1.2 稻田工程应保证水稻有效种植面积，保护稻田耕作层，沟坑占比不超过 10%。

5.1.3 稻渔综合种养技术规范中，应按技术指标要求设定水稻最低目标单产。共作模式中，水稻栽培应发挥边际效应，通过边际密植，最大限度保证单位面积水稻种植穴数；轮作模式中，应做好茬口衔接，保证水稻有效生产周期，促进水稻稳产。

5.1.4 水稻秸秆宜还田利用，促进稻田地力修复。

5.2 规范水产养殖

5.2.1 宜选择适合稻田浅水环境、抗病抗逆、品质优、易捕捞、适宜于当地养殖、适宜产业化经营的水产养殖品种。

5.2.2 稻渔综合种养技术规范中，应结合水产养殖动物生长特性、水稻稳产和稻田生态环保的要求，合理设定水产养殖动物的最高目标单产。

5.2.3 渔用饲料质量应符合 NY 5072 的要求。

5.2.4 稻田中严禁施用抗菌类和杀虫类渔用药物，严格控制消毒类、水质改良类渔用药物施用。

5.3 保护稻田生态

5.3.1 应发挥稻渔互惠互促效应，科学设定水稻种植密度与水产养殖动物放养密度的配比，保持稻田土壤肥力的稳定性。

5.3.2 稻田施肥应以有机肥为主，宜少施或不施用化肥。

5.3.3 稻田病虫草害应以预防为主，宜减少农药和渔用药物施用量。

5.3.4 水产养殖动物养殖应充分利用稻田天然饵料，宜减少渔用饲料投喂量。

5.3.5 稻田水体排放应符合 SC/T 9101 的要求。

5.4 保障产品质量

5.4.1 稻田水源条件应符合 GB 11607 的要求，稻田水质条件应符合 NY/T 5361 的要求。

5.4.2 稻田产地环境条件应符合 NY 5116 的要求，水稻生产过程应符合 NY/T 5117 的要求。

5.4.3 稻田中不得施用含有 NY 5071 中所列禁用渔药化学组成的农药，农药施用应符合 GB/T 8321.2 的要求，渔用药物施用应符合 NY 5071 的要求。

5.4.4 稻米农药最大残留限量应符合 GB 2763 的要求，水产品渔药残留和有毒有害物质限量应符合 NY 5070、NY 5073 的要求。

5.4.5 生产投入品应来源可追溯，生产各环节建立质量控制标准和生产记录制度。

5.5 促进产业化

5.5.1 应规模化经营，集中连片或统一经营面积应不低于 66.7 hm^2，经营主体宜为龙头企业、种养大户、合作社、家庭农场等新型经营主体。

5.5.2 应标准化生产，宜根据实际将稻田划分为若干标准化综合种养单元，并制定相应稻田工程建设和生产技术规范。

5.5.3 应品牌化运作，建立稻田产品的品牌支撑和服务体系，并形成相应区域公共或企业自主品牌。

5.5.4 应产业化服务，建立苗种供应、生产管理、流通加工、品质评价等关键环节的产业化配套服务体系。

6 技术评价

6.1 评价目标

通过经济效益、生态效益和社会效益分析，评估稻渔综合种养模式的技术性能，并提出优化建议。

6.2 评价方式

6.2.1 经营主体自评

经营主体应每年至少开展一次技术评价，形成技术评价报告，并建立技术评价档案。

6.2.2 公共评价

成立第三方评价工作组，工作组应由渔业、种植业、农业经济管理、农产品市场分析等方面专家组成，形成技术评价报告，并提出公共管理决策建议。

6.3 评价内容

6.3.1 经济效益评价

通过综合种养和水稻单作的对比分析，评估稻渔综合种养的经济效益。评价内容应至少包括：

a）单位面积水稻产量及增减情况；

b）单位面积水稻产值及增减情况；

c）单位面积水产品产量；

d）单位面积水产品产值；

e）单位面积新增成本；

f）单位面积新增纯收入。

6.3.2　生态效益评价

3

a）农药施用情况；

b）化肥施用情况；

c）渔用药物施用情况；

d）渔用饲料施用情况；

e）废物废水排放情况；

f）能源消耗情况；

g）稻田生态改良情况。

6.3.3　社会效益评价

通过综合种养和水稻单作的对比分析，评估稻渔综合种养的社会效益。评价内容应至少包括：

a）水稻生产稳定情况；

b）带动农户增收情况；

c）新型经营主体培育情况；

d）品牌培育情况；

e）产业融合发展情况；

f）农村生活环境改善情况；

g）防灾抗灾能力提升情况。

6.4　评价方法

6.4.1　效益评价方法

通过稻渔综合种养模式，与同一区域中水稻品种、生产周期和管理方式相近的水稻单作模式进行对比分析，评估稻渔综合种养的经济效益、生态效益和社会效益。

效益评价中，评价组织者可结合实际，选择以标准种养田块或经营主体为单元，进行调查分析。稻渔综合种养模式中稻田面积的核定应包括沟坑的面积。单位面积产品产出汇总表、单位面积成本投入汇总表填写参见附录A、附录B。

6.4.2　技术指标评估

根据效益评价结果，填写模式技术指标评价表（参见附录C）。第4章的技术指标全部达到要求，方可判定评估模式为稻渔综合种养模式。

6.5　评价报告

技术评价应形成正式报告，至少包括以下内容：

a）经济效益评价情况；

b）生态效益评价情况；

c）社会效益评价情况；

d）模式技术指标评估情况；

e）优化措施建议。

附录 A
（资料性附录）
单位面积产品产出汇总

单位面积产品产出汇总见表 A.1。

表 A.1　单位面积产品产出汇总

综合种养模式名称：

<table>
<tr><td colspan="15">经营主体名称：　　　　　　联系人：　　　　　　联系电话：</td></tr>
<tr><td rowspan="3">调查取样序号</td><td colspan="8">综合种养(评估组)</td><td colspan="4">水稻单作(对照组)</td><td rowspan="3">单位面积水稻产量增减(kg)</td><td rowspan="3">单位面积总产值增减(元)</td></tr>
<tr><td colspan="2">综合种养面积(×667m²)</td><td colspan="3">水稻产出</td><td colspan="3">水产产出</td><td rowspan="2">水稻种植面积(×667 m²)</td><td colspan="3">水稻产出</td></tr>
<tr><td>水稻种养面积</td><td>沟坑面积</td><td>产量(kg)</td><td>单价(元)</td><td>单产(kg)</td><td>产量(kg)</td><td>单价(元)</td><td>单产(kg)</td><td>产量(kg)</td><td>单价(元)</td><td>单产(kg)</td></tr>
<tr><td>A</td><td>B</td><td>C</td><td>D</td><td>E</td><td>F</td><td>G</td><td>H</td><td>I</td><td>J</td><td>K</td><td>L</td><td>M</td><td>N</td><td>O</td></tr>
<tr><td></td><td></td><td></td><td></td><td></td><td></td><td></td><td></td><td></td><td></td><td></td><td></td><td></td><td></td><td></td></tr>
<tr><td></td><td></td><td></td><td></td><td></td><td></td><td></td><td></td><td></td><td></td><td></td><td></td><td></td><td></td><td></td></tr>
<tr><td></td><td></td><td></td><td></td><td></td><td></td><td></td><td></td><td></td><td></td><td></td><td></td><td></td><td></td><td></td></tr>
<tr><td></td><td></td><td></td><td></td><td></td><td></td><td></td><td></td><td></td><td></td><td></td><td></td><td></td><td></td><td></td></tr>
<tr><td colspan="15">记录人签字：　　　　　　　　调查日期：　　年　　月　　日</td></tr>
<tr><td colspan="15">注 1：增量在数字前添加符号“+”，减量添加符号“−”。
注 2：表内平衡公式：F=D/(B+C)；M=K/J；N=F−K；O=D×E−G×H。
注 3：表中单价指每千克的价格；单产指每亩的产量；单位面积指亩。</td></tr>
</table>

附录 B
（资料性附录）
单位面积成本投入汇总

单位面积成本投入汇总见表 B.1。

表 B.1 单位面积成本投入汇总

综合种养模式名称：

<table>
<tr><td colspan="18">经营主体名称：　　　　　　　　联系人：　　　　　　　　联系电话：</td></tr>
<tr><td rowspan="3">调查取样序号</td><td rowspan="3">对比分析项目</td><td colspan="14">单位面积投入情况(元)</td><td rowspan="3">单位面积投入合计(元)</td><td rowspan="3">单位面积投入增减(元)</td></tr>
<tr><td>劳动用工</td><td colspan="7">物质投入</td><td colspan="6">其他</td></tr>
<tr><td>劳动用工费</td><td>稻种/秧苗费</td><td>化肥费</td><td>有机肥费</td><td>农药费</td><td>水产苗种费</td><td>饲料费</td><td>渔药费</td><td>田(塘)租费</td><td>设施设备改造费</td><td>服务费(机耕/机收)</td><td>产品加工费</td><td>产品营销费</td><td>其他费用</td></tr>
<tr><td rowspan="2"></td><td>综合种养(评估组)</td><td></td><td></td><td></td><td></td><td></td><td></td><td></td><td></td><td></td><td></td><td></td><td></td><td></td><td></td><td></td><td rowspan="2"></td></tr>
<tr><td>水稻单作(对照组)</td><td></td><td></td><td></td><td></td><td></td><td></td><td></td><td></td><td></td><td></td><td></td><td></td><td></td><td></td><td></td></tr>
<tr><td rowspan="2"></td><td>综合种养(评估组)</td><td></td><td></td><td></td><td></td><td></td><td></td><td></td><td></td><td></td><td></td><td></td><td></td><td></td><td></td><td></td><td rowspan="2"></td></tr>
<tr><td>水稻单作(对照组)</td><td></td><td></td><td></td><td></td><td></td><td></td><td></td><td></td><td></td><td></td><td></td><td></td><td></td><td></td><td></td></tr>
<tr><td colspan="18">记录人签字：　　　　　　　　调查日期：　　年　　月　　日</td></tr>
<tr><td colspan="18">注 1:增量在数字前添加符号“+”,减量添加符号“—”。
注 2:表中单位面积指亩。</td></tr>
</table>

附录 C
（资料性附录）
模式技术指标评价

模式技术指标评价见表 C.1。

表 C.1 模式技术指标评价

综合种养模式名称：

<table>
<tr><td colspan="5">经营主体名称：
联系人：　　　　　　　　　　　　　　　　　　　　联系电话：</td></tr>
<tr><td>序号</td><td>评价指标</td><td>指标要求</td><td>评价结果</td><td>结果判定</td></tr>
<tr><td>1</td><td>水稻单产</td><td>平原地区水稻产量每 $667\ m^2$ 不低于 500 kg，丘陵山区水稻单产不低于当地水稻单作平均单产</td><td></td><td>□合格　□不合格</td></tr>
<tr><td>2</td><td>沟坑占比</td><td>沟坑占比不超过 10%</td><td></td><td>□合格　□不合格</td></tr>
<tr><td>3</td><td>单位面积纯收入提升情况</td><td>与同等条件下水稻单作对比，单位面积纯收入平均提高 50%以上</td><td></td><td>□合格　□不合格</td></tr>
<tr><td>4</td><td>化肥施用减少情况</td><td>与同等条件下水稻单作对比，单位面积化肥施用量平均减少 30%以上</td><td></td><td>□合格　□不合格</td></tr>
<tr><td>5</td><td>农药施用减少情况</td><td>与同等条件下水稻单作对比，单位面积农药施用量平均减少 30%以上</td><td></td><td>□合格　□不合格</td></tr>
<tr><td>6</td><td>渔用药物施用情况</td><td>无抗菌类和杀虫类渔用药物施用</td><td></td><td>□合格　□不合格</td></tr>
<tr><td colspan="5">模式评定：
评估模式是否为稻渔综合种养模式：□是　□否</td></tr>
<tr><td colspan="5">其他评价说明：</td></tr>
<tr><td colspan="5">评价人签字：
日期：　　年　　月　　日</td></tr>
<tr><td colspan="5">注：技术指标全部达到要求，方可判定评估模式为稻渔综合种养模式。</td></tr>
</table>

农业农村部关于推进稻渔综合种养产业高质量发展的指导意见

农渔发〔2022〕22号

各省、自治区、直辖市农业农村(农牧)、渔业厅(局、委),计划单列市渔业主管局,新疆生产建设兵团农业农村局:

稻渔综合种养是典型的生态循环农业模式。近年来,稻渔综合种养产业快速发展,为保障粮食和水产品供给、促进农民增收和推进乡村振兴作出积极贡献。为全面贯彻落实党中央、国务院有关决策部署和《"十四五"推进农业农村现代化规划》《"十四五"全国渔业发展规划》有关要求,稳步推进稻渔综合种养产业高质量发展,提出如下意见。

一、总体要求

(一)指导思想。以习近平新时代中国特色社会主义思想为指导,贯彻落实习近平总书记关于树立大食物观重要讲话精神,以保障优质农渔产品安全有效供给为目标,优化种养结构布局,协调农业生产生态,推动科技创新引领,促进三产深度融合,稳步推进稻渔综合种养产业高质量发展,为保障粮食安全、推进乡村振兴、加快农业农村现代化提供有力支撑。

(二)基本原则

坚持稳粮兴渔。牢牢守住保障国家粮食安全底线,坚持耕地粮食生产功能,保持水稻生产主体地位,科学利用稻田水土资源,提高水稻和水产综合生产能力,实现一水两用、一田多收。

坚持有序发展。因地制宜、统筹规划、优化布局、分类推进,选择适宜区域发展稻渔综合种养产业。科学引导并充分尊重农民意愿,合理确定发展规模,更加注重发展质量。

坚持绿色生态。突出稻渔综合种养产业种养结合、生态循环、绿色低碳特点,减少农药和化肥使用,提高稻米和水产品品质,提升稻田生态环境质量。

坚持富民增收。发挥稻渔综合种养比较效益优势,健全联农带农机制,创新利益联结模式,打造全产业链,提高农民收益,调动农民生产积极性。

(三)总体目标。到2025年,发展稻渔综合种养的地区粮食生产能力稳步提升,水产品供给能力不断提高，集成创新一批绿色高效典型模式、建设提升一批稻渔综合种养产业示范园区、培育壮大一批新型生产经营主体、推介打造一批稻渔综合种养相关知名品牌。到2035年，实现稻渔综合种养产业规范、产品优质、产地优美、产区繁荣的高质量发展格局。

二、科学规划布局，夯实产业基础

（四）加强规划引领。各地应根据水源、土壤、光热等资源禀赋，结合水稻种植和水产养殖等产业实际，科学规划稻渔综合种养产业发展，合理确定优先发展区域，并与国土空间规划、高标准农田建设规划、粮食生产功能区划定等相衔接。

（五）优化产业布局。长江中下游地区重点发展稻鱼、稻虾、稻鳖、稻蟹等生产，西南、华南地区重点发展稻鱼、稻螺、稻虾等生产，东北、西北、华北地区重点发展稻蟹、稻鱼等生产。鼓励发展土著鱼类等地方特色品种种养，因地制宜推广稻鱼鸭等复合种养模式。

（六）稳定种养面积。落实最严格的耕地保护制度，防止耕地“非粮化”。科学利用耕地资源，发展稻渔综合种养生产不得改变耕地地类，支持发展符合稻渔综合种养技术规范通则标准要求的稻渔生产，合理开发利用撂荒地、盐碱地、低洼田、冬闲田。

三、规范发展生产，推进转型升级

（七）发展现代化生产。开展稻田标准化改造，加强田块整理。科学设计田间工程，合理布设边沟和水利沟渠，提升节水保水抗灾能力。推进稻田农机作业通行条件改造，加快先进适用农机具示范推广应用。发展智慧种养，推动现代信息技术在稻渔综合种养中的应用。

（八）提升耕地质量。科学评价不同类型耕地承载能力，合理确定养殖规模和密度。坚持养田和用田相结合，科学设置种养农时，留足晒田时间，实现“顺季顺茬”生产。鼓励繁养分离、周期性水旱轮作，防止稻田潜育化。发挥稻渔综合种养对土壤盐渍化改良和地力修复提升作用，推进以渔降盐、以渔治碱。

（九）推广生态模式。根据稻作区类型遴选稻渔综合种养主导品种，优先发展能够促进水稻生产、提高复种指数且绿色低碳的主推模式。以品种适宜、资源节约、技术先进、配套成熟的种养模式为重点，加强田间工程、品种选择、水稻栽培、水肥管理、养殖管理、病虫害防治、尾水利用等技术集成示范。

（十）强化生产监管。严格控制沟坑占比，沟坑面积不得超过总种养面积的10%。严禁超标准开挖耕地，不达标田块须有序整改。鼓励少沟或无沟化模式，优化沟坑式样。最大程度发挥边行效应，保证水稻栽插密度。加强稻田生态环境监测，强化投入品管理，加大产地稻米、水产品质量安全执法监管力度。

四、加强科技支撑，实现创新引领

（十一）推进科技创新。加强稻渔综合种养生态系统循环规律、品种创新、养殖技术、地力提升、环境调控、质量评估等研究，推出一批新品种、新产品、新技术和新模式。支持相关科研院所、教学单位、推广机构和经营主体等开展跨学科交叉协作，为产业发展提供智力支持和技术保障。

（十二）加快品种培育。加强传统稻渔综合种养品种种质保存，加快优质高产绿色高效水稻和水产新品种选育。开展育种联合攻关，支持商业化育种和标准化扩繁生产。支持稻渔综合种养产业聚集区种业体系建设，提升稻渔专用水稻和水产良种供应质量和能力。

（十三）完善标准体系。加快稻渔综合种养标准体系建设，推动相关全产业链国家标准、行业标准、地方标准、团体标准等制修订。建设稻渔综合种养标准化示范推广基地，推动新型农业经营主体按标生产，提升产业规范化、标准化水平。

（十四）开展技术服务。采取技术培训、科技下乡、入户指导等形式，推广实用稻渔综合种养技术。加强稻渔综合种养人才培养，培育高素质农民。开展稻渔综合种养统计监测、产量测定和综合效益调查等，加强产业发展分析研究。

五、推动集群发展，促进三产融合

（十五）推动产业集聚。指导有条件地区积极创建稻渔类型国家级水产健康养殖和生态养殖示范区，鼓励整镇（乡）、整县推进。支持符合条件的稻渔综合种养产业聚集区申报建设现代农业产业园、优势特色产业集群、农业产业强镇、国家农业绿色发展先行区和特色农产品优势区等。

（十六）打造全产业链。推动加工、仓储、物流等链条环节向稻渔综合种养产区布局，实现产购储加销衔接配套。支持开展稻渔产品原料处理、分级包装、冷藏保鲜、仓储物流设施装备建设，推进即食品、预制品、精深加工产品开发和虾蟹壳等副产物综合利用。鼓励地方探索开展小龙虾等稻渔产品活储基地建设，引导错峰上市。

（十七）创建特色品牌。培育一批品质优良、特色鲜明、知名度高的稻渔区域公用品牌和乡土渔米产品品牌，提升稻渔产品价值。积极开展品牌营销推介，加强产销对接。开展优质渔米评比推介活动，推动“虾稻米”“蟹稻米”“禾花鱼”等生态产品销售，增加生态产品市场供给。

（十八）拓展多种功能。充分挖掘拓展稻渔综合种养产业多功能性，促进特色美食、民俗文化、农事体验、休闲娱乐、科普教育等业态融合，实现产业多元价值。结合传统稻渔文化和民俗资源，举办相关节庆活动，保护和传承文化遗产。

六、强化支持保障，完善政策措施

（十九）加强组织领导。各地要将稻渔综合种养作为稳粮兴渔、提质增效、富民增收的有力举措，精心组织，加强指导。完善配套支持政策，推进各项政策落实落地。同时，加强监督管理，严格落实稻渔综合种养生产标准，确保耕地粮食生产功能。

（二十）加大扶持力度。各地要加大对稻渔综合种养的支持力度，将稻渔综合种养纳入农业用水、用电、用地等优惠政策支持范围。统筹利用农业生产发展、农田建设、渔业发展、种业工程等资金支持稻渔综合种养基础设施建设、集中连片开发、良种配套和研发推广等。

（二十一）完善金融服务。鼓励银行、担保机构等围绕稻渔综合种养产业提供各类信贷服务，开发专属产品和服务模式。加强宣传推广、名单推荐和信息共享，推进农业信贷直通车服务，为稻渔综合种养主体提供精准融资。鼓励各地结合实际创新稻渔综合种养保险产品，提高风险保障水平。

（二十二）创新经营方式。大力培育稻渔综合种养专业大户、农民合作社、农业产业化龙头企业等经营主体，发展适度规模经营。推广“企业＋农户”“龙头企业（园区）＋合作社＋农户”等模式，采取土地流转、农民入股、收益分红等方式，增加农民收入。

（二十三）做好宣传引导。充分利用各种媒体和渠道，宣传推介稻渔综合种养新产品、新技术、新模式、新进展、新成效，推介发展典型，营造良好氛围。加强国际交流与人员培训，为世界农业提供中国稻渔方案。

农业农村部

2022年10月27日